5 受験申請書の請求

■ **受験申請書取扱機関について**：受験申請書は（公財）安全衛生技術試験協会本部，各センター，受験申請書取扱機関などで無料配布しています．

■ **郵送での請求について**：郵送を希望の方は，受験する試験の種類および必要部数を明記したメモ書と返信用郵送料金分の切手（1部：210円，2部：250円，3部〜4部：390円，5部〜9部：580円　＊10部以上請求の場合は，請求するセンターまたは協会本部へ問合せのこと）を貼ったあて先明記の返信用封筒（角型2号 34 cm × 24 cm）を同封し，協会本部または受験を希望する各センターのいずれかに申し込んでください．

6 受験申込み

■ **受験申請書の受付**

・**提出先**：安全衛生技術センター各支部（受験を希望するセンターに提出してください）

・**提出方法および受付期間**：郵便（簡易書留）の場合は，第1受験希望日の2か月前から14日前（消印）まで（定員に達したときは 第2希望日になります）に郵送してください．センター窓口へ持参の場合は，直接提出先に第1受験希望日の2か月前からセンターの休業日を除く2日前（例：試験日が月曜日の場合，2日前は前週の木曜日）まで（定員に達したときは第2希望日になります）に持参してください．

■ **提出書類・試験手数料**

・**提出書類**：免許試験受験申請書（　　　　　　　　），写真1枚（縦30 mm ×横24 mm），本人証明　　　　　　　　　　　　　験者証，労働安全衛生法関係の各種免許証の原本　　　　　　　　　　　　　身分証明書を添付）

・**試験手数料**：6,800　　　　　　　　　会ホームページなどでご確認ください）を郵便　　　　　　　込み，払込証明書を受験申請書の所定欄に貼付

7 安全衛生技術センター各支部の連絡先

支部名	所在地	電話番号
公益財団法人 安全衛生技術試験協会	〒 101-0065　東京都千代田区西神田 3-8-1 千代田ファーストビル東館 9 階	03-5275-1088
北海道安全衛生技術センター	〒 061-1407　北海道恵庭市黄金北 3-13	0123-34-1171
東北安全衛生技術センター	〒 989-2427　宮城県岩沼市里の杜 1-1-15	0223-23-3181
関東安全衛生技術センター	〒 290-0011　千葉県市原市能満 2089	0436-75-1141
中部安全衛生技術センター	〒 477-0032　愛知県東海市加木屋町丑寅海戸 51-5	0562-33-1161
近畿安全衛生技術センター	〒 675-0007　兵庫県加古川市神野町西之山字迎野	079-438-8481
中国四国安全衛生技術センター	〒 721-0955　広島県福山市新涯町 2-29-36	084-954-4661
九州安全衛生技術センター	〒 839-0809　福岡県久留米市東合川 5-9-3	0942-43-3381

試験センターホームページ：https://www.exam.or.jp

エックス線
作業主任者試験
徹底研究

改訂**3**版

平井昭司・佐藤　宏
鈴木章悟・持木幸一 共著

Ohmsha

X はしがき

　レントゲンによって発見されたエックス線は，産業界はもちろんのこと医学界などのあらゆる分野の科学技術の発展に大いに貢献してきました．また，これからも従来活用してきた分野や新たな分野で，持続して貢献し得る状況におかれています．しかし，エックス線は目に見ることもできないし，われわれの五感でその存在を感知できない上に，エックス線被ばくという人体に対して何らかの影響あるいは障害をもたらす，われわれにとって悪影響を及ぼすような性格をもっています．言い替えれば，エックス線は天使の性格をもつ一方，悪魔の性格をももっています．

　それゆえ，科学技術の発展にエックス線を活用するためには，より安全かつ安心してエックス線を取り扱う必要があり，仕事（職業）としてエックス線を扱うものには，「労働安全衛生法」に基づいた「電離放射線障害防止規則」という法律に従う義務が生じてきます．すなわち，エックス線を取り扱う事業者は，電離放射線の障害の防止の知識と技術を有しない者を仕事に就かせてはならないのと，そこで従事する労働者ならびに周辺で仕事をしている労働者の安全を確保することに留意しなければなりません．そのためには，エックス線作業主任者という資格をもったものが，エックス線装置を取り扱う責任者となり，エックス線に携わる作業者などの安全と安心を確保するように努めなくてはなりません．

　本書は，このようなエックス線作業主任者の資格の習得を目指す方々のために書かれた，必携の受験対策書です．試験科目には，「エックス線の管理」，「関係法令」，「エックス線の測定」および「エックス線の生体に与える影響」の４科目があります．本書では，それぞれを１章から４章に振り分け，最近の出題傾向から，キーワードとなる項目を節として取り上げ，節内で理解してほしいポイントをわかりやすく示しています．また，ポイントの理解を深めるために，解説を加え，試験に必要な知識を記述しています．さらに，よく出題される問題を例題として取り上げ，出題傾向とポイントの関係を認識し，問題

を解くうえでの着眼点や解答を導き出す過程を解説しています．

　なお，初版は 2006 年 11 月に，また改訂 2 版は 2014 年 9 月に刊行しています．法令の改定や出題問題の傾向が多少変更されてきていますので，改訂を行ってきました．今回の改訂 3 版では「電離放射線障害防止規則」が 2021 年 4 月 1 日より新たに改定・施行されていますので，その対応ができるように新たな見直しを行いました．改定では，特に眼の水晶体の被ばく限度（等価線量）の引き下げなどが行われました．本書では最近の出題傾向と合わせて問題の追加・変更やより理解しやすい解説を加えています．また，4 人で各章を担当して執筆していますので，章により文章の長短があることをお許しください．

　最後に，本書を活用して 1 人でも多くの受験者が合格することを期待するとともに，本社を発行するにあたり，お世話いただいたオーム社編集局の方々に深く感謝申し上げます．

　　2023 年 1 月

平 井 昭 司

X 目　　次

01

operation chief of work with X-rays

エックス線の
管理に関する知識

　「エックス線の管理に関する知識」に関する出題は，毎回 10 題となっている．出題 10 題のうち，「物質を透過するエックス線線量率の減弱」と「エックス線線量率と距離による減弱」に関する計算問題が出題される．また，計算問題では，放射線防護に立ったエックス線装置が設置されている管理区域における制限の実効線量 1.3 mSv/3 月と関連して出題される．計算問題以外は，「誤っているもの」あるいは「正しいもの」を選択する問題であるので，よく問題を読む必要がある．本章に掲載されている問題を解いて，理解を深めることを奨める．

1.1
エックス線の性質

■**出題傾向** エックス線の定義および特性エックス線と制動エックス線の性質について必ず出題される．また，これらの性質を問う問題以外にも，これらの性質を理解しないと解けない問題が出題される．

■**ポイント**
1. エックス線は，光と同じ電磁波の一種で原子核外から発生する．
2. エックス線の線質は，エネルギーの小さい方から大きい方に従って軟エックス線から硬エックス線と呼ばれる．
3. 特性エックス線は，原子のエネルギー準位の遷移に伴って発生する．
4. 制動エックス線は，高速の電子が原子核近傍を通過するとき発生する．
5. 特性エックス線（蛍光エックス線・単色エックス線）は線スペクトルで，制動エックス線（白色エックス線）は連続スペクトルである．

◆ ポイント解説

1. エックス線の定義

　エックス線（X線）は，光と同じ電磁波の一種である．原子力用語（JIS Z 4001）の定義によると「原子核の核外部分から発生する電磁波．可視光線に比べて短い波長をもち，特性X線と制動放射（連続X線）がある」と書かれている．類似した電磁波としてガンマ線（γ線）があり，一般に両者はエネルギー（波長）領域が異なっているものとして区別されているが，厳密にはエックス線とガンマ線とは発生機構によって区別されているので，エネルギー（波長）領域で区別するのは間違いである．原子力用語（JIS Z 4001）におけるガンマ線の定義は，「原子核の遷移または粒子の消滅に伴って生じる電磁波」とある．すなわち，原子核内から発生する電磁波がガンマ線で，原子核外から発生する電磁波がエックス線である．

　しかし，エネルギー（波長）領域でエックス線とガンマ線をおおまかに区別すると，エックス線は $0.01\,\text{keV} \sim 1\,\text{MeV}$（$100\,\text{nm} \sim 10^{-3}\,\text{nm}$），ガンマ線は $10\,\text{keV} \sim 1\,\text{GeV}$（$10^{-1}\,\text{nm} \sim 10^{-6}\,\text{nm}$）になる．正確には電磁波のエネルギー E〔eV〕と波長 λ〔nm〕との関係は

$$E\,[\text{eV}] = \frac{1\,240}{\lambda\,[\text{nm}]}$$

であるので，この式から換算することができる．また，エックス線のエネルギー

の大きさにより超軟エックス線（0.01 keV ～ 0.1 keV），軟エックス線（0.1 keV ～ 10 keV），硬エックス線（100 keV ～ 1 MeV）と呼ぶこともある．このエネルギー幅は，目安として使用される．

2. エックス線の種類

エックス線には，エネルギースペクトルの違いから**連続**（制動，阻止，白色）**エックス線**と**特性**（蛍光，固有，示性）**エックス線**の2種類がある．連続エックス線は，図1.1に示すように大きな運動エネルギーをもった電子が，原子核に衝突するか，物質中の原子核近傍を通過しようとするとき，電子は原子核からの強い電気力（クーロン場との相互作用）によってその速度を大きく減じる加速度が生じ，加速度の大きさの2乗に比例した強度の電磁波が法線方向に発生する．これを**制動放射（制動エックス線）**という．連続エックス線の強度Iは，ターゲットの原子番号Zとエックス線管管電流iとに比例し，管電圧Vの2乗に比例することが知られている．すなわち，$I = k \cdot z \cdot i \cdot V^2$（$k$；比例定数約$10^{-6}$ kV^{-1}）となる．

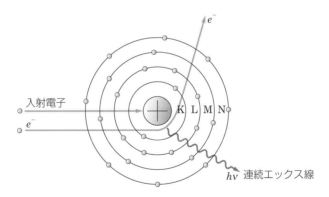

図 1.1　電子の動き

特性エックス線は，図1.2に示すようにターゲット物質を構成する原子の軌道電子に，軌道電子の束縛エネルギー以上の電子あるいは光子などを照射すると，軌道電子は核外にたたき出され，そこに空席ができる．空席には，外殻軌道の電子が遷移する．そのとき，空席と遷移前の軌道のエネルギー準位（束縛エネルギー準位）の差が電磁波として放出される．これが特性エックス線である．K殻の空席がL殻，M殻，…からの電子で埋められるとき，K$_\alpha$線，K$_\beta$線，…と表記され，またL殻の空席がM殻，N殻…からの電子で埋められるとき，L$_\alpha$線，L$_\beta$線と

3

表記される．軌道電子のエネルギー準位は，ターゲットの原子の原子番号によって決まる固有の値であるので，図1.3に示すようにターゲット原子の原子番号により特性エックス線も一定のエネルギーをもつ．すなわち，K線系列あるいはL線系列などの同一系列における特性エックス線のエネルギー（$h\nu$）の平方根とターゲットの原子番号Zの間にはある一定の直線関係（**モーズリーの法則**：$\sqrt{h\nu} = k(Z-S)$，h；プランクの定数，ν；振動数，Z；原子番号，k，S；定数）があることが知られ，原子番号が大きくなるに従い特性エックス線のエネルギーも大きくなる．

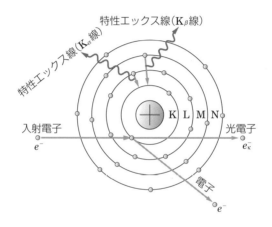

図1.2　特性エックス線の発生過程

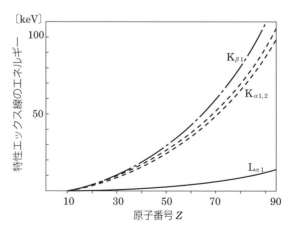

図1.3　ターゲット原子の原子番号による特性エックス線のエネルギー

⊗ **問題1**　エックス線に関する次の記述のうち，正しいものはどれか.
(1) エックス線は，荷電粒子の流れである.
(2) エックス線は，直接電離放射線である.
(3) エックス線は，波長が可視光線より短い電磁波である.
(4) エックス線の光子は，電子と同じ質量をもつ.
(5) エックス線は，磁場の影響を受ける.

⊗ **解説**　(1)は電磁波で，原子核外から放出するものである.（2)は間接電離放射線である.　間接電離放射線は，「それ自身は電荷がもたないが，原子との衝突の際に直接電離放射線を発生させるか，あるいは核変化を起こし，間接的に電離を起こす能力をもつ放射線」と定義されている.　そのためエックス線以外にガンマ線や中性子線がこれに該当する.（4)の電磁波は波動性と粒子性の二つの性質をもつ.　粒子性として光子が該当する.　電子が消滅するとき，質量・エネルギー保存則に従い 0.511 MeV の電磁波（光子）を放出する.　それゆえ，エックス線のエネルギーにより電子と同等な質量にならない.（5)は電磁波であるので，磁場の影響を受けない.

　　（3)の光も広い意味で電磁波の一種であり，$E〔eV〕= 1\,240/\lambda〔nm〕$ の関係より波長が短い光（電磁波）の方が，エネルギーが高い.　可視光線はエックス線よりエネルギーが低いことから波長は短い.　以上のことから（3）が正しい.

〔**解答**〕(3)

⊗ **問題2**　特性エックス線に関する次の記述のうち，正しいものはどれか.
(1) 特性エックス線の波長は，ターゲット元素の原子番号が大きくなると長くなる.
(2) 特性エックス線は，連続スペクトルを示す.
(3) 管電圧が，K系列の特性エックス線を発生させるのに必要な限界値であるK励起電圧を下回るときは，他の系列の特性エックス線も発生することはない.
(4) K殻電子が電離されたことにより特性エックス線が発生することをオージェ効果という.
(5) K系列の特性エックス線は，管電圧を上げると強度が増大するが，その波長は変わらない.

⊗ **解説**　(1)は，モーズリーの法則 ｜特性エックス線のエネルギー（$h\nu$）の平方根とターゲットの原子番号 Z の間にはある一定の直線関係：$\sqrt{h\nu} = k(Z - S)$，Z：原子番号，k，S：定数｜ に関係する設問で，原子番号が大きくなるに従い特性エックス線のエネルギーも大きくなり，$E〔eV〕= 1\,240/\lambda〔nm〕$ の関係よ

り波長は短くなる．すなわち，エネルギーと波長は反比例の関係にある．(2) は特定の軌道間からの電子の移動により発生するエックス線であるので，固有のエネルギーをもつ．(3) の励起電圧は，特性エックス線を取り出すための管電圧の限界値のことをいう．また，特性エックス線は K 系列，L 系列，M 系列から放出するが，同一元素であれば，K 系列，L 系列，M 系列からの特性エックス線のエネルギーはこの順で小さくなる．それゆえ，K 励起電圧を下回っても L 系列，M 系列からの特性エックス線が発生する．(4) のオージェ効果は，特性エックス線が放出する代わりに最外殻に近い軌道電子がそのエネルギーをもらいうけ，軌道の束縛エネルギーを差し引いた分の運動エネルギーで核外にオージェ電子が放出することをいう．(5) は図 1.10（p.18 参照）に示されるとおりで，正しい．　　　　　　　　　　**【解答】**(5)

✖ **問題 3**　特性エックス線に関する次の記述のうち，正しいものはどれか．
(1) 特性エックス線（K_α）の波長は，ターゲット元素の原子番号が大きくなると長くなる．
(2) 特性エックス線は，連続スペクトルを示す．
(3) 管電圧が，K 系列の特性エックス線を発生させるのに必要な最小値である K 励起電圧を下回るときは，他の系列の特性エックス線も発生することはない．
(4) K 殻電子が電離されたことにより特性エックス線が発生することをオージェ効果という．
(5) K 系列の特性エックス線は，管電圧を上げると強度が増大するが，その波長は変わらない．

✐ **解説**　　(1) はモーズリーの法則に関する設問で，原子番号が大きくなるに従い，特性エックス線のエネルギーは大きくなる．また，特性エックス線のエネルギーと波長とは反比例の関係があることから，特性エックス線のエネルギーが大きくなると波長は短くなる．(2) の特性エックス線は，線スペクトルである．すなわち，空席になった軌道に外殻の軌道電子が遷移したとき，軌道の束縛エネルギーの差の分として一定のエネルギーのエックス線が放出したもので，エネルギーが一定であることから線スペクトルになる．なお，特性エックス線は，蛍光エックス線と呼ばれることもある．(3) の励起電圧は，特性エックス線を取り出すための管電圧の限界値のことをいう．K 系列，L 系列，M 系列から特性エックス線が発生するための励起電圧は，この順で小さくなるので，K 系列の励起電圧を下回っても L 系列，M 系列からの特性エックス線が発生する．(4) のオージェ効果は，特性エックス線が放出する代

わりに最外殻に近い軌道電子がそのエネルギーをもらいうけ，軌道の束縛エネルギーを差し引いた分の運動エネルギーで核外にオージェ電子が放出することをいう．（5）の特性エックス線の波長は，管電圧を高めても変わらず，エックス線強度が増す．なお，連続エックス線の最高強度を示す波長は，短波長（エネルギーが大きくなる）側に移動する．以上のことから（5）が正しい．　　　　　　　　　　　　　　　　　　　　　　　　　　　　【解答】（5）

❷ 問題 4　エックス線に関する次の記述のうち，正しいものはどれか．
（1）エックス線は，エックス線管の陰極と陽極の間に高電圧をかけて発生させる高エネルギーの荷電粒子の流れである．
（2）制動エックス線は，元素のエネルギー準位の遷移に伴って発生する．
（3）エックス線は，直接電離放射線である．
（4）連続エックス線は，高エネルギー電子が原子核近傍の強い電場を通過するとき急に減速され，運動エネルギーの一部を電磁波の形で放出するものである．
（5）エックス線管の管電圧を高くすると，特性エックス線の波長は短くなるが，その強さは変わらない．

❷解説　　（1）のエックス線の発生に関しては，1.6 節の発生の原理を参照するのがよく，エックス線管の陰極のフィラメントと陽極のターゲットの間に高電圧をかけて，陰極からの熱電子を高速でターゲットに衝突させ，エックス線を発生させる．このとき，熱電子は荷電粒子であるが，エックス線は電磁波である．（2）の制動エックス線は，高速（大きな運動エネルギー）の電子がターゲット中の原子核近傍の強い電場を通過するときに急速に減速され，その運動エネルギーの一部が電磁波の形で放出したもので，制動放射線と呼ばれる連続エックス線である．（3）について，放射線は，法令においては電離性放射線と呼ばれている．すなわち，放射線が物質を通過するとき，直接的あるいは間接的にその物質を電離する能力があるからである．直接電離性放射線は，物質の原子に衝突するとこれを電離する能力をもつ荷電粒子である．間接電離性放射線は，それ自身は電荷をもたないが，原子との衝突の際に直接電離性放射線を発生するか，あるいは核変換を起こし，間接的に電離を起こす能力をもつ放射線である．エックス線は後者の間接電離性放射線である．（4）は（2）とも関連し，制動エックス線のことである．（5）は，図 1.10 を参照するとよい．管電圧を上げると連続エックス線の強度は増すが，特性エックス線の波長（エネルギー）は変わらない．以上のことから（4）が正しい．　　　　　　　　　　　　　　【解答】（4）

1.2
エックス線と物質との相互作用

■出題傾向　エックス線がターゲット物質の原子に照射されたとき生じる三つの相互作用（光電子効果，コンプトン散乱，電子対生成）に関する問題が必ず出題される．

■ポイント
1. 三つの相互作用（光電効果，コンプトン散乱，電子対生成）の原子内でのそれぞれ起こる場所を理解する．光電効果：内殻軌道電子，コンプトン散乱：外殻軌道電子，電子対生成：クーロン場．
2. 三つの相互作用（光電効果，コンプトン散乱，電子対生成）の特徴を理解する．光電子：一定エネルギー，コンプトン散乱光子：連続エネルギー，反跳電子：連続エネルギー，コンプトン端：コンプトン散乱光子の最大エネルギー，消滅放射線：0.511 MeV．
3. 三つの相互作用や他の散乱作用を起こして，入射エックス線は物質中を減弱しながら透過する．
4. ターゲットの原子番号により三つの相互作用の起こり方が異なる．
5. 入射エックス線のエネルギーにより三つの相互作用の起こり方が異なる．

🔍ポイント解説

　エックス線が物質を透過するとき，主にエックス線の吸収と散乱が起こり，透過エックス線以外にも新たなエックス線や電子が放射される．エックス線の吸収による作用では光電効果と電子対生成があり，散乱による作用では**弾性散乱**（トムソン散乱，レイリー散乱）と**非弾性散乱**（コンプトン散乱）がある．弾性散乱は，散乱前後でエネルギーの変化がなく散乱することで，非弾性散乱は，散乱前後でエネルギーの変化がある散乱することをいう．すなわち，弾性散乱では散乱波が入射波と同じ波長をもち，散乱前後で一定の位相関係をもって位相を受け継ぐので，互いに干渉し合い，**回折現象**を起こす．非弾性散乱では波長が変化し，位相が異なり，干渉は起こらない．

　透過エックス線は，入射エックス線の強度が吸収や散乱の相互作用を受けて減弱（減衰）したエックス線で，物質を透過するとき強度は指数的に減少する．その詳細を 1.3 節に示す．

　光電効果は，図 1.4 (a) に示すようにエックス線光子が物質の原子の原子核に近い軌道電子と衝突し，軌道外に光電子として放出させる作用で，その運動エネ

ルギーは入射光子のエネルギーから飛び出る軌道の束縛エネルギーを差し引いた分になっている．光電効果を起こす確率は，物質の原子番号 Z の 4 乗から 5 乗に比例して起こりやすい．そのため，エネルギーの低い光子の遮蔽に鉛や原子番号が大きい物質が用いられるのは，この性質を利用したものである．光電効果が起こると，飛び出た空席を外殻軌道から電子が遷移することにより特性エックス線が放出するとともに，特性エックス線が放出する代わりに最外殻に近い軌道電子がそのエネルギーをもらいうけ，軌道の束縛エネルギーを差し引いた分の運動エネルギーで核外に**オージェ電子**が放出する．オージェ電子が放出する確率は，軽元素の原子で起こりやすい．

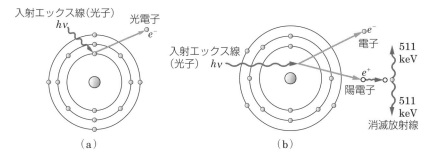

図 1.4 光電効果と電子対生成

電子対生成は，図 1.4（b）に示すようにエネルギーが 1.022 MeV 以上（電子の静止エネルギーの 2 倍）のエックス線光子が原子核と最内核軌道との間のクーロン場に入ると，光子は消滅し，陽電子（正孔）と陰電子の対が発生する．陽電子と陰電子の運動エネルギーは，入射光子エネルギーから 1.022 MeV を差し引いたエネルギーを等分したエネルギーである．発生した陽電子は軌道外に出ると，周辺に多く存在している自由電子と直ちに結合・消滅し，0.511 MeV の 2 本の消滅放射線を同時に 180° 方向に放出する．電子対生成を起こす確率は，物質の原子番号 Z の 2 乗に比例する．

弾性散乱（トムソン散乱，レイリー散乱）は，エックス線光子が物質中の電子と弾性的に衝突し，光子の運動方向が変わる現象である．このとき，光子のエネルギーは変化しないので，散乱したエックス線の線質は変わらない．トムソン散乱は，光子と 1 個の電子との散乱であるが，レイリー散乱は，光子と結合した原子全体との散乱である．

　非弾性散乱（コンプトン散乱）は，図1.5に示すようにエックス線光子が原子の外殻の軌道電子と衝突し，光子がもっている運動エネルギーの一部を軌道電子に与え，その電子を外に飛び出させる．この電子を反跳電子と呼ぶ．一方，エネルギーを与えた光子は，運動の方向を変え散乱する．エネルギーが減少した散乱光子をコンプトン散乱光子と呼び，このような散乱が起こることをコンプトン効果ともいう．外殻の軌道電子は束縛が弱く，ときに自由電子とみなすことができるのでこのような現象が起こる．光子と電子との衝突による散乱は，エネルギー保存則と運動量保存則を満足させながら確率的に起こるので，反跳電子あるいは散乱光子のエネルギーは，ゼロからある一定値（この値の最大値をコンプトン端と呼ぶ）までの連続的な値をとる．そのため，反跳電子あるいは散乱光子のエネルギーは入射光子のエネルギーより小さい．コンプトン散乱が起こる確率は，物質の原子番号Zに比例する．

　これら光電効果，電子対生成およびコンプトン散乱が，光子エネルギーおよび物質の原子番号Zにより，どのような割合で起こるかを簡単に示しているのが図1.6である．すなわち，低エネルギーの光子エネルギーでは光電効果が支配的であるが，エネルギーが上がるに従いコンプトン散乱の寄与が増し，次第に電子対生成の寄与も増えてくる．

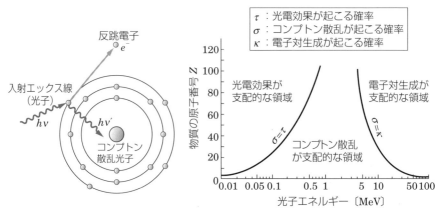

　　図1.5　コンプトン散乱　　　　図1.6　エックス線と物質の相互作用

❌問題1 エックス線と物質の相互作用に関する次の記述のうち，正しいものはどれか．
(1) コンプトン効果により散乱されるエックス線の中には，入射エックス線より波長の短いものがある．
(2) コンプトン効果は，必ず特性エックス線の発生を伴う．
(3) 光電効果が生じる確率は，入射エックス線のエネルギーが増大すると，コンプトン効果に比べて急激に低下する．
(4) 光電効果により，光子エネルギーが原子に吸収されて光子は消滅し，このとき入射エックス線に等しい運動エネルギーをもつ光電子が放出される．
(5) 電子対生成は，入射エックス線のエネルギーが，電子1個の静止質量に相当するエネルギー以上であるときに生じる．

解説　(1) のコンプトン効果では，コンプトン散乱光子と反跳電子が生じる．このとき，入射エックス線エネルギーに相当するのがコンプトン散乱光子と反跳電子のエネルギーの和である．コンプトン散乱光子は，設問における散乱エックス線であるので，入射エックス線よりはエネルギーが低く，その波長は入射エックス線よりも長い．(2) のコンプトン効果により生じるのは連続エネルギーのコンプトン散乱光子である．(4) 光電効果は原子の軌道電子との反応により生じるもので，光子エネルギーが原子に吸収されたためではない．(5) の電子対生成は，電子2個の静止質量に相当するエネルギー（$2 \times 0.511\,\text{MeV}$）以上のときに起こる．(3) は，図1.6を参照するとよい．一定の原子番号では光電効果，コンプトン効果，電子対生成の起こる割合が異なっている．以上のことから (3) が正しい．　　　　　　　　　**【解答】**(3)

❌問題2 エックス線と物質との相互作用に関する次の記述のうち，正しいものはどれか．
(1) コンプトン効果は，主にK殻電子と光子との相互作用により生じる．
(2) コンプトン効果により散乱したエックス線の波長は，入射エックス線の波長より短い．
(3) 光電効果によって原子から放出される光電子の運動エネルギーは，入射エックス線のエネルギーより小さい．
(4) 入射エックス線のエネルギーにかかわらず，光電効果が起こる確率は，コンプトン効果が起こる確率より大きい．
(5) 入射エックス線のエネルギーが中性子1個の静止質量に相当するエネルギー以上になると電子対生成が生じるようになる．

✖解説　（1）のコンプトン効果は原子の最外殻軌道の電子と反応し，逆に光電効果は最内殻軌道電子と反応する．（2）のコンプトン散乱光子の波長は，入射エックス線の波長よりも長い．すなわち，コンプトン散乱光子のエネルギーは，入射エックス線のエネルギーよりも小さい．（3）の光電効果は，入射エックス線のエネルギーを軌道電子が吸収し，軌道の束縛エネルギーを差し引いた分が光電子の運動エネルギーになるので，設問のとおりである．（4）は図1.6を参照するとよい．入射エックス線のエネルギーによりそれぞれの起こる確率は異なる．（5）の電子対生成は，電子2個の静止質量に相当するエネルギー（$2 \times 0.511\,\mathrm{MeV}$）以上のときに起こる．以上のことから（3）が正しい．

【解答】（3）

✖問題3　エックス線と物質との相互作用に関する次の記述のうち，誤っているものはどれか．
（1）入射エックス線のエネルギーが中性子1個の静止質量に相当するエネルギー以上になると，電子および陽電子を生じる電子対生成が起こるようになる．
（2）コンプトン効果とは，エックス線光子と原子の軌道電子とが衝突し，電子が原子の外に飛び出し，光子が運動の方向を変える現象である．
（3）コンプトン効果による散乱エックス線は，入射エックス線のエネルギーが高くなるほど前方に散乱されやすくなる．
（4）光電効果とは，原子の軌道電子がエックス線光子のエネルギーを吸収して原子の外に飛び出し，光子が消滅する現象である．
（5）光電効果が起こる確率は，エックス線のエネルギーが高くなるほど低下する．

✖解説　（1）の電子対生成の発生は，電子2個の静止質量に相当するエネルギー（$2 \times 0.511\,\mathrm{MeV}$）以上の入射エックス線のエネルギーのときに起こる．（2）と（4）は設問のとおりである．（3）のコンプトン散乱は非弾性散乱であり，入射エックス線のエネルギーが高くなるほど，前方に散乱する．（5）は図1.6を参照するとよい．エックス線のエネルギーが高くなるに従い，コンプトン効果の割合が多く，また，$1.022\,\mathrm{MeV}$以上では電子対生成の割合が増える．以上のことから（1）が誤りである．

【解答】（1）

❌ **問題4** エックス線と物質との相互作用に関する次の記述のうち，誤っているものはどれか.

(1) 光電効果とは，原子の軌道電子がエックス線光子のエネルギーを吸収して原子の外に飛び出し，光子が消滅する現象である.

(2) 光電効果が起こる確率は，エックス線のエネルギーが高くなるほど低下する.

(3) 光電効果により原子から放出される電子を反跳電子という.

(4) コンプトン効果とは，エックス線光子と原子の軌道電子とが衝突し，電子が原子の外に飛び出し，光子が運動の方向を変える現象である.

(5) コンプトン効果による散乱エックス線は，入射エックス線のエネルギーが低い場合には，横方向より前方と後方に散乱されやすい.

❌**解説**　(1) と (4) は設問のとおりである. (2) は図1.6を参照するとよい. (3) の原子から放出される電子は光電子である. (5) は問題3の設問 (3) と関連するが，入射エックス線のエネルギーが低い場合，設問のとおりとなる. 以上のことから (3) が誤りである.　　　　　　　　　　　　　【解答】(3)

1.3
物質を透過するエックス線線量率の減弱

■**出題傾向**　単一エネルギーで細い線束のエックス線が物質を透過するとき，単一エネルギーで太い線束のエックス線が物質を透過するとき，または連続エックス線が物質を通過したときのエックス線線量率が減弱することに関する問題が必ず出題される．また，二種類の物質による減弱について，物質の厚みを計算する問題と本項に関係する語句の意味を問う問題が出題される．

■**ポイント**

1. 単一エネルギーで細い線束のエックス線が物質を透過するとき，物質の厚さに従い指数的に減弱する．
2. 単一エネルギーで太い線束のエックス線が物質を通過するとき，細い線束の場合より B 倍（$B \geqq 1$，再生係数）の割合で減弱する．
3. 再生係数 B は，エックス線のエネルギーおよび物質に依存する．
4. エックス線のエネルギーと物質とに依存する係数として線減弱係数 μ がある．
5. 線減弱係数を物質の密度で除した値を質量減弱係数 μ_m といい，エックス線のエネルギーのみに依存する．
6. エックス線線量率が 1/2 になる物質の厚さを半価層という．
7. 連続エックス線を透過させたときには，第一半価層，第二半価層がある．
8. 連続エックス線には実効エネルギーがあり，第一半価層に相当する単色エックス線のエネルギーをいう．

🔍 ポイント解説

1. 物質によるエックス線線量率の減弱

　前述したエックス線光子と物質との相互作用により，エックス線線量率は減弱する．単一エネルギーの入射エックス線光子が細い線束で物質に入射したとき，エックス線線量率は，透過した距離に応じて式 (1) に示すように指数的に減弱する．ここで，I_0 は入射線量率，I は物質中を距離 x〔cm〕透過した後の線量率，μ は物質固有の値の比例係数である．

$$I = I_0 \exp(-\mu \cdot x) \tag{1}$$

　式 (1) の比例係数 μ〔cm^{-1}〕は，エックス線のエネルギーと物質により決まる値で，**線減弱係数**あるいは**線吸収係数**と呼ばれる．

　いろいろな吸収物質によりエックス線の線量率の減弱の程度を示す指標として，**半価層**あるいは**1/10 価層**がある．半価層は線量率 I が $I_0/2$ になる厚さ，1/10 価層は線量率 I が $I_0/10$ になる厚さを表す指標である．半価層 $x_{0.5}$ と線減弱係数 μ には，$x_{0.5} = \log_e 2/\mu = 0.693/\mu$ の関係がある．また，1/10 価層 $x_{0.1}$ から入射エックス線線量率を $(1/10)^n$ に減弱するのに必要な吸収物質の厚さを $n \times x_{0.1}$ から求めることできる．

　式 (1) において，横軸を x，縦軸を I にとり図示すると，図 1.7 (a)，(b) のように表すことができる．図 (a) は距離に対して指数的に減弱するが，図 (b) は距離に対して直線的に減弱する．ここで，図 (b) の縦軸は対数表示である．図 (b) の直線の勾配は μ になり，この値の大小によりエックス線線量率の減弱の程度がわかる．

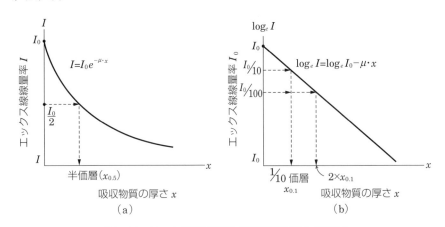

図 1.7　エックス線線量率の吸収物質による減弱

　また，同じ物質であってもエックス線線量率は密度 ρ〔$\mathrm{g \cdot cm^{-3}}$〕によって異なるので，物質の密度すなわち物質の状態に関係しないでエックス線のエネルギーのみに依存する係数として，線減弱係数を密度で除した値 μ_m（$= \mu/\rho$〔$\mathrm{g^{-1} \cdot cm^2}$〕）を質量減弱係数あるいは質量吸収係数といい，式 (2) で表すことができる．

$$I = I_0 \exp\left(-\mu_m \cdot \rho \cdot x\right) \tag{2}$$

　式 (2) の距離 x〔cm〕と密度 ρ〔$\mathrm{g \cdot cm^{-3}}$〕を掛けた値は，〔$\mathrm{g \cdot cm^{-2}}$〕の単位となり，このときの距離を**面密度**と呼び，多くの場合この値が利用される．

　1.2 節で示したように，エックス線が物質中を透過するとき，図 1.8 のように吸収や散乱によって入射エックス線のエネルギーが減弱するので，線減弱係数 μ

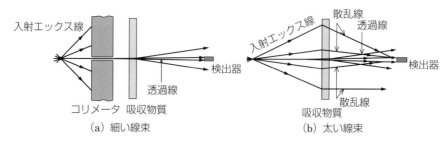

図1.8　エックス線の減弱

あるいは質量減弱係数 μ_m は，吸収や散乱の起こる割合（それぞれの相互作用が起こる確率）の和として表すことができる．すなわち，光電効果が起こる確率を τ，コンプトン散乱が起こる確率を σ_{comp}，弾性散乱が起こる確率を σ_{coh}，電子対生成が起こる確率を κ とすると

$$\mu = \tau + \sigma_{\mathrm{comp}} + \sigma_{\mathrm{coh}} + \kappa$$

あるいは

$$\mu_m = \frac{\mu}{\rho} = \frac{\tau}{\rho} + \frac{\sigma_{\mathrm{comp}}}{\rho} + \frac{\sigma_{\mathrm{coh}}}{\rho} + \frac{\kappa}{\rho}$$

となる．

　図1.9には，一例として水の質量減弱係数への各相互作用の寄与について示している．低エネルギー側では光電効果，中エネルギー領域ではコンプトン散乱，高エネルギー側では電子対生成が支配的であることがわかる．

　多くの物質は，単一の原子のみではなく，複数の原子から構成されている．このような複数の原子から構成されている物質での質量減弱係数 μ_m は，近似的に構成物質の各原子 i の質量含有率 w_i の荷重平均で求めることができる．すなわち

$$\mu_m = \frac{\mu}{\rho} = \sum_i w_i \left(\frac{\mu}{\rho} \right)_i$$

となる．

　太い線束でエックス線を物質に入射すると，散乱エックス線の影響が大きくなり，式（2）で示す $I = I_0 \exp(-\mu_m \cdot \rho \cdot x)$ より大きな値になる．すなわち

$$I = B \cdot I_0 \exp(-\mu \cdot x)$$

のように透過線量率は B（再生係数あるいはビルドアップ係数，$B \geqq 1$）の係数

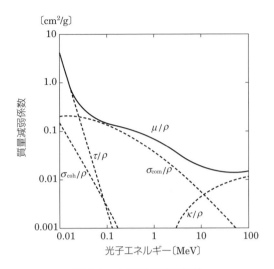

図 1.9　水の質量減弱係数

分だけ高くなる. これは, 細い線束での線量率に加えて物質の別のところで散乱
されたエックス線が測定場所に入射したため起こる現象で, 入射エックス線のエ
ネルギーや吸収物質の材料に依存する係数である. さらに, 吸収物質の面積や厚
みが大きくなると B の値は大きく変化する.

2. 連続エックス線の線質を決める用語

　多くのエックス線装置は, 図 1.10 に示すようにエックス線管から発生した連
続エックス線 (白色エックス線) を利用している. 図から明らかなように, エッ
クス線管電圧を上げるに従い, エックス線強度が増すとともに最高強度が短波長
(エネルギー大) 側にシフトする. ここでは, エックス線管電圧 V〔kV〕と最短
波長 λ_{min}〔nm〕の間に, λ_{min}〔nm〕$= 1.24/V$〔kV〕の関係が成り立っている.
これを**デュエン・ハントの法則**という. また, 連続エックス線の線質をいくつか
の用語によって決めている.

①　**半価層**：細い線束で入射エックス線の線量率を最初の 1/2 にするのに必
　　要な物質の厚さを半価層あるいは第一半価層と呼ぶ. さらに, 1/2 から 1/4
　　にするのに必要な厚さを第二半価層と呼ぶ.

②　**均等度あるいは均質係数**：第一半価層と第二半価層との比 (第一半価層 /
　　第二半価層) をいい, エックス線エネルギー分布の広がりを表す指標となる.

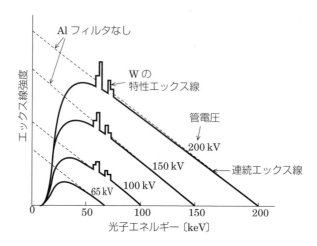

図 **1.10** タングステンターゲットのエックス線管からの
管電圧によるエックス線スペクトル

単色エックス線（単一エネルギーのエックス線）ではこの値は 1 である．
③ **実効エネルギー**：連続エックス線の第一半価層と等しい半価層に相当する
単色エックス線のエネルギーを連続エックス線の実効エネルギーと呼ぶ．ま
た，実効エネルギーと第一半価層から導き出される減弱係数を**実効減弱係数**
または**平均減弱係数**と呼ぶ
④ **線質指数**：最大エネルギーに対する実効エネルギーの比を示す．
連続エックス線が吸収物質を透過するとき，エックス線の線質を決めるこれら
の各値は，図 1.11 のように透過距離により変化する．

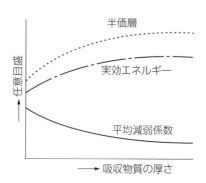

図 **1.11** 連続エックス線の線質変化

❷ **問題1** 次のAからDまでの事項について，単一エネルギーの細いエックス線束がある厚さの物体を透過するときの減弱係数の値に影響を与えるものの組合せは（1）〜（5）のうちどれか．
A　入射エックス線の強度
B　入射エックス線のエネルギー
C　物体の厚さ
D　物体を構成する元素の種類
（1）A，B　　（2）A，C　　（3）B，C　　（4）B，D　　（5）C，D

✎**解説**　　単一エネルギーの細いエックス線束でのエックス線線量率（強度）は，透過した距離に応じて $I = I_0 \exp(-\mu \cdot x)$ のように指数的に減弱する．ここで，I_0 は入射線量率，I は物体の厚さ x〔cm〕透過した後の線量率および μ は物質固有の線減弱係数の値である．線減弱係数は，物体の種類やエックス線のエネルギーに依存する値である．以上のことから減弱係数に依存する項目は，（4）である．　　　　　　　　　　　　　　　　　　　　　　**【解答】**（4）

❷ **問題2**　下図1のように，検査鋼板に垂直に細い線束のエックス線を照射し，エックス線管の焦点から5mの位置で，透過したエックス線の1cm線量当量率を測定したところ，16mSv/hであった．次に下図2のように，この線束を厚さ18mmの鋼板で遮へいし，同じ位置で1cm線量当量率を測定したところ1mSv/hとなった．
この遮へい鋼板を厚いものに替えて，同じ位置における1cm線量当量率を0.5mSv/h以下とするために必要な遮へい鋼板の最小の厚さは（1）〜（5）のうちどれか．
ただし，エックス線の実効エネルギーは変わらないものとする．また，散乱線の影響はないものとする．
なお，$\log_e 2 = 0.69$ とする．

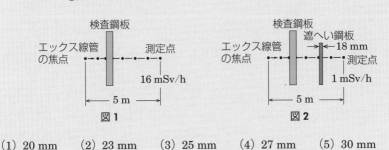

図1　　　　　　　　　　　　　　　　　　図2

（1）20mm　　（2）23mm　　（3）25mm　　（4）27mm　　（5）30mm

✎解説　1 cm 線量当量率は，放射線防護の立場で用いられる環境線量の実用量の時間当たりの線量率のことで，設問ではエックス線の線量率と考えればよい．また，エックス線管からのエックス線は連続エネルギーであり，その実効エネルギーは，連続エックス線の第一半価層と等しい半価層に相当する単色エックス線のエネルギーを連続エックス線の実効エネルギーと定義されていることから，設問では入射エックス線のエネルギーの変化がないことを条件としている．

　エックス線の線量率の減弱については，$I = I_0 \exp(-\mu \cdot x)$ の式を基本として考える．エックス線管の焦点と測定点との距離が 5 m で不変であることと，測定点での線量率 I が遮へい鋼板の厚さにより変わるものと考える．すなわち，測定点での遮へい鋼板がないときの線量率 I_0 が，遮へい鋼板を置くことにより減弱し，その線量率が遮へい鋼板の厚みにより I になったとして計算する．遮へい鋼板の厚みを s ($s = 18\,\mathrm{mm}$)，求めようとする遮へい鋼板の厚みを w とすると次のような式が成り立つ．

$$1\,〔\mathrm{mSv/h}〕= 16\,〔\mathrm{mSv/h}〕\times \exp(-\mu \cdot s) \qquad \cdots ①$$

$$0.5\,〔\mathrm{mSv/h}〕= 16\,〔\mathrm{mSv/h}〕\times \exp(-\mu \cdot w) \qquad \cdots ②$$

式①より，両辺を対数変換すると

$$\mu \cdot s = 4 \times \log_e 2 \qquad \cdots ③$$

になる．

　一方，式②を①と同様に対数変換すると

$$\mu \cdot w = 5 \times \log_e 2 \qquad \cdots ④$$

になる．

　式③から μ を算出し，この値を式④に導入して w を計算すると $w = (5/4)s$ となり，さらに，$s = 18\,\mathrm{mm}$ を導入すると，$w = 22.5\,\mathrm{mm}$ となる．この値に一番近い解答は 23 mm である．

　なお，$\log_e 2$ の値を使用していないが，もし，使用するときには最後に数値変換する方がよい．

【解答】(2)

✺ 問題 3 単一エネルギーで太い線束のエックス線が物質を透過するときの減弱を表す場合に用いられる再生係数（ビルドアップ係数）に関する次の記述のうち，誤っているものはどれか．

(1) 再生係数は，1 未満となることはない．
(2) 再生係数は，線束の広がりが大きいほど大きくなる．
(3) 再生係数は，入射エックス線のエネルギーや物質の種類によって異なる．
(4) 再生係数は，物質の厚さが厚くなるほど大きくなる．
(5) 再生係数は，入射エックス線の線量率が高くなるほど大きくなる．

✺ 解説 太い線束でエックス線を物質に入射すると，散乱エックス線の影響が大きくなり，細い線束のときより B 倍大きな値になる．その式は $I = B \cdot I_0 \exp(-\mu \cdot x)$ となる．この B の値を再生係数あるいはビルドアップ係数といい，1 以上の値である．再生係数は散乱の影響から導き出されたもので，入射エックス線のエネルギーや吸収物質に依存するとともに，吸収物質の面積や厚みが大きくなるほど，B の値も大きくなる．(5) の線量率には依存しない．以上のことから (5) が誤りである． 　　　　　　　　　　　　　　　【**解答**】(5)

✺ 問題 4 単一エネルギーの細いエックス線束が物体を透過するときの減弱に関する次の記述のうち，誤っているものはどれか．

(1) エネルギー範囲が 10 keV から 1 MeV 程度までのエックス線に対する鉄の半価層の値は，エックス線のエネルギーが高くなるほど大きくなる．
(2) 半価層の値は，エックス線の線量率が高くなっても変化しない．
(3) 半価層 h〔cm〕と減弱係数 μ〔cm^{-1}〕との間には，$\mu \cdot h = \log_e 2$ の関係がある．
(4) 軟エックス線の場合は，硬エックス線の場合より，半価層の値が小さい．
(5) 1/10 価層 H〔cm〕と半価層 h〔cm〕との間には，$H = \dfrac{\log_e 2}{\log_e 10} h$ の関係がある．

✺ 解説 半価層は，線量率 I が $I_0/2$ になる厚さ，1/10 価層は，線量率 I が $I_0/10$ になる厚さを表す指標である．半価層は物質の密度およびエックス線のエネルギーに依存し，エックス線のエネルギーが大きくなると半価層も厚くなる．線量率には無関係な値である．(1)，(2)，(3)，(4) は設問のとおりである．(4) の硬エックス線と軟エックス線は，エックス線のエネルギーを示す呼称で，軟エックス線；0.1 keV ～ 10 keV，硬エックス線；100 keV ～ 1 MeV 程度である．(5) の半価層では $1/2 = \exp(-\mu \cdot h)$ の式が，1/10 価層では $1/10 = \exp(-\mu \cdot H)$ の式が成り立つ．両式を対数変換すると，半価層からは $\mu \cdot H =$

$\log_e 2$，$1/10$ 価層から $\mu \cdot H = \log_e 10$ が導き出せる．両式から μ を消去すると，$H = \dfrac{\log_e 10}{\log_e 2} h$ の式となる．以上のことから (5) が誤りである．　**【解答】**(5)

✴**問題 5**　単一エネルギーの細い線束のエックス線に対する鋼板の半価層の厚さを h とし，$1/10$ 価層の厚さを H とするとき，両者の関係を表す近似式として，適切なものは次のうちどれか．

ただし，$\log_e 2 = 0.69$　$\log_e 5 = 1.61$ として計算すること．

(1) $H \fallingdotseq 1.6\,h$　　(2) $H \fallingdotseq 2.3\,h$　　(3) $H \fallingdotseq 3.3\,h$

(4) $H \fallingdotseq 4.4\,h$　　(5) $H \fallingdotseq 5.0\,h$

✏**解説**　前問に示された半価層と $1/10$ 価層との関係式 $H = \dfrac{\log_e 10}{\log_e 2} h$ から算出することができる．また，対数演算で，$\log_e 10 = \log_e (2 \times 5) = \log_e 2 + \log_e 5$ の変換から計算する．

すなわち，$H = \dfrac{\log_e 10}{\log_e 2} h = \dfrac{\log_e 2 + \log_e 5}{\log_e 2} h = \dfrac{0.69 + 1.61}{0.69} h = 3.33\,h$ となる．

【解答】(3)

✴**問題 6**　あるエネルギーのエックス線に対する半価層が $5\,\mathrm{mm}$ の遮へい板 P と $15\,\mathrm{mm}$ の遮へい板 Q があり，板厚はともに $10\,\mathrm{mm}$ である．

これらを次の A から C のように組み合わせて遮へい体とし，このエックス線を遮へいするとき，遮へい効果の高い順に並べたものは (1)～(5) のうちどれか．

A　遮へい板 P を 2 枚重ねた遮へい体

B　遮へい板 P を 1 枚と遮へい板 Q を 2 枚を重ねた遮へい体

C　遮へい板 Q を 4 枚重ねた遮へい体

(1) $A > B > C$　　(2) $A > C > B$　　(3) $B > A > C$

(4) $B > C > A$　　(5) $C > A > B$

✏**解説**　半価層 h と減弱係数 μ との間には，$\mu \cdot h = \log_e 2$ の関係式が成り立つ．それゆえ，遮へい板 P では $\mu_P \cdot 5 = \log_e 2$，遮へい板 Q では $\mu_Q \cdot 15 = \log_e 2$ となり，各遮へい板での減弱係数は，$\mu_P = (1/5)\log_e 2$ および $\mu_Q = (1/15)\log_e 2$ になる．このことから $\mu_P = 3\mu_Q$ となり，P の減弱係数が Q より 3 倍大きい．

線量率の減弱は，$I = I_0 \exp(-\mu \cdot x)$ より導き出されるので

A：$I_A = I_0 \exp(-\mu_P \cdot 2x)$

B：$I_B = I_0 \exp(-\mu_P \cdot x) \cdot \exp(-\mu_Q \cdot 2x) = I_0 \exp\{(-\mu_P \cdot x) + (-1/3\mu_P \cdot 2x)\}$

$$I_B = I_0 \exp(-\mu_P \cdot 5/3 \cdot x)$$

$$C : I_C = I_0 \exp(-\mu_Q \cdot 4x) = I_0 \exp(-\mu_P \cdot 4/3 \cdot x)$$

となる．遮へい板 P も Q も同じ厚さ 10 mm であることから，指数項の数値が大きいほうが遮へい効果が大きく，A ＞ B ＞ C の順である．【**解答**】(1)

---

❷ 問題7 あるエックス線装置のエックス線管の焦点から 1 m 離れた点での 1 cm 線量当量率は 60 mSv/h であった．

このエックス線装置を用いて，鉄板とアルミニウム板を重ね合わせた板に細い線束のエックス線を照射したとき，エックス線管の焦点から 1 m 離れた点における透過率後の 1 cm 線量当量率は 7.5 mSv/h であった．

このとき，鉄板とアルミニウム板の厚さの組合せとして正しいものは次のうちどれか．ただし，このエックス線に対する鉄の減弱係数を 3.0 cm^{-1}，アルミニウムの減弱係数を 0.5 cm^{-1} とし，鉄板およびアルミニウム板を透過した後のエックス線の実効エネルギーは，透過前と変わらないものとし，散乱線による影響はないものとする．なお，$\log_e 2 = 0.69$ とする．

	鉄板	アルミニウム板
(1)	2.3 mm	13.8 mm
(2)	2.3 mm	20.7 mm
(3)	4.6 mm	13.8 mm
(4)	4.6 mm	20.7 mm
(5)	4.6 mm	27.6mm

✐ 解説 一般に，I_0 を入射線量率，I を物質中の距離 x〔cm〕透過した後の線量率および μ を物質固有の線減弱係数とすると，$I = I_0 \cdot \exp(-\mu \cdot x)$ の関係が成り立つ．鉄板を 1，アルミニウム板を 2 で表すと線量率の減弱式は

$$I = I_0 \cdot \exp\{(-\mu_1 \cdot x_1) + (-\mu_2 \cdot x_2)\}$$

となる．

ここで，$I = 7.5$ mSv/h，$I_0 = 60$ mSv/h，$\mu_1 = 3.0$ cm^{-1}，$\mu_2 = 0.5$ cm^{-1} を上式に代入すると

$$7.5/60 = \exp\{(-3.0 \cdot x_1) + (-0.5 \cdot x_2)\}$$

$$8 = \exp\{(3.0 \cdot x_1) + (0.5 \cdot x_2)\}$$

$$2^3 = \exp\{(3.0 \cdot x_1) + (0.5 \cdot x_2)\}$$

両辺を対数変換すると

$$3 \cdot \log_e 2 = 3.0 \cdot x_1 + 0.5 \cdot x_2$$

になる．

23

この式からは，すぐに x_1 と x_2 の値を求めることができないが，設問で鉄板の厚さが2種類与えられているので，その2種類の値を上式に代入して，アルミニウム板の厚さを求める．すなわち

$$x_2 = 2 \times 3 \ (\log_e 2 - x_1)$$

を使用する．

①：$x_1 = 0.23$ cm の場合

$$x_2 = 2 \times 3(0.69 - 0.23)$$
$$= 2.76 \text{ cm}$$

②：$x_1 = 0.46$cm の場合

$$x_2 = 2 \times 3(0.69 - 0.46)$$
$$= 1.38 \text{ cm}$$

以上のことから（3）が正しい． **【解答】**（3）

✖ **問題8** 連続エックス線が物体を透過する場合の減弱に関する次の記述のうち，誤っているものはどれか．
(1) 連続エックス線が物体を通過すると，実効エネルギーは物体の厚さの増加に伴い低くなる．
(2) 連続エックス線が物体を通過すると，全強度は低下し，特に，低エネルギー成分の減弱が大きい．
(3) 連続エックス線が物体を通過すると，最高強度を示すエックス線エネルギーは，高い方へ移動する．
(4) 連続エックス線の実効エネルギーが高くなると，平均減弱係数は小さくなる．
(5) 連続エックス線が物体を通過するとき，透過エックス線の全強度が物体に入射する直前の全強度の1/2になる物体の厚さを H_a とし，直前の全強度の1/4になる物体の厚さを H_b とすれば，H_b は H_a の2倍より大きい．

✖**解説** （1）は図1.11を参照するとよい．連続エックス線が物体を通過する場合，物体の厚さを増加させると，エックス線の実効エネルギーは増加するが，物体の厚さが十分厚くなるとほぼ一定になるので，設問は誤りである．（2）と（3）の連続エックス線が物体を通過すると，低エネルギー側の減弱の割合が高エネルギー側の減弱の割合より大きいので，最高強度を示すエックス線エネルギーは大きい方へ移動する．（4）は図1.11を参照するとよい．連続エックス線が物体を通過する場合，物体の厚さを増加させると，平均の減弱係数は逆に小さくなる．なお，物体の厚さが十分厚くなるとほぼ一定になる．（5）は図1.11を参照するとよい．半価層は物体の厚さが増すほど大きくなる．それ

ゆえ，単色エックス線の場合に比較して緩やかな減弱を起こし，H_b は H_a の 2 倍より大きくなる．以上のことから（1）が誤りである．　　**【解答】**（1）

✕ **問題 9**　単一エネルギーの細いエックス線束が物体を透過するときの減弱に関する次の記述のうち，正しいものはどれか．
(1) 半価層 h〔cm〕は，減弱係数 μ〔cm^{-1}〕に反比例する．
(2) 半価層は，エックス線のエネルギーが変わっても変化しない．
(3) 半価層は，エックス線の線量率が高くなると厚くなる．
(4) 軟エックス線の場合は，硬エックス線の場合より，半価層は厚い．
(5) 1/10 価層 H〔cm〕と半価層 h〔cm〕との間には，$H = \dfrac{\log_e 2}{\log_e 10} h$ の関係がある．

✕ **解説**　　半価層は，線量率 I が $I_0/2$ になる厚さ，1/10 価層は，線量率 I が $I_0/10$ になる厚さを表す指標である．（1）の半価層と減弱係数との関係式は

$$\frac{1}{2} = \exp(-\mu \cdot h)$$

の式が成り立ち，指数項内の値は一定値であるので，半価層と減弱係数とは反比例の関係がある．（2）と（3）の半価層は，物質の密度およびエックス線のエネルギーに依存し，エックス線のエネルギーが大きくなると半価層も厚くなる．また，線量率には無関係な値である．（4）の硬エックス線と軟エックス線は，エックス線のエネルギーを示す呼称で，軟エックス線；0.1 keV 〜 10 keV，硬エックス線；100 keV 〜 1 MeV 程度である．設問のエックス線のエネルギーが低くなると，半価層は薄くなる．（5）の半価層では

$$\frac{1}{2} = \exp(-\mu \cdot h)$$

の式が，1/10 価層では

$$\frac{1}{10} = \exp(\mu \cdot H)$$

の式が成り立つ．両式を対数変換すると，半価層から $\mu \cdot h = \log_e 2$，10 価層からは $\mu \cdot h = \log_e 10$ が導き出る．両式から μ を消去すると

$$H = \frac{\log_e 10}{\log_e 2} h$$

の式となる．以上のことから（1）が正しい．　　**【解答】**（1）

❽ **問題10** 単一エネルギーで太い線束のエックス線が物体を通過するときの減弱式における再生係数（ビルドアップ係数）B を表す式として，正しいものは（1）〜（5）のうちどれか．

　　ただし，I_P, I_S は，次のエックス線の強度を表すものとする．

　　　I_P：物体を直進して透過し，測定点に到達した透過線の強度

　　　I_S：物体により散乱されて，測定点に到達した散乱線の強度

(1) $B = \dfrac{I_P}{I_S}$　　　(2) $B = \dfrac{I_P}{I_S} - 1$　　　(3) $B = 1 + \dfrac{I_S}{I_P}$

(4) $B = 1 + \dfrac{I_P}{I_S}$　　　(5) $B = 1 - \dfrac{I_S}{I_P}$

✍**解説**　　単一エネルギーで太い線束のエックス線が物体を通過するときの減弱式は

$$I = B \cdot I_0 \exp(-\mu \cdot x)$$

のように表すことができる．ここで I は，測定点でのエックス線の強度であり，I_0 は入射エックス線の強度である．測定点では透過線と散乱線とが混在していることから，測定点におけるエックス線の強度 I は透過エックス線の強度 I_P と散乱エックス線の強度 I_S の和となる．すなわち，$I = I_P + I_S$ となる．また，透過エックス線の減弱の割合は，単一エネルギーの細い線束のときの減弱式 $I_P = I_0 \cdot \exp(-\mu \cdot x)$ となる．以上のことからこれらの式をまとめると

$$I = B \cdot I_0 \exp(-\mu \cdot x)$$

$$I_P + I_S = B \cdot I_P$$

となり，B を算出すると

$$B = \frac{(I_P + I_S)}{I_P}$$

$$= 1 + \frac{I_S}{I_P}$$

となる．　　　　　　　　　　　　　　　　　　　　　**[解答]**（3）

1.4
エックス線線量率の距離による減弱

■出題傾向 規定されている実効線量と関連付けて，線量率が距離の逆2乗則で減弱することを計算する問題が必ず出題される．

■ポイント
1. エックス線線量率は距離の逆2乗則，$I = I_0/x^2$ に従い減弱する．
2. 実効線量の限界は，1.3 mSv/3 か月である．
3. 法律上，3 か月は 13 週である．
4. エックス線装置での実作業時間と 1 cm 線量当量率から，実効線量を算出する．
5. 作業場所から管理区域境界までの線量評価は，距離の逆2乗則を利用する．

🔍 ポイント解説

エックス線光子の線源が理想的な点線源であり，物質との相互作用がない場合，エックス線線量率は距離の2乗に反比例して弱まる．しかし，実際には線源は有限の大きさであり，空気との相互作用があるが，線源の大きさの約 10 倍以上の距離があれば，ほぼ距離の逆2乗則が成り立つ．

すなわち，ある点の線量率を I_0 とし x〔m〕離れた位置での線量率 I は，$I = I_0/x^2$ のように減弱する．

エックス線装置により鋼板などの透過写真撮影の作業を行う場合には，作業者のエックス線による被ばくの管理と作業場所での管理区域の設定をしなければならない．そのため，管理区域の境界では 3 か月で 1.3 mSv 以下の実効線量にしなければならない．この数値は 3 か月の積分量であり，エックス線撮影時でのエックス線線量率，1 cm 線量当量率〔mSv/h〕にエックス線を発生した時間〔h〕を掛けた数値になる．また，エックス線を発生した時間も 1 枚の写真撮影時間〔s〕に撮像した写真の枚数を掛けた積分時間になる．なお，法律上 3 か月は 13 週として計算する．また，作業場所での 1 cm 線量当量率の測定は，比較的線量率の高い箇所（1 m ～数 m）で測定し，その場所での線量を算出し，その値から距離の逆2乗則を使って管理区域境界まで外挿して管理限界が確保できるかの評価を行う．

✖**問題1** 下図のように，エックス線装置を用いて鋼板の透過写真撮影を行うとき，エックス線管の焦点から3 m の距離の点 P における写真撮影中の1 cm 線量当量率は 0.2 mSv/h である．

露出時間が1枚につき110秒の写真を週400枚撮影するとき，エックス線管の焦点と点 P を通る直線上で焦点から点 P の方向にある点 Q を管理区域の境界線の外側になるようにする．焦点から点 Q までの距離として，最も短いものは (1)〜(5) のうちどれか．

ただし，3か月は13週とする．

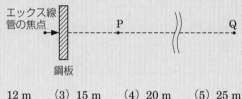

(1) 10 m   (2) 12 m   (3) 15 m   (4) 20 m   (5) 25 m

✎**解説**　写真撮影を行っている点 P での1週間当たりの露出時間は，110秒(s)／枚×400枚＝44 000 s＝44 000/3 600 時間(h)＝12.22 h であり，3か月当たりの露出時間は，44 000/3 600 h×13週＝158.89 h になる．また，この点における3か月での積算の1 cm 線量当量は，0.2 mSv/h×13×44 000/3 600 h＝114 400/3 600 mSv＝31.78 mSv となる．管理区域境界での実効線量の限界値は，1.3 mSv/3か月であることを考えると，31.78 mSv をある距離をとり，1.3 mSv 以下にしなければならない．距離の逆2乗則に従って線量が減少することから，求める限界の距離を x〔m〕，エックス線管の焦点での線量を I_0 とすると，点 P では，31.78 mSv＝$I_0/3^2$ が成り立ち，点 Q では，1.3 mSv＝I_0/x^2 以下が成立しなければならない．両式から I_0 を消去すると，$x^2 = 31.78 \times 3^2/1.3$ となる．

この式から $x = \sqrt{31.78/1.3} \times 3 \fallingdotseq 5 \times 3 = 15$ m が導き出される．**【解答】**(3)

問題2 下図のようにエックス線装置を用いて鋼板の透過写真撮影を行うとき，エックス線管の焦点から 4 m の距離にある点 P における写真撮影中の 1 cm 線量当量率は 160 μSv/h である．

この装置を使って，露出時間が 1 枚につき 2 分の写真を週 300 枚撮影するとき，点 P の後方に遮へい体を設けることにより，エックス線管の焦点から点 P の方向に 8 m の距離にある点 Q が管理区域の境界線上にあるようにすることのできる遮へい体の厚さは，次のうちどれか．

ただし，遮へい体の半価層は 10 mm とし，3 か月は 13 週とする．

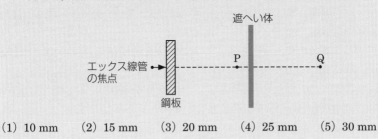

(1) 10 mm   (2) 15 mm   (3) 20 mm   (4) 25 mm   (5) 30 mm

解説 点 P における 3 か月当たりの露出時間とそこでの積算線量を計算する．

$$160 \text{〔μSv/h〕} \times 2 \text{〔min〕} \times 300 \text{〔枚/週〕} \times 13 \text{〔週〕}/60 \text{〔min〕}$$
$$= 20\,800 \text{〔μSv〕} = 20.8 \text{〔mSv〕}$$

エックス線管の焦点での線量を I_0 すると，点 P では，$20.8 \text{ mSv} = I_0/4^2$ が成り立ち，$I_0 = 20.8 \times 16 = 332.8 \text{ mSv·m}^2$ となる．

一方，点 Q では 1.3 mSv を満足することから $1.3 \text{ mSv} = I/8^2$ が成り立ち，$I = 1.3 \times 64 = 83.2 \text{ mSv·m}^2$ となる．本来 I もエックス線管の焦点での線量で I_0 と等しいはずであるが，遮へい体が置かれて減弱されている．それゆえ，I_0/I の線量の減弱の割合は，332.8/83.2 = 3.99 ≒ 4 であることから，遮へい体により 1/4 に減弱している．それゆえ，1/4 の減弱は，2 倍の厚さの半価層の遮へい体を置けばよく，20 mm で設問を満足する． **〔解答〕**(3)

⊗問題3 定格管電圧250 kVのエックス線装置を用いて，図のような配置により鋼板に垂直に，細い線束のエックス線を照射する場合，点Pにおける1週間当たりの1 cm線量当量を0.1 mSv以下にすることのできる最大照射時間は（1）～（5）のうちどれか．

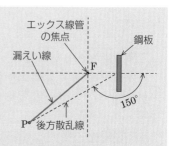

ただし，計算にあたっての条件は次のとおりとする．

A　エックス線管の焦点Fと点Pとの距離は5 m，鋼板の照射野の中心と点Pとの距離は6 mである．

B　エックス線管の焦点Fから点Pの方向へ1 mの距離における漏えい線の1 cm線量当量率は0.5 mSv/hである．

C　照射方向と150°の方向（点Pの方向）への後方散乱線の1 cm線量当量率は，鋼板の照射野の中心から1 mの位置で1 mSv/hである．

D　その他の散乱線はないものとする．

（1）1時間／週　　（2）2時間／週　　（3）3時間／週
（4）4時間／週　　（5）5時間／週

✐解説　　点Pでは，エックス線管の焦点からの漏えい線と鋼板の照射野からの後方散乱線の両方からの線量を加味しなければならない．漏えい線の1 m位置における1 cm線量当量率をI_{11}，後方散乱線の1 m位置における1 cm線量当量率をI_{21}とすると，x〔m〕離れた位置での漏えい線の1 cm線量当量率をI_{1x}，y〔m〕離れた位置での後方散乱線の1 cm線量当量率をI_{2y}とすれば，各線量当量率は距離の逆2乗則に従っていることから，次の関係式が成り立つ．すなわち

　　漏えい線に関して $I_{1x}/I_{11} = (1/x)^2$
　　散乱線に関して　　$I_{2y}/I_{21} = (1/y)^2$

になる．ここで，$x=5$ m，$y=6$ m，$I_{11}=0.5$ mSv/h，$I_{21}=1$ mSv/h の数値を代入すると

　　　　$I_{1x}=0.5\times(1/5)^2 = 0.02$ mSv/h，$I_{2y}=1\times(1/6)^2 = 0.027$ mSv/h

となる．点Pではこれらの線量率の和として成り立っているので，$I_{1x}+I_{2y}=0.02+0.027=0.047$ mSv/h になる．以上により，1週間当たりの1 cm線量当量を0.1 mSv以下にすることのできる最大照射時間tは，$0.047\times t=0.1$を満足すればよいことから，$t=2.12$ h となる．　　**【解答】**（2）

⊗問題 4 下図のように，エックス線装置を用いて鋼板の透過写真撮影を行うとき，エックス線管の焦点から 2 m の距離の P 点における写真撮影中の 1 cm 線量当量率は 0.3 mSv/h である．エックス線管の焦点と P 点を結ぶ直線上で，焦点から P 点方向に 12 m の距離にある Q 点を管理区域の境界の外側になるようにすることができる 1 週間当たりの撮影可能な写真の枚数として，最大のものは (1) ～ (5) のうちどれか．

ただし，露出時間は 1 枚の撮影について 100 秒間であり，3 か月は 13 週とする．

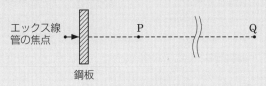

(1) 290 枚 / 週　　(2) 360 枚 / 週　　(3) 430 枚 / 週　　(4) 560 枚 / 週
(5) 680 枚 / 週

⊗解説　　写真撮影をしているときの P 点の 1 cm 線量当量率が 0.3 mSv/h であることから，Q 点での 1 cm 線量当量率は，距離の逆 2 乗則を利用して，$(2^2 × 0.3)/12^2 = 1/120$ mSv/h を導き出せる．また，管理区域の境界での実効線量率は，1.3 mSv/3 か月以下にしなければならないので，1 週間当たりでは，1.3 mSv/3 か月 = 1.3 mSv/13 週 = 0.1 mSv/ 週以下にしなければならない．1 週間当たりの撮影可能な写真の枚数を x 枚とすると，トータルの露出時間は，100 s/枚 × x 枚 = 100・x〔s〕となる．1 cm 線量当量率は時間〔h〕当たりであるので，露出時間〔s〕を〔h〕に変換する．すなわち

$$\{100 \cdot x〔s〕\} / \{3\,600〔s〕/〔h〕\} = x/36〔h〕$$

となり，これが 1 週間当たりの露出時間となる．この露出時間での Q 点での積算の 1 cm 線量当量は

$$1/120〔mSv/h〕× x/36〔h〕$$

となり，管理区域の境界での実効線量が 0.1 mSv 以下にならなければならないので

$$1/120〔mSv/h〕× x/36〔h〕 = 0.1〔mSv〕$$

を解く．以上より

$$x = 0.1 × 120 × 36$$
$$= 432$$

となり，1 週間当たりの撮影可能な写真の枚数として，最大のものは解答群にある 430 枚である．　　　　　　　　　　　　　**〔解答〕**(3)

1.5
エックス線の発生

■ **出題傾向**　エックス線管の構造およびエックス線が発生する構造に基づく発生原理の問題が必ず出題される.

■ **ポ イ ン ト**
  1. エックス線管は真空である.
  2. 陰極のフィラメント電圧は 10 V である.
  3. 陽極のターゲットは, 原子番号が高く, 融点が高いタングステンやモリブデンが使われる.
  4. ターゲットのエックス線が発生する箇所が実焦点で, 実焦点をエックス線管軸に垂直な照射口方向から見たところを実効焦点という.

🔍 ポイント解説

1. エックス線の発生の原理

　エックス線を発生させるには, 高真空にしたガラス管あるいは金属管に封入された陰極のフィラメント（通常タングステン）と陽極のターゲットの間に高電圧をかけ, 陰極フィラメントから熱電子を高速で陽極に衝突させる. このとき, 電子がもっている運動エネルギーの一部が陽極のターゲット原子と相互作用してエックス線が発生する. 衝突させる熱電子の発生は, フィラメントに加熱する電流の量により変化させることができる. また, ターゲットに当たる電子の運動エネルギーの大部分は熱になるので, ターゲットには融点が高く, 熱伝導率が良い金属（銅, モリブデン, 銀, タングステン, クロム, 鉄, コバルトなど）が利用される. タングステンでは連続エックス線が利用されるが, 他の元素では K_α 線が利用され, 特にクロム, 鉄, コバルトでは長波長のエックス線（低エネルギーのエックス線）が必要なときに利用される. また, 特性エックス線を取り出すためには一定以上の管電圧が必要となり, この電圧の限界値を**励起電圧**と呼ぶ. モリブデンでは 20.0 kV, タングステンでは 69.5 kV が励起電圧である.

　エックス線を発生させる量から見たとき, 陽極を回転させるか, 固定させるかによっても発生線量を変えることができるので, 大容量のエックス線を発生させるのに陽極を回転する方法がとられている. このような原理でエックス線を発生させる装置部分を**エックス線管**と呼ぶ. エックス線管から外部にエックス線を取り出す箇所には, エックス線強度（線量率）が減弱しないようにベリリウムあるいは雲母の薄い窓が設けられている. エックス線管の構造の概略を図 1.12 に示す.

01
02
03
04
05

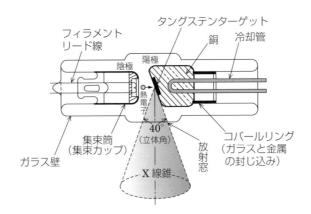

図 1.12　エックス線管の構造

2. エックス線管の構造

　エックス線管の構造は，主に，管体，陰極，陽極，焦点，集束筒（集束電極）から構成されている．

　管体は主にガラス質で真空度は $133.3\,\mu\mathrm{Pa}$（$10^{-6}\,\mathrm{Torr}$）以下に保たれ，内部に陰極や陽極が封じ込まれ，ガラスを貫通する両極のリード線部には熱膨張係数がガラスとほぼ等しいコバルト合金が使用されている．

　陰極は熱電子を放出させるためにタングステンの細線をコイル状に巻いたフィラメントが用いられている．また，タングステンの代わりにタングステンと他の微量な金属（レニウムやトリウムなど）との合金を使用したものや，タングステンにモリブデンやグラファイトなどを張り合わせたものが使用されている．熱電子が管体全体に広がらず，効率的に陽極に照射できるようにその周りを金属（クロム鋼）製の集束筒（集束電極）で囲っている．

　陽極は，陰極からの熱電子が衝突し，エックス線が発生する箇所で，タングステンなどのターゲット材で発生する熱（熱電子の運動エネルギーの 99 ％以上が熱となる）を効率良く冷却するため熱伝導率の高い銅などを用いて絶えず冷却をする必要がある．

　焦点は，図 1.13 に示すように陰極のフィラメントからの熱電子がターゲットに衝突してエックス線を発生する場所をいい，実焦点という．フィラメント側から見た長方形の領域である．実焦点の面積が大きくなればなるほどエックス線管の熱容量は大きくなる．また，実焦点をエックス線管軸に垂直な照射口方向から

見たところを**実効焦点**という．すなわち，基準面への実焦点の垂直投影になり，実効焦点が小さいほど撮影画像の鮮鋭度は高くなる．前述したように陽極はエックス線束を一定方向に放射させるため実焦点面が傾斜している．そのため，図1.13でも明らかなように実効焦点の面積は，実焦点より小さくなる．実効焦点の大きさは，同一フィラメント寸法でもター

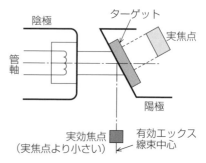

図1.13 実焦点と実効焦点

ゲット角度が小さいほど小さくなる．いずれにせよ，ターゲット面をフィラメント側から見るか，エックス線束側（照射口側）から見るかにより，実焦点あるいは実効焦点の呼び名がある．

3. エックス線装置の構造

エックス線装置の構造は，主にエックス線管装置，エックス線冷却器，高電圧発生器，エックス線制御器，高電圧ケーブルおよび低電圧ケーブルからなっている．また，高電圧ケーブルを使用しないで，高電圧発生器とエックス線管とを一体としたエックス線発生器と低電圧ケーブルで接続した一体形装置もある．

エックス線を発生させるには，エックス線管の陰極のフィラメントにフィラメント電流を流して熱電子を発生させる．このときのフィラメント電源電圧は降圧変圧器により10 V～20 Vにされている．その後，陽極と陰極間に直流の高電圧（数10 kV～数100 kV）を印加し，熱電子を加速させる．熱電子の流れる方向の逆が電流で，その値の平均値が管電流〔mA〕となる．高電圧は，高電圧発生器により交流を変圧し，整流器で整流して直流にして使われ，直流高電圧のピーク値を管電圧〔kV〕と呼び，この値が高くなるにつれてエックス線の線質は硬くなる．また，高電圧を使用することから，両極間を接続するのに高圧ケーブルが必要となる．一般に使われている高圧電源は50 kV～60 kVで，数10 mAの容量からなっている．エックス線管の両極に高電圧を印加すると，陰極からは陽極に向かって熱電子が運動するが，そのエネルギーの99 %以上は熱として発生し，陽極に蓄積した熱を放散させなくてはならないので，エックス線管を冷却するような機能を設備する．これがエックス線冷却器である．エックス線管を絶縁油の中に入れ，絶縁油を強制循環させる方式のものもある．

　エックス線制御器は，電源を受け入れ，エックス線管装置あるいは高電圧発生器に必要な電力を供給する箇所である．そのため，エックス線管電圧や管電流の調整などエックス線の発生に必要な機能を制御する．

　これらの主要な構造以外に，エックス線管を保護する役目と必要な方向にエックス線を取り出す役目をしているエックス線管容器がある．前述したエックス線管装置とエックス線冷却器とが組み合わさった構造のものもある．エックス線管容器にはエックス線を取り出す放射口が設けられ，その先に照射筒が付属し，エックス線線束を必要以上に広げないための遮へい物が取り付けられ，さらにエックス線照射野の大きさを決めるために絞り（スリット）が設置されている．また，エックス線の軟成分を除去するためにろ過板（フィルター）を取り付けて使用する．ろ過板（フィルター）には，アルミニウム，銅，鉄，鉛などの金属板が使われている．エックス線管容器にはエックス線を取り出す以外に，余分なエックス線が漏えいしないように遮へい物も取り付けられ，エックス線装置の構造規格として規定されている．

> **❖ 問題1**　工業用エックス線装置のエックス線管およびエックス線の発生に関する次の記述のうち，誤っているものはどれか．
> (1) 陰極のフィラメントには，融点が高く抵抗の小さいタングステンが用いられ，陽極のターゲットには，熱伝導性の良い銅が用いられる．
> (2) 陰極のフィラメント端子間の電圧は，フィラメント加熱用の降圧変圧器を用いて 10 V 〜 20 V 程度にされている．
> (3) 陰極のフィラメントが白熱状態に加熱されることによりフィラメント金属中の自由電子がエネルギーを得て，金属表面から飛び出したものを熱電子という．
> (4) 陰極には，発生した熱電子の広がりを抑えるための集束カップ（集束筒）が設けられている．
> (5) 陽極のターゲットはエックス線管の軸に対して斜めになっており，加速された熱電子が衝突しエックス線が発生する領域である実焦点よりも，これをエックス線束の利用方向から見た実効焦点の方が小さくなる．

❖ 解説　(1) の陰極のフィラメントにタングステン，陽極のターゲットに銅を使用することは間違い．しかしながら，陰極のフィラメントの材料は高融点で，高抵抗の材料が選択される．抵抗が小さいということは，それだけ電流が流れるということで，電子の発生が起こらない．高抵抗の材料から熱電子が発生する．また，陽極の材料は熱電子が衝突し，高温になる．材料が融けない

ためには高融点で，熱伝導率の良いものが選択される必要がある．それゆえ，設問の「抵抗の小さい」というところが誤りである．

　（2），（3），（4），（5）は設問のとおりである．（5）の実焦点と実効焦点は，ターゲットに熱電子が当たる面をフィラメント側から見た領域（実焦点）か，エックス線束側から見た領域（実効焦点）かで呼ばれる語句で，ターゲット面は，熱電子の進行方向に対して $12°\sim20°$ の角度に設定され，ターゲットから発生したエックス線束は熱電子の進行方向に対して $90°$ 方向に照射されるようになっている．そのため，実焦点の面積の方が，実効焦点より大きい．以上のことから（1）が誤りである．　　　　　　　　　　　　【解答】（1）

✖ 問題2　工業用エックス線装置のエックス線管およびエックス線の発生に関する次の記述のうち，正しいものはどれか．
(1) 陰極のフィラメントには，融点が高く抵抗の小さいタングステンが用いられ，陽極のターゲットには，熱伝導性の良い銅が用いられる．
(2) 陰極のフィラメント端子間の電圧は，フィラメント加熱用の昇圧変圧器を用いて 10 kV 程度にされている．
(3) エックス線管の管電流は，陰極から陽極に向かって流れる．
(4) 陽極のターゲットはエックス線管の軸に対して斜めになっており，加速された熱電子が衝突しエックス線が発生する領域である実焦点よりも，これをエックス線束の利用方向から見た実効焦点の方が大きくなるようにしてある．
(5) 陽極のターゲットに衝突する電子の運動エネルギーがエックス線に変換される効率は，管電圧とターゲット元素の原子番号の積に比例する．

✖ 解説　（1）の陰極のフィラメントは，熱電子を放出するための材料が選択されるので，高抵抗の物質がよく使われ，タングステンが広く利用される．タングステンの融点は高い．この記述が誤りである．一方，陽極のターゲットは高融点で，熱伝導性の良い物質が選択され，タングステン，銅，モリブデンなどが使われる．（2）のフィラメントの電源電圧は，降圧変圧器により 10 V にされている．（3）の管電流は，陽極から陰極に向かって流れる．ちなみに，熱電子は陰極から陽極に向かって流れる．一般に電子の流れと電流の流れの方向は逆である．（4）の実焦点の領域と実効焦点の領域であるが，後者の方が小さい．エックス線束を広げないで照射するためである．（5）1.6 節を参照するとよい．エックス線管の陽極でのエックス線の発生効率 η は，発生したエックス線エネルギーの強さ I（$I = k\cdot Z\cdot i\cdot V^2$，$k$：比例定数約 $10^{-6}\,\mathrm{kV}^{-1}$，$Z$：ターゲットの原子番号，$i$：管電流，$V$：管電圧）を供給した電気エネルギー（$i\cdot V$）

で除した値であることから，$\eta = k \cdot Z \cdot V$ となる．タングステンターゲット（$Z =$ 74）で管電圧（$V = 100$ kV）の場合，η は 0.8 ％となり，ほとんどが熱になっている．以上のことから（5）が正しい．　　　　　　　　【解答】（5）

❌ 問題3　工業用エックス線装置のエックス線管およびエックス線の発生に関する次の記述のうち，正しいものはどれか．
(1) 陰極のフィラメントには，融点が高く抵抗の小さいタングステンが用いられ，陽極のターゲットには，熱伝導性のよい銅が用いられる．
(2) 陽極のターゲットはエックス線管の軸に対して斜めになっており，エックス線が発生する領域である実焦点より，これをエックス線束の利用方向から見た実効焦点の方が大きくなるようにしてある．
(3) エックス線管の管電流は，陰極から陽極に向かって流れる．
(4) 陽極のターゲットに衝突する電子の運動エネルギーは，管電圧の2乗に比例する．
(5) 陰極のフィラメント端子間の電圧は，フィラメント加熱用の降圧変圧器を用いて 10 V ～ 20 V 程度にされている．

❌解説　（1）の陰極のフィラメントは，熱電子を放出するための材料が選択されるので，高抵抗の物質がよく使われ，タングステンが広く利用される．タングステンの融点は高い．一方，陽極のターゲットは高融点で，熱伝導性の良い物質が選択され，タングステン，銅，モリブデンなどが使われる．設問の抵抗の小さいが誤りである．（2）の実焦点の領域と実効焦点の領域であるが，エックス線束を広げないで照射するため実効焦点の方が小さい．設問の実効焦点の方が大きくが間違いである．（3）の管電流は，陽極から陰極に流れ，逆に熱電子は陰極から陽極に流れる．（4）の電子の運動エネルギーの単位は，「電子 1 V で加速したときの得られるエネルギーを 1 eV（電子ボルト）」と定義されている．ここで，e は電子がもつ電荷量である．そのため，電荷と電位差の積 eV が電子の運動エネルギーになり，管電圧 V に比例した運動エネルギーを得ることができる．（5）のフィラメントの電源電圧は，降圧変圧器により 10 V ～ 20 V にされている．以上のことから(5)が正しい．　【解答】(5)

✖ **問題 4** 工業用の一体形エックス線装置に関する次の文中の 　　 内に入れる A から C の語句の組合せとして，正しいものは（1）〜（5）のうちどれか.

　　工業用の一体形エックス線装置は，　A　とエックス線管を一体としたエックス線発生器と，　B　との間を　C　ケーブルで接続する構造の装置である.

	A	B	C
（1）	管電圧調整器	制御器	高電圧
（2）	管電圧調整器	管電流調整器	高電圧
（3）	高電圧発生器	管電圧調整器	高電圧
（4）	高電圧発生器	制御器	低電圧
（5）	管電流調整器	管電圧調整器	低電圧

✖ **解説**　　エックス線を発生させるために，①陰極のフィラメントから熱電子を発生させ，次いで，②陰極から陽極のターゲットに向かって熱電子を加速させる. 加速させるためには直流の高電圧が必要となるとともに，エックス線管電圧や管電流の調整などエックス線の発生に必要な機能を制御することも必要である.

　　一体形エックス線装置はエックス線管と高電圧発生器が一体となったエックス線発生器で，エックス線発生器に印加する電圧や電流を調整・制御する制御器をケーブルで接続する機構になっている. エックス線発生器には高電圧発生器が内臓されているので，制御器には高電圧用のケーブルは不要で，低電圧用で充分である. 以上のことから，A：高電圧発生器，B：制御器，C：低電圧となり（4）が正しい.　　　　　　　　**【解答】**（4）

✖ **問題 5**　　エックス線管およびエックス線の発生に関する次の記述のうち，誤っているものはどれか.

（1）エックス線管の内部は，効率的にエックス線を発生させるため，高度の真空になっている.

（2）陰極で発生する熱電子の数は，フィラメント電流を変えることで制御される.

（3）陽極のターゲットはエックス線管の軸に対して斜めになっており，加速された熱電子が衝突しエックス線が発生する領域である実焦点は，これをエックス線束の利用方向から見た実効焦点よりも小さくなる.

（4）連続エックス線の発生効率は，ターゲット元素の原子番号と管電圧の積に比例する.

（5）管電圧がターゲット元素に固有の励起電圧を超える場合，発生するエックス線は，連続エックス線と特性エックス線が混在したものになる.

解説 (1)のエックス線管の内部の真空度は，133.3 μPa（10⁻⁶ Torr）以下に保たれ，陰極からの熱電子を効率よく陽極に衝突させ，エックス線を発生させる．(2)の熱電子の陰極から陽極への流れの逆方向が電流であることから，フィラメント電流と熱電子の数は比例性がある．(3)の実焦点と実効焦点の領域の大きさは，実効焦点の方が小さいので誤りである．(4) 1.6 節を参照するとよい．エックス線管の陽極でのエックス線の発生効率 η は，発生したエックス線エネルギーの強さ I（$I = k \cdot Z \cdot i \cdot V^2$, k：比例定数約 $10^{-6}\,\mathrm{kV^{-1}}$, Z：ターゲットの原子番号，i：管電流，V：管電圧）を供給した電気エネルギー（$i \times V$）で除した値であることから，$\eta = k \times Z \times V$ となる．すなわち，ターゲット元素の原子番号と管電圧の積に比例する．(5)の励起電圧以下では連続エックス線しか発生しないが，励起電圧以上になると特性エックス線も発生し，混在したエックス線を得ることができる．図1.10を参照するとよい．以上のことから(3)が誤りである．　　　　　　　　　　　　　　【解答】(3)

問題6 透過試験に用いる工業用の分離形エックス線装置に関する次の文中の ☐ 内に入れる A から C の語句の組合せとして，適切なものは (1)〜(5) のうちどれか．

　工業用の分離形エックス線装置は，エックス線管，エックス線管冷却器，☐ A ☐，☐ B ☐，☐ C ☐ および低電圧ケーブルで構成される装置である．

	A	B	C
(1)	エックス線制御器	管電流調整器	高電圧ケーブル
(2)	エックス線制御器	管電圧調整器	管電流調整器
(3)	管電圧調整器	管電流調整器	高電圧ケーブル
(4)	高電圧発生器	管電圧調整器	管電流調整器
(5)	高電圧発生器	エックス線制御器	高電圧ケーブル

解説 ポイント解説の3.の冒頭に書かれている，エックス線装置の構造を参照するとよい．すなわち，エックス線装置の構造は，主に，エックス線管装置，エックス線冷却器，高電圧発生器，エックス線制御器，高電圧ケーブルおよび低電圧ケーブルからなっている．以上より，A，B，C に入る語句は (5) である．　　　　　　　　　　　　　　　　　【解答】(5)

1.6
エックス線装置からのエックス線の発生

■出題傾向　エックス線装置の主要なエックス線管の管電圧や管電流などの動作条件による発生する連続エックス線の特性（エネルギーや強度など）に関する問題が必ず出題される．

■ポイント
1. 管電圧を上げると強度は増し，最高強度は低波長（高エネルギー）側にシフトする．
2. 管電流を上げると強度は増すが，最高強度の波長と最短波長は変わらない．
3. 連続エックス線の強度 I は $I = k \cdot Z \cdot i \cdot V^2$ である．
4. ターゲットの原子番号を大きくすると，強度は大きくなるが最短波長は変わらない．

🔍ポイント解説

　エックス線管の陽極でのエックス線の発生効率 η は，発生したエックス線エネルギーの強さ I（$I = k \cdot Z \cdot i \cdot V^2$，$k$：比例定数約 $10^{-6}\,\mathrm{kV^{-1}}$，$Z$：ターゲットの原子番号，$i$：管電流，$V$：管電圧）を供給した電気エネルギー（$i \cdot V$）で除した値であることから，$\eta = k \cdot Z \cdot V$ となる．ここで，タングステンターゲット（$Z = 74$）とし，管電圧を $V = 100\,\mathrm{kV}$ とすると，η は 0.8 % となり，ほとんどが熱になっていることがわかる．陽極のターゲットはエックス線管軸の垂直面に対して約 20°（10°〜17°）の角度で保持しているので，発生したエックス線はその 2 倍の約 40° の立体角で放出する．陰極から陽極に熱電子が流れる逆方向が電流の流れる方向で，この電流をエックス線管電流という．熱電子を放出させるには両極の間に管電圧を増やさなければならない．その関係を示すと図 1.14 のようになり，エックス線管電圧とエックス線管電流との間にほぼ比例して増加する領域と，ほぼ一定となる領域がある．前者は空間電荷領域，後者は飽和電流域と呼ばれている．飽和電流値は，フィラメントを加熱する電流によって決まる値なので，管電圧をできるだけ高く設定し，フィラメント電流を任意に変化させて動作させると，管電圧と管電流をそれぞれ独立に選ぶことができる．また，飽和電流域でエックス線管を動作させると，管電圧の多少の変動に対しても管電流の値はほぼ一定な値を取ることができ，一定のエックス線強度を得ることができる．図 1.15 にエックス線管の管電流の変化によりエックス線スペクトルが変化する様相を示

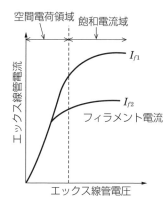

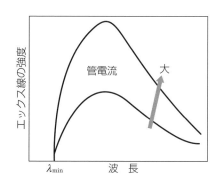

図 1.14 エックス線管の電流と電圧　　**図 1.15 管電流の変化によるエックス線スペクトルの変化**

す. 管電流が上がるとエックス線強度は増すが, 最高強度の波長と最短波長は変わらない. なお, 管電圧を変化させた場合には, 図 1.10 に示したように, 管電圧が上がるとエックス線強度は増すが, 最高強度の波長と最短波長は低波長（高エネルギー）側に移動していく.

　エックス線強度分布は, ターゲット角度の影響で, 陽極側ほど陽極物質によって自己吸収され, エックス線強度が減少する**ヒール効果**が現れる. ヒール効果の影響はターゲット角度が小さいほど大きくなり, 利用エックス線錐内の線量の均等性を保持する有効な利用エックス線錐はより狭くなる. また, 実効焦点の大きさは, エックス線管電圧を大きくすると大きくなっていき, 定格電圧の高いエックス線管ほど大きくなり, 通常 2 mm ～ 10 mm 程度である. 実効焦点の呼びは, エックス線管軸に対して垂直方向（幅）と平行方向（長さ）について mm 単位で表し, 無名数で表示する.

❎ **問題 1**　エックス線装置の管電圧を一定にして，管電流を増加させた場合に，発生する連続エックス線に認められる変化として，正しいものは次のうちどれか．
(1) 最短波長は短くなる．
(2) 最高強度を示す波長は短くなる．
(3) 全強度は，管電流に比例して増加する．
(4) 最大エネルギーは，管電流に比例して増加する．
(5) 線質は，硬くなる．

❎ **解説**　管電圧と管電流との関係は，図 1.14 に示されるように空間電荷領域ではほぼ比例関係で増加するが，ある管電圧以上ではほぼ一定となる飽和電量領域がある．管電流が増加することはそれだけ熱電子が多くなり，エックス線の発生も増加し，エックス線強度も増加する．管電圧一定で，管電流を変化させた図 1.15 を参照すると，最高強度の波長と最短波長は変わらない．しかし，図 1.10 に示されるように，管電圧が上がるとエックス線強度は増すが，最高強度の波長と最短波長は，低波長（高エネルギー）側に移動していく．設問では管電圧を一定としているので，最高強度の波長や最短波長は変化がない．それゆえ，(1)，(2)，(4)，(5) は誤りである．なお，線質が硬い，軟らかいは，エックス線の波長のことをいい，前者の方の波長が短く，エネルギーが大きいことを意味する．以上のことから (3) が正しい．

[解答] (3)

❎ **問題 2**　エックス線管から発生する連続エックス線に関する次の記述のうち，正しいものはどれか．
(1) 管電圧が一定の場合，管電流を減少させると，連続エックス線の最短波長は長くなる．
(2) 管電圧が一定の場合，管電流を増加させても，連続エックス線の全強度は変わらない．
(3) 管電圧と管電流が一定の場合，ターゲット元素の原子番号が大きいほど，連続エックス線の最高強度を示す波長は短くなる．
(4) 管電圧と管電流が一定の場合，ターゲット元素の原子番号が大きいほど，連続エックス線の最短波長は短くなる．
(5) 管電圧と管電流が一定の場合，ターゲット元素の原子番号が大きいほど，連続エックス線の全強度は大きくなる．

解説　(1)と(2)は，図1.15を参照するとよく，管電流を変化させても最高強度の波長と最短波長は変わらない．しかしながら，全強度は管電流とともに増加する．エックス線の発生効率は $\eta = k \cdot Z \cdot V$ で示され，ターゲット元素の原子番号 Z が大きくなるとエックス線の発生が増加するが，最短波長および最高強度の波長は変化しない．以上より，(3)，(4)は誤りであり，(5)は正しい．　　【**解答**】(5)

問題3　下図は，あるエックス線装置から発生するエックス線のエネルギー分布を示したもので，①の曲線は，通常の照射時のエネルギー分布を示したものである．
　このエックス線装置の照射条件を変化させた場合に，エネルギー分布が図中の曲線②および曲線③となるときの照射条件の組合せとして，適切なものは(1)〜(5)のうちどれか．
　ただし，照射条件は，次のAからEとする．

A　管電圧を上げ，管電流も増加させる．
B　管電圧を上げ，管電流は一定にする．
C　管電圧は一定にし，管電流を増加させる．
D　管電圧は一定にし，管電流を減少させる．
E　管電圧を下げ，管電流は一定にする．

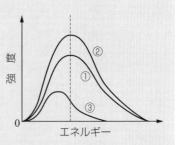

	曲線②	曲線③
(1)	A	D
(2)	A	E
(3)	B	D
(4)	C	D
(5)	C	E

解説　図からわかることは，次のとおりである．
　②の最高強度の波長（エネルギー）と①の最高強度の波長が等しく，また，②の最短波長（最大エネルギー）と①の最短波長が等しいとともに，②の強度が，①よりも大きい．このような条件は，「C 管電圧は一定にし，管電流を増加させる．」に該当する．
　③の最高強度の波長（エネルギー）は，①の最高強度の波長より大きく（エネルギーが小さく），また，③の最短波長（最大エネルギー）は，①の最短波長より大きく（最大エネルギーは小さく），さらに，③の強度が，①よりも小さい．このような条件は，「E 管電圧を下げ，管電流は一定にする．」に該当する．　　【**解答**】(5)

❌ **問題4** エックス線管の管電流または管電圧の変化に対応したエックス線の発生に関する次の記述のうち，誤っているものはどれか．
(1) 管電圧を一定にして管電流を上げると，エックス線の全強度は管電流に比例して増加する．
(2) 管電流を一定にして管電圧を上げると，エックス線の全強度は管電圧に比例して増加する．
(3) 管電圧を一定にして管電流を上げても，エックス線の最大エネルギーは変わらない．
(4) 管電流を一定にして管電圧を上げると，エックス線の最大エネルギーは高くなる．
(5) 管電流を一定にして管電圧を上げると，最高強度を示すエックス線の波長は短くなる．

📝 **解説**　発生したエックス線エネルギーの全強度 I は，$I = k \cdot Z \cdot i \cdot V^2$，（$k$：比例定数約 $10^{-6}\,\mathrm{kV}^{-1}$，$Z$：ターゲットの原子番号，$i$：管電流，$V$：管電圧）であるので，この式を参照する．(1)，(3) は管電圧が一定で，管電流を増加させた場合である．図 1.15 を参照するとよい．この条件の場合，連続エックス線の全強度は比例して増加し，最短波長および最高強度を示す波長（最大エネルギー）は変化しない．それゆえ，(1)，(3) は正しい．(2)，(4)，(5) は管電流が一定で，管電圧を増加させた場合である．図 1.10 を参照するのがよく，管電圧が上がるとエックス線強度は増すが，最高強度の波長と最短波長は，低波長（高エネルギー）側に移動していく．ここで管電圧とエックス線強度の関係は，前述の式に基づき管電圧の 2 乗に比例して増加する．それゆえ，(2) は誤りで，(4)，(5) は正しい．以上のことから (2) が誤りである．

【解答】(2)

❌ **問題5** エックス線管から発生する連続エックス線の全強度（I）と管電流（i），管電圧（V），ターゲットの元素の原子番号（Z）との関係を示した式として，正しいものは次のうちどれか．
　ただし，比例定数を k とする．
(1) $I = kiV^2Z$　　(2) $I = kiVZ^2$　　(3) $I = kiVZ$
(4) $I = ki^2VZ$　　(5) $I = ki^2V/Z$

📝 **解説**　エックス線管の陽極で発生するエックス線エネルギーの強さ I は，$I = k \cdot Z \cdot i \cdot V^2$（$k$：比例定数約 $10^{-6}\,\mathrm{kV}^{-1}$，$Z$：ターゲットの原子番号，$i$：管電流，$V$：管電圧）である．なお，エックス線の発生効率 η は，発生したエネルギー

の強さを供給した電気エネルギー（$i \cdot V$）で除した値であることから，$\eta = k \cdot Z \cdot V$ となる．η は約 0.8 ％程度である． 【解答】（1）

✖ **問題6** エックス線装置の管電流を一定にして，管電圧を増加させた場合に，発生する連続エックス線に認められる変化として，誤っているものはどれか．
(1) 最大エネルギーは高くなる．
(2) 最大強度を示す波長は，短くなる．
(3) 線質は，硬くなる．
(4) 全強度は，管電圧に比例して大きくなる．
(5) 発生効率は，管電圧に比例して大きくなる．

✖**解説**　ポイント解説の冒頭の説明および図 1.10 を参照するとよい．すなわち，エックス線管の陽極で発生するエックス線エネルギーの強さ I は，$I = k \cdot Z \cdot i \cdot V^2$（$k$：比例定数約 $10^{-6}\,\mathrm{kV^{-1}}$，$Z$：ターゲットの原子番号，$i$：管電流，$V$：管電圧）である．また，エックス線の発生効率 η は，$\eta = k \cdot Z \cdot V$ である．(1)，(2)，(3) は図 1.10 よりすべて正しく，管電圧が増加するとエックス線のエネルギー分布は，全体的に短波長（高エネルギー）側にシフトし，線質も高エネルギー側，すなわち，硬くなる．(4)，(5) は関係式を参照するのがよく，(4) の全強度は，管電圧の 2 乗に比例する．以上のことから (4) が誤りである．

【解答】（4）

1.7

エックス線装置からの漏れ線量と散乱線量

出題傾向　毎年，ほぼ類似した問題が出題されている.

ポイント
1. 前方散乱線の散乱角の小さい方が，空気カーマ率が高い.
2. 後方散乱線の散乱角の大きい方が，空気カーマ率が高い.
3. 後方散乱線の空気カーマ率は，鉄，鉛，アルミニウムの材質の順で増える.
4. 照射物質の厚みを厚くすると前方散乱線は減少し，後方散乱線は増加する.
5. 空気カーマ率は，エックス線の照射線量率で，単位は〔Gy/h〕である.
6. 実効線量の評価は，漏えい線と散乱線をあわせる.

ポイント解説

1. 前方散乱線と後方散乱線

　エックス線発生装置からエックス線ビームを鋼板などの物質に照射すると，図 1.16 のように透過エックス線以外に前方散乱線および後方散乱線が一定の角度依存で放射してくる．照射物には垂直に照射し，照射物を中心に透過線を基準になす角度が前方散乱線および後方散乱線の角度である．前方散乱線は 90° 未満の散乱角で発生したエックス線で，後方散乱線は 90° 以上の散乱角で発生したエックス線である．エックス線の線量を示す**空気カーマ率**あるいは**吸収線量率**とこれら散乱線の関係を示したのが，図 1.17 と図 1.18 である．図から明らかなように前方散乱線の散乱角の小さい方が，空気カーマ率が高く，後方散乱線の散乱角の大きい方が，空気カーマ率が高い.

　照射物の厚みを増すと，薄いときより物質内で数多く散乱し，前方散乱線の発

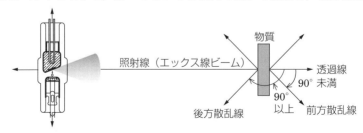

図 1.16　散乱線の発生

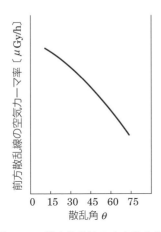

図 **1.17** 前方散乱線の方向依存性

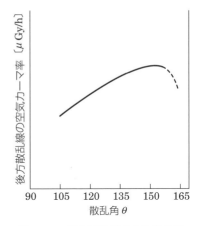

図 **1.18** 後方散乱線の方向依存性

生割合が減少し，逆に後方散乱線の発生割合が増加する．なお，ある一定以上の厚みになるとエックス線は物質中で吸収されて後方散乱線の発生割合がほぼ一定となる．また，照射物の材質であるが，鉄，鉛，アルミニウムの順で後方散乱線の空気カーマ率が増加する．

　エックス線量を示す単位に〔C/kg〕と〔Gy〕とがある．前者は，kg 当たりの**電荷量 C（クーロン）**であり，後者は放射線の物質に対する**エネルギー吸収量 Gy（グレイ）**である．$1\,\mathrm{Gy} = 1\,\mathrm{J/kg} = 2.97 \times 10^{-2}\,\mathrm{C/kg}$ の関係がある．エックス線やガンマ線などの電磁波が空気中に照射され，空気を電離し，発生した電荷量で電磁波の照射線量を規定し，これを**空気カーマ**と呼ぶ．なお，電磁波の照射線量の単位として従来からの R（レントゲン：補助計量単位）の単位も使われているが，使用に際しては推奨されない．$1\,\mathrm{R} = 2.58 \times 10^{-4}\,\mathrm{C/kg}$ である．

2. エックス線装置の構造規格

　工業用エックス線装置の規格は JIS Z 4606（2007）に，医用エックス線装置の規格は JIS Z 4701（1997）に決められている．特に，エックス線装置の漏れ線量率は，工業用エックス線装置では，6.8 に「X 線装置の焦点から 1 m の距離における利用線錐以外の漏れは，8.3.7 の方法によって試験したとき，波高値による定格管電圧が 200 kV 未満の X 線装置では 2.6 mGy/h 以下，波高値による定格管電圧が 200 kV 以上の X 線装置では 4.3 mGy/h 以下の空気カーマ率でなければならない．」と規定されている．なお，規格内に記述されている 8.3.7 の

方法は,「定格管電圧における漏れが 6.8 に示す許容値の 1/10 以下になるように鉛板で放射口を覆い,定格出力で焦点から 1 m～5 m の距離の任意の点で空気カーマ率を測定し,1 m の距離に換算する.」となっている.医療用エックス線装置では,工業用エックス線装置に比べてより細かく「8.4 漏れ X 線」の項に規定されている.抜粋して以下に示す.

8.4 漏れ X 線

8.4.1 X 線源装置の支持 X 線源装置及び X 線映像系は,正常な使用の負荷中に,手で保持する必要がないように,適切な支持手段を備えなければならない.

8.4.2 漏れ線量算定基準負荷条件 X 線管装置及び X 線源装置は,漏れ線量算定基準負荷条件を附属文書に記載しなければならない.

漏れ線量算定基準負荷条件は,X 線管装置及び X 線源装置を公称最高管電圧で連続して使用する場合の,1 h 当たりの最大入力に相当する負荷条件で,次の二つの小さい方の値とする.

(1) 間欠運転(撮影)での最高管電圧で,撮影の定格に従って負荷する場合,1 h に許容できる管電流時間積の積算値.

(2) 連続運転(透視)での最高管電圧で,連続して流すことができる管電流と時間(3 600 s)との積.

8.4.3 負荷状態における漏れ X 線 負荷状態での X 線管装置及び X 線源装置からの漏れ X 線量は,漏れ線量算定基準負荷条件を入力するとき,焦点から 1 m の距離において,一辺が 20 cm を超えない面積 100 cm^2 の平均値が次の空気カーマの限度を超えてはならない.

(1) 歯科用 X 線撮影で管電圧使用範囲が 125 kV を超えない X 線源装置で,口こう内 X 線受像器をもつものは,1 h 当たりの積算値が 0.25 mGy(28.8 mR)を超えないこと.

(2) その他の X 線管装置及び X 線源装置では,1 h 当たりの積算値が 1.0 mGy(115 mR)を超えないこと.

8.4.4 電圧調整のための負荷中の漏れ X 線 コンデンサ式 X 線高圧装置の X 線源装置で,X 線源装置に負荷することによって初期 X 線管電圧の設定値を下げる場合には,8.4.3 の規定を満足しなければならない.

8.4.5 負荷状態にないときの漏れ X 線 コンデンサ式 X 線高圧装置の充電状態における X 線管装置及び X 線源装置からの漏れ X 線量は,接触可能表面から 5 cm の距離において,一辺が 5 cm を超えない面積 10 cm^2 の空気カーマの平均値が,20 µGy/h(2.3 mR/h)を超えてはならない.

❌ **問題1**　エックス線装置を用い，厚さ 20 mm の鋼板に管電圧 100 kV でエック
ス線を垂直に照射したとき，照射野の中心から 2 m の距離にある図の点 A から
点 D における散乱線の空気カーマ率の大きさに関する次の記述のうち，正しい
ものはどれか．

　ただし，鋼板からの散乱線以外の影響は考えないものとし，また，照射条件は
一定とする．

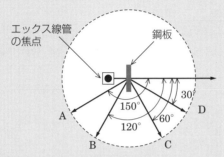

(1) 点 A における空気カーマ率は，鋼板の厚さを 30 mm に替えると減少する．

(2) 点 D における空気カーマ率は，鋼板の厚さを 30 mm に替えても，ほとんど変
化しない．

(3) 点 A における空気カーマ率は，点 B における空気カーマ率より小さい．

(4) 点 B における空気カーマ率は，鋼板を同じ厚さのアルミニウム板に替えると減
少する．

(5) 点 C における空気カーマ率は，点 D における空気カーマ率より小さい．

❌ **解説**　　前方散乱線の方向依存性（0°～90°）と後方散乱線（90°～180°）の方向依存
性をそれぞれの散乱線による空気カーマ率あるいは線量率の変化の程度で評
価することができる．設問の A，B は後方散乱線，C，D は前方散乱線である．

　前方散乱線は，散乱角が小さいほど空気カーマ率あるいは前方散乱線線量
率が高く，散乱角が大きくなるほど空気カーマ率あるいは前方散乱線線量率
は小さくなる．それゆえ，(5) の C と D の関係は，散乱角の大きい C の方が，
空気カーマ率が小さくなるので正しい．

　後方散乱線は，散乱角が大きくなるに従い空気カーマ率あるいは後方散乱
線線量率が大きく，散乱角が小さくなるほど空気カーマ率あるいは後方散乱
線線量率が小さくなる．それゆえ，(3) の A と B の関係は，散乱角の大きい
A の方が，空気カーマ率が大きくなるので誤りである．

　照射物質の厚みを厚くすると前方散乱線の発生割合は減少し，後方散乱線
の発生割合が増加する．それゆえ，(1) の A では厚みが 20 mm から 30 mm

に厚くなったので，後方散乱線の発生割合が増加するので誤りである．また，（2）のDでは前方散乱線の発生割合が減少するので誤りである．

照射物質の材質を替えたとき，後方散乱線の空気カーマ率は鉄，鉛，アルミニウムの順で増加する．それゆえ，（4）の鋼板からアルミニウムに替えているBの後方散乱線は増加するので誤りである．以上のことから（5）が正しい．　　　　　　　　　　　　　　　　　　　　　　　　　**［解答］**（5）

---

❷**問題2**　エックス線を鋼板に照射したときの散乱線に関する次の文中の _____ 内に入れるAからCの語句の組合せとして，正しいものは（1）〜（5）のうちどれか．

前方散乱線の空気カーマ率は，散乱角が大きくなるに従って ____A____ し，また，鋼板の板厚が増すに従って ____B____ する．

後方散乱線の空気カーマ率は，エックス線装置の影になるような位置を除き，散乱角が大きくなるに従って ____C____ する．

	A	B	C
(1)	増加	増加	増加
(2)	増加	減少	増加
(3)	増加	減少	減少
(4)	減少	増加	減少
(5)	減少	減少	増加

❀**解説**　図1.17および図1.18を参照する．前方散乱線は，散乱角が大きくなるほど空気カーマ率は小さくなるので，Aは「減少」である．また，鋼板の板厚が増すと前方散乱線の発生割合が減少するので，Bは「減少」である．後方散乱線は，散乱角が大きくなるに従い空気カーマ率が大きくなるので，Cは「増加」である．以上のことから（5）が正しい．　　　　　　　　　　　　　**［解答］**（5）

---

❷**問題3**　エックス線を鋼板に照射したときの散乱線に関する次の記述のうち，正しいものはどれか．

ただし，特に記述したもの以外の条件はすべて同一とする．

(1) 散乱線の空気カーマ率は，散乱角が90°のときに最も大きい．
(2) 前方散乱線の空気カーマ率は，鋼板の板厚が増すに従って増加する．
(3) 前方散乱線の空気カーマ率は，散乱角が大きくなるに従って増加する．
(4) 後方散乱線の空気カーマ率は，散乱角が大きくなるに従って増加する．
(5) 後方散乱線の空気カーマ率は，鋼板の板厚が増すに従って減少する．

❉解説 （1）の散乱角が90°ということは，後方散乱線の最小の角度である．後方散乱線では角度が増加するとともにおおむね空気カーマ率は増加するので，誤りである．（2）の前方散乱線の鋼板の板厚を増やすと発生割合が減少するとともに空気カーマ率も減少するので，誤りである．逆に（5）の後方散乱線は板厚を増やすと空気カーマ率は増加するので，誤りである．（3）の前方散乱線の散乱角が増えるに従って空気カーマ率は減少するので，誤りである．（4）の後方散乱線の散乱角が大きくなるに従い，空気カーマ率も増加するので，正しい．以上のことから（4）が正しい． **【解答】**（4）

❉問題4 エックス線の散乱に関する次の文中の ☐ 内に入れるAからCの語句または数値の組合せとして，正しいものは（1）～（5）のうちどれか．

エックス線装置を用い，管電圧 20 kV で，厚さ 20 mm の鋼板およびアルミニウム板のそれぞれにエックス線ビームを垂直に照射し，散乱角 135°方向の後方散乱線の空気カーマ率を，照射野の中心から 2 m の位置で測定し，その大きさを比較したところ， ☐A☐ の後方散乱線の方が大きかった．

次に，同じ照射条件で，鋼板について，散乱角 120°および 135°の方向の後方散乱線の空気カーマ率を，照射野の中心から 2 m の位置で測定し，その大きさを比較したところ， ☐B☐ の方向の方が大きかった．

また，同じ照射条件で，鋼板について，散乱角 30°および 60°の方向の前方散乱線の空気カーマ率を，照射野の中心から 2 m の位置で測定し，その大きさを比較したところ， ☐C☐ 方向の方が大きかった．

	A	B	C
（1）	アルミニウム板	120°	60°
（2）	アルミニウム板	135°	30°
（3）	アルミニウム板	135°	60°
（4）	鋼板	120°	60°
（5）	鋼板	135°	30°

❉解説 Aは照射物質の材質に関する設問で，後方散乱線の空気カーマ率は鉄，鉛，アルミニウムの順で増加するので，空気カーマ率が大きいのはアルミニウム板である．Bは後方散乱の方向依存性で図1.18を参照するとよい．散乱角が大きくなると空気カーマ率も大きくなるので，135°の方が大きくなる．Cは前方散乱の方向依存性で図1.17を参照するとよい．散乱角が小さくなると空気カーマ率が大きくなるので，30°の方が大きくなる．以上のことから（2）が正しい． **【解答】**（2）

■**ポイント**

1. エックス線装置の中の透過試験装置, 透視装置, 応力測定装置, 回折装置, 厚さ計, 蛍光エックス線分析装置, エックス線マイクロアナライザーの各装置の測定原理および利用の目的を理解する.
2. エックス線透過試験装置, エックス線透視装置：密度変化に伴うエックス線線量率の減弱割合を画像化し, 構造観察する.
3. エックス線厚さ計：入射エックス線線量率と透過線量率との割合を測定し, 物質の厚さ求める.
4. 蛍光エックス線分析装置：エックス線を照射し, 発生する特性エックス線から元素分析をする.
5. エックス線マイクロアナライザー：微小部に電子線を照射し, 発生する特性エックス線から元素分析をする.
6. エックス線回折装置：エックス線の弾性散乱による回折現象から結晶構造を知る.
7. エックス線応力測定装置：エックス線回折を利用して物質中にある残留応力を測定する.

ポイント解説

エックス線装置には, エックス線が物質と相互作用するときの種々の特徴を測定原理とするいくつかの装置がある. 以下にエックス線装置の種類, 利用の目的および測定原理を示す.

a) エックス線透過試験装置, エックス線透視装置

材料や生体試料などの物質中の内部的構造を知る目的の装置で, エックス線を物質に透過した際の物質中の密度変化に伴うエックス線線量率の減弱割合を画像化して観察する試験装置である. 工業用や医療用のエックス線装置の多くは本目的のための装置である.

b) エックス線厚さ計

材料の厚さを連続的に計測・制御する目的の装置で, 入射エックス線線量率と透過線量率との割合を測定し, この値が一定になるように厚さをコントロールするローラーの幅を制御するための装置である. 同じ目的の装置としてガンマ線厚

さ計があるが，前者は密度が小さい材料（例：紙，プラスチックなど）に，後者は密度が大きい材料（例：鉄鋼，アルミニウムなど）に利用される．めっき膜などの薄膜を計るには，蛍光エックス線厚さ計がある．基板と薄膜との材質が異なるときに利用でき，薄膜から発生した蛍光エックス線の線量率を測定して厚さを求める．

c）蛍光エックス線分析装置

物質中の元素分析を行う目的の装置で，物質を構成する原子にエックス線が照射されるとエックス線が吸収され，光電効果が起こり，それに伴い固有の特性エックス線（蛍光エックス線）が発生する．このエックス線のエネルギーは原子ごとに特有のエネルギーであることから，発生したエックス線のエネルギーを測定（分光）することにより元素を同定し，その強度から含有量を定量する．

d）エックス線マイクロアナライザー

物質の微小部（μm 領域）の元素分析を行う目的の装置で，電子顕微鏡装置に蛍光エックス線分析装置を付加した装置である．エックス線が物質に吸収されると光電効果を起こすのと同様に，電子線を物質に照射すると構成する原子において光電効果が起こり，固有の蛍光エックス線が発生する．この蛍光エックス線を二次元的に測定し，そのエネルギーと強度から各元素ごと画像化して観察する装置である．

e）エックス線回折装置

物質の結晶構造を解析する目的の装置である．結晶では原子または原子の集団が周期的に配列し，一定の空間格子をつくっている．この空間格子と同程度あるいはそれ以下の波長をもったエックス線を入射すると，結晶格子が回折格子の役目をしてエックス線は特定の方向に弾性散乱を起こす．入射波と散乱波は同一の位相をもっているので干渉を起こし，回折を起こすことを利用している．

f）エックス線応力測定装置

物質中の残留応力を測定する目的の装置で，エックス線回折を利用して物質中にある残留応力を測定するエックス線回折装置の一種である．物質中に残留応力があると結晶格子面の間隔にひずみ（伸び縮み）が生じ，回折角に変化が生じる．この大きさの程度から残留応力を測定する．

❌**問題1** エックス線を利用する装置とその原理との組合せとして，誤っているものは次のうちどれか．
(1) エックス線応力測定装置 ……………… 透過
(2) 蛍光エックス線分析装置 ……………… 分光
(3) エックス線 CT 装置……………………… 透過
(4) エックス線マイクロアナライザー ……… 分光
(5) エックス線単結晶方位測定装置 ………… 回折

✍**解説**　各装置の原理を次に示す．(1) のエックス線応力測定装置は回折，(2) の蛍光エックス線分析装置は分光，(3) のエックス線 CT 装置は透過，(4) のエックス線マイクロアナライザーは分光，(5) のエックス線単結晶方位測定装置は回折を原理としているので，(1) が誤りである．(2)，(3)，(4)，(5) は正しい．

　　エックス線 CT 装置の CT は，Computed Tomography の頭文字からきたコンピュータ断層撮影の略称で，物質の内部を 3 次元で観察し，検査する装置である．エックス線マイクロアナライザーは，原理的に蛍光エックス線分析装置と同じであるが，前者は観察領域が微小部（μm レベル）であるのに対し，後者は目視できる観察レベルである．エックス線単結晶方位測定装置はエックス線回折装置に分類される装置で，単結晶試料の方位測定を行い，単結晶試料の評価を行う．　　　　　　　　　　　　　　**【解答】**(1)

❌**問題2** エックス線を利用する装置とその原理との組合せとして，誤っているものは次のうちどれか．
(1) エックス線 CT 装置………………………… 回折
(2) エックス線応力測定装置 ………………… 回折
(3) 蛍光エックス線分析装置 ………………… 分光
(4) エックス線マイクロアナライザー ……… 分光
(5) エックス線厚さ計 ………………………… 透過

✍**解説**　各装置の原理を次に示す．(1) のエックス線 CT 装置は透過，(2) のエックス線応力測定装置は回折，(3) の蛍光エックス線分析装置は分光，(4) のエックス線マイクロアナライザーは分光，(5) のエックス線厚さ計は透過を原理としているので，(1) が誤りである．(2)，(3)，(4)，(5) は正しい．

　　エックス線厚さ計は，試料への入射線量率と試料からの透過線量率の比から試料の厚さを評価する．　　　　　　　　　　　　　　　　　　**【解答】**(1)

❌ **問題3** エックス線を利用した各種試験装置に関する次の記述のうち，誤っているものはどれか．

(1) 蛍光エックス線分析装置は，蛍光体を塗布した板の上に，物質を透過したエックス線を当てたときできる蛍光像を観察することによって，物質の欠陥の程度などを識別する装置である．

(2) エックス線マイクロアナライザーは，細く絞った電子線束を試料の微小部分に照射し，発生する特性エックス線を分光することによって，微小部分の元素を分析する装置である．

(3) エックス線回折装置は，結晶質の物質にエックス線を照射すると特有の回折像が得られることを利用して，物質の結晶構造を解析し，物質の性質を調べる装置である．

(4) エックス線応力測定装置は，応力による結晶の面間隔の変化をエックス線の回折を利用して調べることにより，物質内の残留応力の大きさを測定する装置である．

(5) エックス線透過試験装置は，被検査物体を透過したエックス線による画像を観察する装置で，画像は，フィルムの他，イメージングプレートなどに記録される．

📝**解説**　(1) の蛍光エックス線分析装置は，試料にエックス線を照射すると，試料中に含まれている各元素から元素特有の特性エックス線（蛍光エックス線）が放出する．この特性エックス線のエネルギーから元素を特定し，この強度から元素含有量を同定する．それゆえ，設問は誤りである．(2)，(3)，(4)，(5) は正しい．

　(5) のエックス線透過試験装置の画像の観察には，古くからフィルムが使われていた．透過したエックス線の強度によりフィルムの感光が異なることが利用されていたが，最近では迅速性と繰り返し利用可能なイメージングプレートが使われている．イメージングプレートはフィルムの感光作用を利用するのではなく，輝尽性蛍光体が塗布されたフィルムまたは板にエックス線が照射されると，線量に応じて蛍光体に光子が捕捉される．その後，レーザー光を照射すると捕捉された光子が蛍光として放出するので，この蛍光（発光）量からエックス線像を得ることができる．　　　　　　　　　【解答】(1)

01 エックス線の管理に関する知識

⊗ **問題4** ろ過板に関する次の文中の 内に入れる A から C の語句の組合せとして，正しいものは（1）～（5）のうちどれか．

ろ過板は，照射口に取り付けて，透過試験に役立たない A エックス線（波長の B エックス線）を取り除き，無用な散乱線を減少ために使用する．

しかし， C などで A エックス線を利用する場合には，ろ過板を使用しない．

	A	B	C
(1)	硬	長い	エックス線回折装置
(2)	硬	短い	蛍光エックス線分析装置
(3)	軟	長い	蛍光エックス線分析装置
(4)	軟	長い	エックス線 CT 装置
(5)	軟	短い	エックス線回折装置

⊗ **解説**　1.5 節の 3. 項のろ過板（フィルター）についての解説を参照するとよい．フィルターは，エックス線の軟成分を除去するために照射口に取り付けて使用する．軟成分とは，低エネルギー成分で，波長は長い．この使用は，透過試験に利用される．しかし，軟エックス線を利用する装置ではろ過板を用いない．

設問に掲げられている各装置で，エックス線 CT 装置はエックス線の透過を利用して物質の内部を画像化するものであり，エックス線回折装置は，エックス線が物質の結晶面に入射したとき起こす回折現象を利用している．これらは，一定のエネルギーでの照射が望ましく，軟成分を含むと画像がぼやけてしまう．

一方，蛍光エックス線分析装置は，物質を構成している元素を分析するために，一定エネルギーのエックス線を元素に照射し，そこから放出する特性エックス線を測定して元素分析を行う装置で，照射エックス線のエネルギーにより特性エックス線が放出する元素が限られる．一般的に軽元素を分析するには軟エックス線が利用される．以上のことから（3）が正しい．

【解答】（3）

56

1.9
エックス線障害防止のための管理

■出題傾向 最近は毎年，エックス線装置を設置する管理区域の問題および法令と
関係した障害防止のための問題が出題されている．

■ポイント
1. 距離・時間・遮へい物が放射線防護の三原則である．
2. 管理区域は，実効線量が 1.3 mSv/3 か月と制限されている．
3. エックス線作業者の実効線量限度は，100 mSv/5 年，50 mSv/ 年，1 mSv/ 週と規制されている．また，女子（妊娠する可能性がないと診断されたものを除く）：5 mSv/3 か月，女子（妊娠中）：1 mSv/ 妊娠期間となっている．
4. 管理区域の線量測定は，校正された測定器で 1 cm 線量当量率の低いところから高いところに向けて，床面から約 1 m の高さで行い，あらかじめ測定したバックグランド値を差し引いて線量値を求める．
5. 実効線量当量は，1 回当たりの 1 cm 線量当量と照射回数の積から算出する．
6. エックス線作業主任者の役目には七つの項目がある．

🔍 ポイント解説

1. 放射線防護の三原則

　エックス線による障害防止の規則は，電離放射線障害防止規則とその関係法令で決められ，関係法令には労働安全衛生法，労働安全衛生規則，労働安全衛生法施行令，医療法施行規則などにより決められている．エックス線を取り扱うものは，広く放射線を取り扱う場合の放射線防護の三原則に従い，できるだけ被ばく線量を減少させるようにしなければならない．その三原則は，次のとおりである．

① エックス線発生箇所から距離を大きくとる（距離の逆 2 乗則）．
② 被ばく時間をできるだけ短くする（時間に比例）．
③ エックス線発生箇所と取り扱う場所との間に遮へい物を置く（遮へい物質の密度と厚さにより指数的に減少）．

2. 管理区域などに係わるエックス線線量の限界

　エックス線装置に対する法令の規定と，それに伴う管理区域の設定に関して線量率などにいくつかの限度が設けられている．

① 法令に規定するエックス線装置は，医療用と医療用以外（工業用）に分類され，さらにエックス線管波高値による定格管電圧の違いにより区分される．定格電圧 200 kV 未満の工業用エックス線装置では，エックス線管の焦点から 1 m の距離における利用錐以外の部分で空気カーマ率 2.6 mGy/h，200 kV 以上では 4.3 mGy/h 以下に遮へいするように規定されている．

② 管理区域に係わる線量として，実効線量が 1.3 mSv/3 か月と制限されている．すなわち，この値を超えるおそれがある場所を管理区域とする．

③ エックス線作業者(労働者)の一定期間内の実効線量限度が規定されている．

・100 mSv/5 年

・50 mSv/ 年

・1 mSv/ 週（管理区域内でもこの数値を超えるおそれがある場所は立入禁止区域とする）

・女子（妊娠する可能性がないと診断されたものを除く）：5 mSv/3 か月

・女子（妊娠中）：1 mSv/ 妊娠期間

④ エックス線作業者（労働者）の各組織の一定期間内の等価線量限界が規定されている．

・眼の水晶体：100 mSv/5 年

・眼の水晶体：50 mSv/ 年

・皮膚：500 mSv/ 年

・女子腹部（妊娠中）：2 mSv/ 妊娠期間

⑤ エックス線測定装置を設置した常時立ち入る場所での実効線量は，1 mSv/ 週以下にする．また，その外壁での漏洩線量率の限界は，20 μSv/h 未満である．

3. 管理区域内での線量測定

管理区域にはいくつかの制限があるので，1 cm 線量当量などを測定しなければならない．その留意点を抜粋して示す．

a）放射線測定器の選定

① 1 cm 線量当量あるいは 1 cm 線量当量率が測定できること．

② 測定中に零点のずれがないものおよび指針のシフトが少ないもの．

③ 放射線測定器は，国家標準とのトレーサビリティが明確になっている基準測定器または数量が証明されている線源で校正されること．

b）測定箇所

① 作業者が立ち入る区域で遮へいの薄い箇所または 1 cm 線量当量率などが最大になると予測される箇所.

② 壁などの構造物によって区切られる境界の近辺の箇所.

③ 1 cm 線量当量率などが位置によって変化が大きいと予測される場合は,測定点を密にとる.

④ 測定点の高さは,作業床面上約 1 m の位置とする.

c）測定前の措置

① 放射線測定器が正常に使用できるか点検する.

② バックグランド値を調査しておく.測定結果は,バックグランド値を差し引いた値とする.

③ 測定は,測定内容や測定方法を熟知したものが行う.

d）測定に当たっての留意事項

測定は,1 cm 線量当量率などの低い箇所から逐次高い箇所に行っていく.

e）測定方法および 1 cm 線量当量率の算定

① 照射中の 1 cm 線量当量率を測定し,これに照射時間を乗じて 1 回当たりの 1 cm 線量当量を求め,照射回数を乗じて算出する.

② 測定には,サーベイメータまたはフィルムバッジなどを用いる.

4．エックス線作業主任者の役目

エックス線作業をするには,障害を防止するためにエックス線作業主任者を置かなければならず,次に示す 7 項目の業務を行うことが義務付けられている.詳細は,「02　関係法令」で解説する.

① 管理区域,エックス線装置の定格出力,放射線装置室または立入禁止区域の標識を規定どおりのものにすること.

② 規定どおりの照射筒またはろ過板を使用すること.

③ 間接撮影,透視時に不要なエックス線を出さないようにすること.

④ エックス線作業従事者の受ける線量ができるだけ少なくなるように照射条件などを調整すること.

⑤ 遮へい物または警報装置が規定どおりのものがついているかどうか点検すること.

⑥ 照射を開始する前および照射中に,立入禁止区域に人が立ち入っていない

ことを確かめること.

⑦ 放射線測定器が規定どおり付けられているかどうか点検すること.

✖ **問題 1** エックス線装置を使用する事業場において管理区域を設定するための外部放射線の測定に関する次の記述のうち, 誤っているものはどれか.

(1) 位置により線量率の変化が大きいと予測される場合には, 測定点を密にとる.

(2) 測定器は, 原則として, シンチレーション式サーベイメータを用いることとし, フィルムバッジなどの積算型放射線測定器は用いてはならない.

(3) あらかじめバックグラウンド値を調査しておき, これを測定値から差し引いた値を測定結果とする.

(4) 測定は, あらかじめ計算により求めた 1 cm 線量当量または 1 cm 線量当量率の低い箇所から逐次高い箇所へ行っていく.

(5) 測定中は, 必ず放射線測定器を装着し, 保護衣などの必要な保護具を使用する.

✖ **解説** 管理区域設定のための制限は, 実効線量が 3 か月で 1.3 mSv を超えないことが規定されている. そのためには放射線測定器の選定や測定箇所の選択が重要なポイントとなる.「ポイント解説」の各項目を参照するとよい. (1), (3), (4), (5) は設問のとおりで正しい.

(2)の測定器の選定であるが, 測定器種の特定は規定されていない. 主に, 1 cm 線量当量率の測定ができ, 国家標準とのトレーサビリティが確保された測定器で, かつ定期的に校正された測定器を使用すること, すなわち信頼性が高い測定器を使用することが規定されている. また, フィルムバッジなどの積算型放射線測定器の使用を禁止していないが, 管理区域の設定を行うためにはふさわしくない. (4) の 1 cm 線量当量率の低い箇所から逐次高い箇所へ測定するのは, 測定者の万が一の余計な被ばくを避けるためである. (3) のバックグランドの線量率あるいは線量であるが, 管理区域設定のために設けた実効線量はバックグラントの線量を差し引いた値で規定している. 　　**【解答】**(2)

✖ **問題 2** 管理区域を設定するための外部放射線の測定に関する次の文中の □ 内に入れる A から C の語句または数値の組合せとして, 正しいものは (1)～(5) のうちどれか.

測定点の高さは, 作業床面上約 □ A □ m の位置とし, あらかじめ計算により求めた □ B □ の低い箇所から逐次高い箇所へと測定していく.

測定前に, バックグラウンド値を調査しておき, これを測定値 □ C □ 値を測定結果とする.

	A	B	C
(1)	1	1 cm 線量当量	に加算した
(2)	1	1 cm 線量当量または 70 μm 線量当量	から差し引いた
(3)	1	1 cm 線量当量または 1 cm 線量当量率	から差し引いた
(4)	1.5	1 cm 線量当量率	から差し引いた
(5)	1.5	1 cm 線量当量率または 70 μm 線量当量	に加算した

解説　管理区域での線量測定について，「ポイント解説」の各項目を参照するとよい．A の測定点の高さは，「作業床面上約 1m の位置とする．」，B の測定については，「1 cm 線量当量などの低い箇所から逐次高い箇所に行く．」，C のバックグランド測定値に関しては，「バックグランド値を調査しておく．測定結果は，バックグランド値を差し引いた値とする．」と規定されているので，(3) が正しい．なお，B の「1 cm 線量当量など」の「など」は，1 cm 線量当量率のことを示している．　　　　　　　　　　　　　　　　　　　**【解答】**(3)

問題 3　管理区域設定のための外部放射線の測定に関する次の記述のうち，正しいものはどれか．
(1) 放射線測定器は，方向依存性が大きく，感度が高く，測定可能な下限線量が小さなものを選定して使用する．
(2) 放射線測定器は，国家標準とのトレーサビリティが明確になっている基準測定器または数量が証明されている線源を用いて測定実施日の 3 年以内に校正されたものを用いる．
(3) 放射線測定器として，サーベイメータのほか，フィルムバッジなどの積算型放射線測定器を用いることができる．
(4) あらかじめ計算により求めた 1 cm 線量当量または 1 cm 線量当量率の高い箇所から低い箇所へ順に測定していく．
(5) あらかじめバックグラウンド値を調査しておき，これを測定値に加算して補正した値を測定結果とする．

解説　管理区域での線量測定については，「ポイントの解説」の各項目を参照するとよい．(1) の放射線測定器の選定について，特性などについての詳細な規定はない．1 cm 線量当量あるいは 1 cm 線量当量率が測定でき，国家標準とのトレーサビリティがとれ，1 年以内に校正された測定器で JIS あるいはそれと同等の性能があれば制限はない．(2) はトレーサビリティがとれているが，3 年以内に校正された測定器であるので，誤りである．(3) のサーベイメータでは 1 cm 線量当量率を，積算型放射線測定器では 1 cm 線量当量を測定す

るのに用いることができるので正しい．（4）のとおり測定をすると，万が一計算と実際とが異なった場合，測定者が余計な被ばくをするおそれがある．すなわち，放射線測定器には時定数があり，所定の数値を出すまでに時定数の3倍～4倍の時間を要するので，比較的長く高い線量に曝され余計な被ばくをするおそれがある．（5）は全くの逆で，実効線量はバックグラウンドの線量を差し引いて評価される．以上のことから（3）が正しい．　　　　　　　　【解答】（3）

❌ **問題4**　エックス線装置を用いる作業などに関する次の記述のうち，誤っているものはどれか．

(1) 作業に当たり，エックス線を遮へいするためには，原子番号が大きく，かつ密度の高い物質を用いるとよい．

(2) ろ過板は，連続エックス線に含まれている低エネルギー成分を除去し，後方散乱線を低減する効果があるが，蛍光エックス線分析など軟線を利用する作業では，使用する必要がない．

(3) エックス線回折装置に用いられるエックス線装置は，電圧が低く小型であるが，作業中には放射線測定器を装着する．

(4) 屋外でエックス線装置を用いて臨時作業を行う場合には，法定の立入禁止区域を設ければ，管理区域を設定する必要がない．

(5) 工場の製造工程で使用されるエックス線による計測装置などで，装置の外側には管理区域が存在しないものについても，内側の管理区域について，標識により明示する必要がある．

📝 **解説**　$I = I_0 \exp(-\mu_m \cdot \rho \cdot x)$ と線量率は減弱する．μ_m は物質によらずほぼ一定の値であるが，原子番号が大きくなると多少大きくなり，また，密度が高くなると指数項がその分大きくなるので遮へい効果が大きい．（2）エックス線の軟成分を除去するためにろ過板（フィルター）を取り付けて使用する．ろ過板（フィルター）には，アルミニウム，銅，鉄，鉛などの金属板が使われている．蛍光エックス線分析には軟エックス線が使われている．（3）法令によってエックス線装置の種類により漏れ線量率が規制され，それに伴う管理区域の設定を行わなければならない．また，エックス線作業者の一定期間内の実効線量限度が規定されているので，被ばく線量を把握するため，放射線測定器を装着しなければならない．（4）管理区域内でも $1\,\mathrm{mSv}/$週を超えるおそれのあるところは立入禁止区域にしなければならず，エックス線装置を扱う限り，屋内・屋外を問わず管理区域を設けなければならない．（5）蛍光エックス線装置のような場合に該当し，装置に標識を付けなければならない．　　　　　　　【解答】（4）

関 係 法 令

「関係法令」に関する出題は，10 題である．「健康診断」，「作業環境測定」，「エックス線作業主任者」，「安全衛生管理体制」，「線量の限度」，「外部放射線の防護」は必ず出題されている．「安全衛生管理体制」以外は電離放射線障害防止規則から出題される．この規則は難解な条文が多く，条文間の関連も複雑で理解することは難しいが，出題範囲は限られているので，例題を解くことで，条文の内容を理解するとよい．「外部放射線の防護」は例外的規定が多く，特に注意が必要である．例外的規定がよく正誤問題で出題される．

2.1
総　　　則

■ 出題傾向　総則から出題されることはほとんどないが，目的と定義は法令の原点である．

■ ポイント　1. 放射線障害防止の基本原則と規制の目的をよく理解する．
　　　　　　　2. 電離放射線について，その範囲と用語の意味を理解する．

ポイント解説

1. 試験の対象となる法令

　放射線などに関する災害を防止するため，他の産業安全とともに基本的な規制事項に関しては,「**労働安全衛生法**（昭和47年）」という法律が定められている（法律は，国会が制定する）．

　労働安全衛生法に規定されたことを実施するために，法律の対象となる放射線の範囲や種々の手続きなどを具体的に定めた「**労働安全衛生法施行令**（昭和47年）」という政令が定められている（政令は，内閣が制定する）．

　法律や政令を円滑に施行するために，さらに詳細な手続方法，具体的な実施事項などを定めた規則のうち，放射線については,「**電離放射線障害防止規則**（昭和47年）」が定められている（規則は，各省大臣，内閣府などが制定する．省令・府令ともいう）．また，労働災害防止に関する一般的な事項については,「**労働安全衛生規則**（昭和47年）」が定められている．

　さらに，放射線の数量などの詳細な技術基準は「厚生労働省告示」という形式で厚生労働大臣が定めている．法体系は，図2.1のようになる．

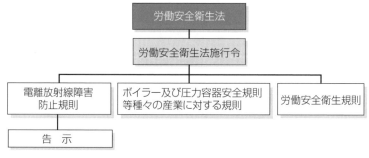

図 2.1　試験の対象となる法令の法体系

電離放射線障害防止規則（電離則）の条文に沿って説明する．労働安全衛生法（安衛法），同施行令，労働安全衛生規則（安衛則）などについては 2.8 節などで説明する．電離則のうち，放射性同位元素，放射性物質などエックス線と関係のない条文については説明を省略する．

2. 放射線障害防止の基本原則

電離放射線障害防止規則第 1 条に「事業者は，労働者が電離放射線を受けることをできるだけ少なくするように努めなければならない」としている．

ここでいう**事業者**は，労働安全衛生法第 2 条に基づく事業を行う者で，労働者を使用する者と定義されている．

3. 定　義

この規則で使われる用語の定義等が第 2 条に以下のように示されている．

（定義等）

第 2 条　この省令で「電離放射線」（以下「放射線」という．）とは，次の粒子線又は電磁波をいう．

　　一　アルファ線，重陽子線及び陽子線

　　二　ベータ線及び電子線

　　三　中性子線

　　四　ガンマ線及びエックス線

2　この省令で「放射性物質」とは，放射線を放出する同位元素（以下「放射性同位元素」という．），その化合物及びこれらの含有物で，次の各号のいずれかに該当するものをいう．

　　一　放射性同位元素が 1 種類であり，かつ，別表第 1 の第 1 欄に掲げるものにあっては，同欄に掲げる放射性同位元素の種類に応じ，同表の第 2 欄に掲げる数量及び第 3 欄に掲げる濃度を超えるもの．

　　（第二号から第四号まで省略）

3　この省令で「放射線業務」とは，労働安全衛生法施行令（以下「令」という．）別表第 2 に掲げる業務（第 59 条の 2 に規定する放射線業務以外のものにあっては，東日本大震災により生じた放射性物質により汚染された土壌等を除染するための業務等に係る電離放射線障害防止規則（平成 23 年厚生労働省令第 152 号，以下「除染則」という．）第 2 条第 7 項第 1 号に規定する土壌等の除染等の業務，同項第 2 号に規定する廃棄物収集等業務，

> 及び同項第3号に規定する特定汚染土壌等取扱業務を除く.）をいう.
> **4** 令別表第2第4号の厚生労働省令で定める放射性物質は，第2項に規定する放射性物質とする.

この第2条を例として，法令条文の構成を説明する.

条文見出しは（ ）で囲み，条文は段落ごとに算用数字の項番号が付けられる. ただし，第1項の冒頭は1の算用数字は省略され，第2項から番号が付けられる.

項の中で事物の名称や事項などを列挙する場合は，号番号を用いる. 号は漢数字で表す. この第2条は4項からなり，第2条第1項には四つの号がある.

第3項の**放射線業務**は，労働安全衛生法施行令別表第2に次の7項目が規定されている.

① エックス線装置の使用又はエックス線の発生を伴う当該装置の検査の業務
② サイクロトロン，ベータトロンその他の荷電粒子を加速する装置の使用又は電離放射線（アルファ線，重陽子線，陽子線，ベータ線，電子線，中性子線，ガンマ線及びエックス線をいう）の発生を伴う当該装置の検査の業務
③ エックス線管若しくはケノトロンのガス抜き又はエックス線の発生を伴う検査の業務
④ 厚生労働省令で定める放射線物質を装備している機器の取扱いの業務
⑤ 前号の放射線物質又はこれによって汚染された物の取扱いの業務
⑥ 原子炉の運転の業務
⑦ 坑内における核原料物質（原子力基本法（昭和30年法律第186号）第3条第3号に規定する核原料物質をいう）の掘採の業務

第3項の除染則は，東日本大震災により生じた放射性物質により汚染された土壌等を除染するための仕事をしている労働者の安全を確保する（電離放射線を受けることをできるだけ少なくする）ために平成24年1月1日に新たに施行された規則である.

❌ **問題 1**　電離放射線の定義に関する次の文中の　A　～　C　に入れる語句の組合せとして，正しいものは（1）～（5）のうちどれか.

電離放射線とは，次の粒子線又は　A　をいう.

　一　アルファ線，重陽子線及び陽子線

　二　　B　及び電子線

　三　中性子線

　四　ガンマ線及び　C

	A	B	C
(1)	電磁波	マイクロ波	赤外線
(2)	音　波	ベータ線	エックス線
(3)	電磁波	マイクロ波	エックス線
(4)	音　波	ベータ線	赤外線
(5)	電磁波	ベータ線	エックス線

❌ **解説**　電離放射線障害防止規則第 2 条参照. マイクロ波，赤外線は電磁波ではあるが，規則で定める対象ではない.　　　　　　　　　　**【解答】**（5）

2.2
管理区域並びに線量の限度及び測定

■出題傾向　第3条，第8条，第9条からよく出題されている．また，第4条から第7条までの被ばく限度も出題される．

■ポイント　1. 管理区域は3か月間につき1.3 mSvを超えるおそれのある区域であり，標識により明示する．
2. 第3条第5項の管理区域内の掲示事項は，よく覚えておくこと．
3. 第8条第3項の測定器の装着箇所は最も被ばくする部位により1箇所～3箇所となる．

🔍 ポイント解説

1. 管理区域の明示等

　放射線による被ばくのおそれのある区域を管理区域に定めて，必要のない者の立入りを制限し，必要な標識や掲示をするように定められている．条文では次のように示されている．

> **第3条**　放射線業務を行う事業の事業者（第62条を除き，以下「事業者」という．）は，次の各号のいずれかに該当する区域（以下「管理区域」という．）を標識によって明示しなければならない．
> 　　一　外部放射線による実効線量と空気中の放射性物質による実効線量との合計が3月間につき1.3 mSvを超えるおそれのある区域
> 　　二　放射性物質の表面密度が別表第3に掲げる限度の10分の1を超えるおそれのある区域（別表第3は放射性物質関係なので省略）
> **2**　前項第一号に規定する外部放射線による実効線量の算定は，1cm線量当量によって行うものとする．
> **3**　省略（放射性物質に関する事項）
> **4**　事業者は，必要のある者以外の者を管理区域に立ち入らせてはならない．
> **5**　事業者は，管理区域内の労働者の見やすい場所に，第8条第3項の放射線測定器の装着に関する注意事項，放射性物質の取扱い上の注意事項，事故が発生した場合の応急の措置等放射線による労働者の健康障害の防止に必要な事項を掲示しなければならない．
> **第3条の2**　事業者は，第15条第1項の放射線装置室，第22条第2項の放射性物質取扱作業室，第33条第1項（第41条の9において準用する場合を含む．）の貯蔵施設，第36条第1項の保管廃棄施設，第41条の

4 第2項の事故由来廃棄物等取扱施設又は第41条の8第1項の埋立施設について，遮蔽壁，防護つい立てその他の遮蔽物を設け，又は局所排気装置若しくは放射性物質のガス，蒸気若しくは粉じんの発散源を密閉する設備を設ける等により，労働者が常時立ち入る場所における外部放射線による実効線量と空気中の放射性物質による実効線量との合計を1週間につき1mSv以下にしなければならない．

2　前条第2項の規定は，前項に規定する外部放射線による実効線量の算定について準用する．

3　第1項に規定する空気中の放射性物質による実効線量の算定は，1mSvに週平均濃度の前条第3項の厚生労働大臣が定める限度に対する割合を乗じて行うものとする．

つまり，管理区域内に掲示する事項は次の3項目である．

① 放射線測定器の装着に関する注意事項

② 放射性物質の取扱い上の注意事項

③ 事故が発生した場合の応急の措置

管理区域内の施設等において，労働者が常時立ち入る場所の線量限度が1週間につき1mSv以下（外部放射線による実効線量と空気中の放射性物質による実効線量との合計）と定めている（第3条の2）．

施設の線量限度を要約すると，次のようになる．

① **管理区域**：3か月間につき1.3mSvを超えるおそれのある区域

② **管理区域内の常時立ち入る場所**：1週間につき1mSv以下

③ 外部放射線による実効線量の算定は，1cm線量当量によって行う

規制の数値において，「1mSv以下」のような，「以下」「以上」はその数値は含まれる．しかし，「1.3mSvを超える」のような，「超える」「未満」はその数値は含まれない（実効線量，1cm線量当量など線量の単位は3.2節を参照）．

2. 放射線業務従事者の被ばく限度

管理区域内で放射線業務に従事する放射線業務従事者の被ばく限度が定められている．条文では次のように示されている．

第4条　事業者は，管理区域内において放射線業務に従事する労働者（以下「放射線業務従事者」という．）の受ける実効線量が5年間につき100mSvを超えず，かつ1年間につき50mSvを超えないようにしなけ

ればならない.

2　事業者は，前項の規定にかかわらず，女性の放射線業務従事者（妊娠する可能性がないと診断されたもの及び第6条に規定するものを除く.）の受ける実効線量については，3月間につき5mSvを超えないようにしなければならない.

第5条　事業者は，放射線業務従事者の受ける等価線量が，眼の水晶体に受けるものについては5年間につき100mSv及び1年間につき50mSvを，皮膚に受けるものについては1年間につき500mSvを，それぞれ超えないようにしなければならない.

第6条　事業者は，妊娠と診断された女性の放射線業務従事者の受ける線量が，妊娠と診断されたときから出産までの間（以下「妊娠中」という.）につき次の各号に掲げる線量の区分に応じて，それぞれ当該各号に定める値を超えないようにしなければならない.

　　一　内部被ばくによる実効線量については，1mSv
　　二　腹部表面に受ける等価線量については，2mSv

　緊急作業時における被ばく限度が定められている．条文では次のように示されている．さらに平成28年から特例緊急作業に関する規定が追加された.

第7条　事業者は，第42条第1項各号のいずれかに該当する事故が発生し，同項の区域が生じた場合における放射線による労働者の健康障害を防止するための応急の作業（以下「緊急作業」という.）を行うときは，当該緊急作業に従事する男性及び妊娠する可能性がないと診断された女性の放射線業務従事者については，第4条第1項及び第5条の規定にかかわらず，これらの規定に規定する限度を超えて放射線を受けさせることができる.

2　前項の場合において，当該緊急作業に従事する間に受ける線量は，次の各号に掲げる線量の区分に応じて，それぞれ当該各号に定める値を超えないようにしなければならない.

　　一　実効線量については，100mSv
　　二　眼の水晶体に受ける等価線量については，300mSv
　　三　皮膚に受ける等価線量については，1Sv

3　前項の規定は，放射線業務従事者以外の男性及び妊娠する可能性がないと診断された女性の労働者で，緊急作業に従事するものについて準用する.

第7条の2　前条第1項の場合において，厚生労働大臣は，当該緊急作業に係る事故の状況その他の事情を勘案し，実効線量について同条第2項の規定によることが困難であると認めるときは，同項の規定にかかわらず，当

該緊急作業に従事する間に受ける実効線量の限度の値（250 mSv を超えない範囲内に限る．以下「特例緊急被ばく限度」という．）を別に定めることができる．

2　前項の場合において，次の各号のいずれかに該当するときは，厚生労働大臣は，直ちに，特例緊急被ばく限度を 250 mSv と定めるものとする．

一　原子力災害対策特別措置法（平成 11 年法律第 156 号．次号及び次条第 1 項において「原災法」という．）第 10 条に規定する政令で定める事象のうち厚生労働大臣が定めるものが発生した場合

二　原災法第 15 条第 1 項各号に掲げる場合

3　厚生労働大臣は，前 2 項の規定により特例緊急被ばく限度を別に定めた場合には，当該特例緊急被ばく限度に係る緊急作業（以下「特例緊急作業」という．）に従事する者（次条において「特例緊急作業従事者」という．）が受けた線量，当該特例緊急作業に係る事故の収束のために必要となる作業の内容その他の事情を勘案し，これを変更し，かつ，できるだけ速やかにこれを廃止するものとする．

4　厚生労働大臣は，第 1 項又は第 2 項の規定により特例緊急被ばく限度を別に定めたときは，当該特例緊急作業及び当該特例緊急被ばく限度を告示しなければならない．これを変更し，又は廃止したときも同様とする．

放射線業務従事者の被ばく限度を要約すると次のようになる．妊娠する可能性がないと診断された女性は，男性に含まれる．

① 実効線量限度（男性）…………5 年間に 100 mSv，かつ 1 年間に 50 mSv
② 実効線量限度（妊娠可能な女性）………………………………3 か月間に 5mSv
③ 眼の水晶体に受ける等価線量限度（男女とも）
　　　　　　　…………5 年間につき 100 mSv 及び 1 年間につき 50 mSv
④ 皮膚に受ける等価線量限度（男女とも）…………………1 年間に 500 mSv
⑤ 腹部表面に受ける等価線量限度（妊娠と診断された女性）…妊娠中に 2 mSv
　　内部被ばくによる実効線量限度（妊娠と診断された女性）…妊娠中に 1 mSv
⑥ 緊急作業で受ける実効線量限度（男性）………………………………100 mSv
　　緊急作業で眼の水晶体に受ける等価線量限度（男性）……………300 mSv
　　緊急作業で皮膚に受ける等価線量限度（男性）……………………………1 Sv

妊娠可能な女性の実効線量限度は 3 か月間で 5 mSv であるから，1 年間で 20 mSv，5 年間で 100 mSv となる．

71

3. 線量の測定

　管理区域内における外部被ばくによる線量および内部被ばくによる線量を測定しなければならないと定められている．条文では，次のように示されている．

第8条　事業者は，放射線業務従事者，緊急作業に従事する労働者及び管理区域に一時的に立ち入る労働者の管理区域内において受ける外部被ばくによる線量及び内部被ばくによる線量を測定しなければならない．

2　前項の規定による外部被ばくによる線量の測定は，1cm線量当量，3mm線量当量及び70μm線量当量のうち，実効線量及び等価線量の別に応じて，放射線の種類及びその有するエネルギーの値に基づき，当該外部被ばくによる線量を算定するために適切とみとめられるものについて行うものとする．

3　第1項の規定による外部被ばくによる線量の測定は，次の各号に掲げる部位に放射線測定器を装着させて行わなければならない．ただし，放射線測定器を用いてこれを測定することが著しく困難な場合には，放射線測定器によって測定した線量当量率を用いて算出し，これが著しく困難な場合には，計算によってその値を求めることができる．

　　一　男性又は妊娠する可能性がないと診断された女性にあっては胸部，その他の女性にあっては腹部

　　二　頭・頸部，胸・上腕部及び腹・大腿部のうち，最も多く放射線にさらされるおそれのある部位（これらの部位のうち最も多く放射線にさらされるおそれのある部位が男性又は妊娠する可能性がないと診断された女性にあっては胸部・上腕部，その他の女性にあっては腹・大腿部である場合を除く．）

　　三　最も多く放射線にさらされるおそれのある部位が頭・頸部，胸・上腕部及び腹・大腿部以外の部位であるときは，当該最も多く放射線にさらされるおそれのある部位（中性子線の場合を除く．）

4　（省略．内部被ばくに関する事項なので，エックス線の範囲外）

5　第1項の規定による内部被ばくによる線量の測定に当たっては，厚生労働大臣が定める方法によってその値を求めるものとする．

6　放射線業務従事者，緊急作業に従事する労働者及び管理区域に一時的に立ち入る労働者は，第3項ただし書の場合を除き，管理区域内において，放射線測定器を装着しなければならない．

　放射線測定器の装着箇所を要約すると次のようになる（表2.1参照）．

表2.1 放射線測定器の装着箇所

	最も被ばくする部位	2番目に被ばくする部位	装着箇所
男性及び妊娠する可能性のない女性	胸部か均等	どこでも	胸部
	頭部	どこでも	頭部，胸部
	腹部	どこでも	腹部，胸部
	手指	胸部	手指，胸部
	手指	頭部	手指，頭部，胸部
	手指	腹部	手指，腹部，胸部
妊娠可能な女性	腹部か均等	どこでも	腹部
	頭部	どこでも	頭部，腹部
	胸部	どこでも	胸部，腹部
	手指	腹部	手指，腹部
	手指	頭部	手指，頭部，腹部
	手指	胸部	手指，胸部，腹部

体の幹部を①頭部・頸部，②胸部・上腕部，③腹部・大腿部に区分したとき，男性の装着部位は，体幹部に均等に被ばくする場合は胸部1箇所である（妊娠可能女性の基本部位は腹部）．

不均等被ばくの場合は，基本部位である胸部（妊娠可能女性は腹部）と最も被ばくする部位の2箇所である．

手指，足など体幹部以外が最も被ばくする部位の場合は，さらに手指などにも装着する（70 μm 線量当量を測定する）．

眼の水晶体に受ける等価線量の算定は，1 cm 線量当量，3 mm 線量当量または70 μm 線量当量のうちから適切なものを選択できる．

4. 測定結果の確認と保存

線量の測定結果の確認と記録の保存期間について定められている．条文では次のように示されている．

> **第9条** 事業者は，1日における外部被ばくによる線量が1 cm 線量当量について1 mSvを超えるおそれのある労働者については，前条第1項の規定による外部被ばくによる線量の測定の結果を毎日確認しなければならない．
>
> 2 事業者は，前条第3項又は第5項の規定による測定又は計算の結果に基づき，次の各号に掲げる放射線業務従事者の線量を，遅滞なく，厚生労働大臣が定める方法により算定し，これを記録し，これを30年間保存しなければならない．ただし当該記録を5年間保存した後において，厚生労働大臣が指定する機関に引き渡すときは，この限りでない．

一　男性又は妊娠する可能性がないと診断された女性（次号又は第三号に掲げるものを除く.）の実効線量の３月ごと，１年ごと及び５年ごとの合計

二　男性又は妊娠する可能性がないと診断された女性（５年間において，実効線量が１年間につき 20 mSv を超えたことのないものに限り，次号に掲げるものを除く.）の実効線量の３月ごと及び１年ごとの合計

三　男性又は妊娠する可能性がないと診断された女性（緊急作業に従事するものに限る.）の実効線量の１月ごと，１年ごと及び５年ごとの合計

四　女性（妊娠する可能性がないと診断されたものを除く.）の実効線量の１月ごと，３月ごと及び１年ごとの合計（１月間に受ける実効線量が 1.7 mSv を超えるおそれのないものにあっては，３月ごと及び１年ごとの合計）

五　人体の組織別の等価線量の３月ごと及び１年ごとの合計（眼の水晶体に受けた等価線量にあっては，３月ごと及び５年ごとの合計）

六　妊娠中の女性の内部被ばくによる実効線量及び腹部表面に受ける等価線量の１月ごと及び妊娠中の合計

3　事業者は，前項の規定による記録に基づき，放射線業務従事者に同項各号に掲げる線量を，遅滞なく，知らせなければならない.

要点は，次の２点である.

①　被ばく線量の測定結果は原則 30 年間保存する．被ばく線量を放射線業務従事者に知らせる.

②　１日における外部被ばくによる線量が 1 mSv を超えるおそれのある労働者については，測定結果を毎日確認しなければならない.

❌ 問題 1　エックス線装置を用いて放射線業務を行う場合の管理区域に関する次の記述のうち，労働安全衛生関係法令上，誤っているものはどれか.

(1) 外部放射線による実効線量が 3 か月間につき 1.3 mSv を超えるおそれのある区域は，管理区域である.

(2) 管理区域設定に当たっての外部放射線による実効線量の算定は，1 cm 線量当量および 70 μm 線量当量によって行うものとする.

(3) 管理区域は，標識によって明示しなければならない.

(4) 管理区域には，必要のある者以外の者を立ち入らせてはならない.

(5) 管理区域内の労働者の見やすい場所に，外部被ばくによる線量を測定するための放射線測定器の装着に関する注意事項，事故が発生した場合の応急の措置等放

射線による労働者の健康障害の防止に必要な事項を掲示しなければならない.

✗解説　(1) は正しい（第 3 条第 1 項）.(2) は誤り.1 cm 線量当量によって行う（第 3 条第 2 項）.(3) は正しい（第 3 条第 1 項）.(4) は正しい（第 3 条第 4 項）.(5) は正しい（第 3 条第 5 項）.　　　　　　　　　　　　　　　　　　　**【解答】**(2)

✗ 問題 2　エックス線装置を取り扱う次の A から E の放射線業務従事者について,管理区域内で受ける外部被ばくによる線量を測定するとき,放射線測定器の装着部位が,労働安全衛生関係法令上,胸部および腹・大腿部の計 2 箇所となるものの組合せは（1）〜（5）のうちどれか.

ただし,女性については,妊娠する可能性がないと診断されたものを除くものとする.

A　最も多く放射線にさらされるおそれのある部位が腹・大腿部であり,次に多い部位が頭・頸部である男性

B　最も多く放射線にさらされるおそれのある部位が胸部であり,次に多い部位が腹・大腿部である男性

C　最も多く放射線にさらされるおそれのある部位が手指であり,次に多い部位が腹・大腿部である男性

D　最も多く放射線にさらされるおそれのある部位が胸・上腕部であり,次に多い部位が手指である女性

E　最も多く放射線にさらされるおそれのある部位が腹・大腿部であり,次に多い部位が胸・上腕部である女性

（1）A, D　　（2）A, E　　（3）B, C　　（4）B, D　　（5）C, E

✗解説　第 8 条第 3 項に規定されている.体の部位を①頭部・頸部②胸部・上腕部③腹部・大腿部に 3 区分したとき,男性の装着部位は体幹部に均等に被ばくする場合は胸部 1 箇所である（妊娠可能女性の基本部位は腹部）.不均等被ばくの場合は基本部位である胸部（妊娠可能女性は腹部）と最も被ばくする部位の 2 箇所である.手指が最も被ばくする部位の場合はさらに手指にも装着する.

胸部および腹部の計 2 箇所に装着しなければならないのは,男性では腹部が最も被ばくする場合であり,女性では胸部が最も被ばくする場合である.A と D が正しい.C では胸部,腹部,手指の 3 箇所になる.　　　　**【解答】**(1)

❌ **問題 3** エックス線装置を取り扱う放射線業務従事者が管理区域内で受ける外部被ばくによる線量の測定に関する次の文中の ☐ 内に入れる A から C の語句の組合せとして，労働安全衛生関係法令上，正しいものは（1）～（5）のうちどれか.

最も多く放射線にさらされるおそれのある部位が ☐A☐ であり，次に多い部位が ☐B☐ である作業を行う場合，男性または妊娠する可能性がないと診断された女性の放射線業務従事者については頭・頸部および胸部に，女性の放射線業務従事者（妊娠する可能性がないと診断されたものを除く.）については ☐C☐ に，放射線測定器を装着させて線量の測定を行わなければならない.

	A	B	C
（1）	手指	頭・頸部	胸部および腹部
（2）	胸部	頭・頸部	胸部および腹部
（3）	胸部	頭・頸部	胸部，頭・頸部および腹部
（4）	頭・頸部	手指	頭・頸部および腹部
（5）	頭・頸部	手指	頭・頸部，腹部および手指

❌ **解説** 第 8 条第 3 項に規定されている．男性では頭・頸部と胸部に装着するのは，最も被ばくする部位が頭・頸部の場合である．A は頭・頸部となる．女性では最も被ばくする部位が頭・頸部ならば，頭・頸部および腹部に装着する．C は頭・頸部および腹部となる. **【解答】**（4）

❌ **問題 4** エックス線装置を取り扱う放射線業務従事者が管理区域内で受ける外部被ばくによる線量を測定するための，放射線測定器の装着に関する次の文中の ☐ 内に入れる A から C の語句の組合せとして，労働安全衛生関係法令上，正しいものは（1）～（5）のうちどれか.

最も多く放射線にさらされるおそれのある部位が ☐A☐ であり，次に多い部位が ☐B☐ である男性の放射線業務従事者については，☐A☐，☐B☐ および ☐C☐ の計 3 箇所に，放射線測定器を装着させなければならない.

	A	B	C
（1）	胸部	頭・頸部	腹・大腿部
（2）	腹・大腿部	頭・頸部	胸部
（3）	腹・大腿部	手指	胸部
（4）	頭・頸部	胸部	腹・大腿部
（5）	手指	腹・大腿部	胸部

✍**解説**　　装着箇所が3箇所になる場合は，最も被ばくする部位Aは手指である（表2.1参照）．2番目に被ばくする部位Bは男性では腹部または頭部である．Cは男性の基本部位である胸部となる．　　　　　　　　　　　　**【解答】**（5）

❌**問題5**　エックス線装置を使用する放射線業務従事者が管理区域内において外部被ばくを受けるとき，算定し記録しなければならない線量として，労働安全衛生関係法令上，正しいものは次のうちどれか．

　　ただし，いずれの場合においても，放射線業務従事者は，緊急作業には従事しないものとする．

(1) 5年間において，実効線量が1年間につき20 mSvを超えたことのある男性の放射線業務従事者の実効線量については，6か月ごとおよび5年ごとの合計

(2) 5年間において，実効線量が1年間につき20 mSvを超えたことのない男性の放射線業務従事者の実効線量については，1年ごとおよび5年ごとの合計

(3) 1か月間に受ける実効線量が1.7 mSvを超えるおそれのある女性の放射線業務従事者（妊娠する可能性がないと診断されたものを除く．）の実効線量については，3か月ごとおよび1年ごとの合計

(4) 放射線業務従事者の皮膚に受けた等価線量については，3か月ごとおよび1年ごとの合計

(5) 妊娠中の女性の放射線業務従事者の腹部表面に受ける等価線量については，3か月ごとおよび妊娠中の合計

✍**解説**　　(1) は誤り．3か月ごと，1年ごとおよび5年ごと（第9条第2項第一号）．(2) は誤り．3か月ごとおよび1年ごと（第9条第2項第二号）．(3) は誤り．1月ごと，3か月ごとおよび1年ごと（第9条第2項第四号）．(4) は正しい（第9条第2項第五号）．(5) は誤り．1か月ごとおよび妊娠中の合計（第9条第2項第六号）．　　　　　　　　　　　　**【解答】**（4）

✖ 問題6 放射線業務従事者の被ばく限度として，労働安全衛生関係法令上，誤っているものは次のうちどれか．

(1) 緊急作業に従事しない男性の放射線業務従事者が受ける実効線量の限度
   ‥‥‥‥‥‥‥‥‥‥‥‥‥‥ 5年間に 100 mSv，かつ，1年間に 50 mSv

(2) 緊急作業に従事しない女性の放射線業務従事者（妊娠する可能性がないと診断されたものおよび妊娠と診断されたものを除く．）が受ける実効線量の限度
   ‥‥‥‥‥‥‥‥‥‥‥‥‥‥‥‥‥‥‥‥‥‥‥‥‥ 3か月間に 5 mSv

(3) 男性の放射線業務従事者が緊急作業に従事する間に皮膚に受ける等価線量の限度 ‥‥‥‥‥‥‥‥‥‥‥‥‥‥‥‥‥‥‥‥‥‥‥‥‥‥‥‥‥ 1 Sv

(4) 男性の放射線業務従事者が緊急作業（特例緊急作業を除く．）に従事する間に受ける実効線量の限度 ‥‥‥‥‥‥‥‥‥‥‥‥‥‥‥‥‥‥ 250 mSv

(5) 妊娠と診断された女性の放射線業務従事者が腹部表面に受ける等価線量の限度
   ‥‥‥‥‥‥‥‥‥‥ 妊娠と診断されたときから出産までの間に 2 mSv

✎解説 (1) は正しい（第4条第1項）．(2) は正しい（第4条第2項）．(3) は正しい（第7条第2項）．(4)は誤り．実効線量限度は 100 mSv（第7条第2項）．(5) は正しい（第6条）． **［解答］**(4)

2.3
外部放射線の防護

■出題傾向　第 12 条，第 13 条，第 15 条，第 18 条からよく出題されている．法令での最重要部分であり，2 問～ 3 問が出題される．エックス線装置構造規格から毎回出題されている．

■ポイント
1. 規定限度の数字である 10 kV，2 倍，20 µSv/h，150 kV，5 m，1 mSv の意味をよく覚えておく（問題 1 を参照）．
2. この範囲では難解な条文が多いが，例題でよく理解する必要がある．
3. ただし書の部分が重要な場合がある．

🔍 ポイント解説

1. 特定エックス線装置，照射筒，ろ過板の使用

特定エックス線装置は，労働安全衛生法施行令第 13 条第 3 項第二十二号に次のように規定されている．

　・波高値による定格管電圧が 10 kV 以上のエックス線装置（エックス線又はエックス線装置の研究又は教育のため，使用のつど組み立てるもの及び薬事法第 2 条第 4 項に規定する厚生労働大臣が定める医療機器を除く）

特定エックス線装置は定格管電圧が 10 kV（10 000 V）以上のエックス線装置である．医療用も一部の例外を除いて含まれる．特定エックス線装置には，**エックス線装置構造規格**（昭和 47 年労働省告示第 149 号）が適用される．

特定エックス線装置では，不要なエックス線を遮へいして，外部に漏れないようにするため，照射筒を使用するように定められている．条文では次のように示されている．

> **第 10 条**　事業者は，エックス線装置（エックス線を発生させる装置で，令別表第 2 第二号の装置以外のものをいう．以下同じ．）のうち令第 13 条第 3 項第二十二号に掲げるエックス線装置（以下「特定エックス線装置」という．）を使用するときは，利用線錐の放射角がその使用の目的を達するために必要な角度を超えないようにするための照射筒又はしぼりを用いなければならない．ただし，照射筒又はしぼりを用いることにより特定エックス線装置の使用の目的が妨げられる場合は，この限りでない．

> 2 事業者は，前項の照射筒及びしぼりについては，厚生労働大臣が定める規格を具備するものとしなければならない．

　第2項の照射筒等の規格は，エックス線装置構造規格で定められている．照射筒は照射野の広がりを制限しうるもので，コリメーター（スリット，ピンホール）は照射筒とみなすことができる．

　ろ過板の使用については，条文では次のように示されている．

> 第11条　事業者は，特定エックス線装置を使用するときは，ろ過板を用いなければならない．ただし，作業の性質上軟線を利用しなければならない場合又は労働者が軟線を受けるおそれがない場合には，この限りでない．

　エックス線装置からは，特定の波長のエックス線だけが放出されるのではなく，波長の長いものから短いものまで放射される．このうち波長の短い，つまりエネルギーの高いエックス線は硬線と呼ばれ，波長の長い，つまりエネルギーの低いエックス線は軟線と呼ばれる．

　軟線は透過力が弱く，一般の撮影や透視に役立たないが，散乱が多く，人体に当たった場合，皮膚におけるエネルギーの吸収が多い．このため軟線そのものを利用する特殊な場合を除いて，軟線はできるだけ取り除くことが必要であり，そのためにろ過板を使用する．作業の性質上軟線を利用しなければならない場合には，蛍光エックス線分析，皮膚疾患のエックス線治療などがある．

2. エックス線装置構造規格

　管電圧が 10 kV 以上の特定エックス線装置に適用されるエックス線装置構造規格の要点をまとめると以下のようになる．

①　医療用以外（以下「工業用等」という．）のエックス線装置のエックス線管は，その焦点から 1 m の距離における利用線錐以外の部分のエックス線の空気カーマ率が，表 2.2 の左欄に掲げるエックス線装置の区分に応じ，それぞれ同表の右欄に掲げる**空気カーマ率**以下になるように遮へいされているものでなければならない．

　　コンデンサ式高電圧装置を有するエックス線装置のエックス線管は，コンデンサ式高電圧装置の充電状態であって，照射時以外のとき，エックス線装置の接触可能表面から 5 cm の距離におけるエックス線の空気カーマ率が

表 2.2 エックス線装置の空気カーマ率

エックス線装置の区分	空気カーマ率
波高値による定格管電圧が 200 kV 未満のエックス線装置	2.6 mGy/h
波高値による定格管電圧が 200 kV 以上のエックス線装置	4.3 mGy/h

$20\,\mu\mathrm{Gy/h}$ 以下になるように遮へいされているものでなければならない.

② エックス線装置は,照射筒,しぼりおよびろ過板を取り付けることができる構造のものでなければならない.

③ 工業用等のエックス線装置に取り付ける照射筒またはしぼりは,照射筒壁またはしぼりを透過したエックス線の空気カーマ率が,エックス線管の焦点から 1 m の距離において,表 2.2 の左欄に掲げるエックス線装置の区分に応じ,それぞれ同表の右欄に掲げる空気カーマ率以下になるものでなければならない.

④ エックス線装置は,見やすい箇所に,定格出力,型式,製造者名および製造年月が表示されているものでなければならない.

3. 間接撮影時,透視時の措置

特定エックス線装置を用いる間接撮影時には,作業従事者の防護のための措置を講じなければならない.条文では次のように示されている.

第 12 条 事業者は,特定エックス線装置を用いて間接撮影を行うときは,次の措置を講じなければならない.ただし,エックス線の照射中に間接撮影の作業に従事する労働者の身体の全部又は一部がその内部に入ることがないように遮へいされた構造の特定エックス線装置を使用する場合は,この限りでない.

　一 利用するエックス線管焦点受像器間距離において,エックス線照射野が受像面を超えないようにすること.

　二 胸部集検用間接撮影エックス線装置及び医療用以外(以下「工業用等」という.)の特定エックス線装置については,受像器の一次防護遮へい体は,装置の接触可能表面から 10 cm の距離における自由空気中の空気カーマ(次号において「空気カーマ」という.)が 1 回の照射につき $1.0\,\mu\mathrm{Gy}$ 以下になるようにすること.

　三 胸部集検用間接撮影エックス線装置及び工業用等の特定エックス線装置については,被照射体の周囲には,箱状の遮へい物を設け,その

遮へい物から 10 cm の距離における空気カーマが 1 回の照射につき 1.0 μGy 以下になるようにすること.

2　前項の規定にかかわらず, 事業者は, 次の各号に掲げる場合においては, それぞれ当該各号に掲げる措置を講ずることを要しない.

一　受像面が円形でエックス線照射野が矩形の場合において, 利用するエックス線管焦点受像器間距離におけるエックス線照射野が受像面に外接する大きさを超えないとき.　**前項第一号の措置**

二　医療用の特定エックス線装置について, 照射方向に対し垂直な受像面上で直交する二本の直線を想定した場合において, それぞれの直線におけるエックス線照射野の縁との交点及び受像面の縁との交点の間の距離 (以下この号及び次条第 2 項第三号において「交点間距離」という.) の和がそれぞれ利用するエックス線管焦点受像器間距離の 3% を超えず, かつ, これらの交点間距離の総和が利用するエックス線管焦点受像器間距離の 4 % を超えないとき.　**前項第一号の措置**

三　第 15 条第 1 項ただし書の規定により, 特定エックス線装置を放射線装置室以外の場所で使用する場合　**前項第二号及び第三号の措置**

四　間接撮影の作業に従事する労働者が, 照射時において, 第 3 条の 2 第一項に規定する場所に容易に退避できる場合　**前項第三号の措置**

第 12 条の要点をまとめると以下のようになる.

①　利用するエックス線管焦点受像器間距離において, エックス線照射野が受像面を超えないようにすること.

②　受像器の 1 次防護遮へい体は, 装置の表面から 10 cm の距離における空気カーマが 1 回の照射につき 1.0 μGy 以下になるようにすること.

③　被照射体の周囲には, 箱状の遮へい物を設け, その遮へい物から 10 cm の距離における空気カーマが 1 回の照射につき 1.0 μGy 以下になるようにすること.

特定エックス線装置を用いる透視時には, 作業従事者の防護のための措置を講じなければならない. 条文では次のように示されている.

第 13 条　事業者は, 特定エックス線装置を用いて透視を行うときは, 次の措置を講じなければならない. ただし, エックス線の照射中に透視の作業に従事する労働者の身体の全部又は一部がその内部に入ることがないように遮へいされた構造の特定エックス線装置を使用する場合は, この限りでない.

　一　透視の作業に従事する労働者が，作業位置で，エックス線の発生を止め，又はこれを遮へいすることができる設備を設けること．

　二　定格管電流の２倍以上の電流がエックス線管に通じたときに，直ちに，エックス線管回路を開放位にする自動装置を設けること．

　三　利用するエックス線管焦点受像器間距離において，エックス線照射野が受像面を超えないようにすること．

　四　利用線錐中の受像器を通過したエックス線の空気中の空気カーマ率（以下「空気カーマ率」という．）が，医療用の特定エックス線装置については利用線錐中の受像器の接触可能表面から10 cmの距離において150 μGy/h以下，工業用等の特定エックス線装置についてはエックス線管の焦点から１mの距離において17.4 μGy/h以下になるようにすること．

　五　透視時の最大受像面を3.0 cm超える部分を通過したエックス線の空気カーマ率が，医療用の特定エックス線装置については当該部分の接触可能表面から10 cmの距離において150 μGy/h以下，工業用等の特定エックス線装置についてはエックス線管の焦点から１mの距離において17.4 μGy/h以下になるようにすること．

　六　被照射体の周囲には，利用線錐以外のエックス線を有効に遮へいするための適当な設備を備えること．

２　前項の規定にかかわらず，事業者は，次の各号に掲げる場合においては，それぞれ当該各号に掲げる措置を講ずることを要しない．

　一　医療用の特定エックス線装置について，透視時間を積算することができ，かつ，透視中において，一定時間が経過した場合に警告音等を発することができるタイマーを設ける場合　**前項第二号の措置**

　二　受像面が円形でエックス線照射野が矩形の場合において，利用するエックス線管焦点受像器間距離におけるエックス線照射野が受像面に外接する大きさを超えないとき．　**前項第三号の措置**

　三　医療用の特定エックス線装置について，照射方向に対し垂直な受像面上で直交する２本の直線を想定した場合において，それぞれの直線における交点間距離の和がそれぞれ利用するエックス線管焦点受像器間距離の３％を超えず，かつ，これらの交点間距離の総和が利用するエックス線管焦点受像器間距離の４％を超えないとき．　**前項第三号の措置**

　四　第15条第１項ただし書の規定により，特定エックス線装置を放射線装置室以外の場所で使用する場合　**前項第四号から第六号までの措置**

　透視とはエックス線を連続的または周期的に照射して，被照射体の画像を観察することである．第13条は最も難解な条文であるが，要点をまとめると以下のようになる．

① 透視の作業者が，作業位置で，エックス線の発生を止め，またはこれを遮へいすることができる設備を設けること．

② 定格管電流の2倍以上の電流がエックス線管に通じたときに，直ちに，エックス線管回路を開放位にする自動装置を設けること．

③ 利用するエックス線管焦点受像器間距離において，エックス線照射野が受像面を超えないようにすること．

④ 利用線錘中の受像器を通過したエックス線の空気中の空気カーマ率が，工業用等の特定エックス線装置についてはエックス線管の焦点から1 mの距離をおいて17.4 μGy/h以下となるようにすること．

⑤ 被照射体の周囲には，利用線錐以外のエックス線を有効に遮へいするための適当な設備を備えること．

4. 標識の掲示

荷電粒子を加速する装置には標識を掲示する．条文では次のように示されている．

> **第14条** 事業者は，次の表（表2.3）の左欄に掲げる装置又は機器については，その区分に応じ，それぞれ同表の右欄に掲げる事項を明記した標識を当該装置若しくは機器又はそれらの付近の見やすい場所に掲げなければならない．

表2.3　標識の掲示

装置または機器	掲示事項
サイクロトロン，ベータトロンその他の荷電粒子を加速する装置（以下「荷電粒子を加速する装置」という.）	装置の種類，放射線の種類および最大エネルギー
放射性物質を装備している機器（次の項に掲げるものを除く.）	機器の種類，装備している放射性物質に含まれた放射性同位元素の種類および数量（単位ベクレル），当該放射性物質を装備した年月日並びに所有者の氏名または名称
放射性物質を装備している機器のうち放射性同位元素等の規制に関する法律（昭和32年法律第167号）第12条の5第2項に規定する表示付認証機器または同条第3項に規定する表示付特定認証機器（これらの機器に使用する放射線源を交換し，または洗浄するものを除く.）	機器の種類並びに装備している放射性物質に含まれた放射性同位元素の種類および数量（単位ベクレル）

5. 放射線装置室と警報装置

　エックス線装置等は専用の室（放射線装置室）に設置すべきことを原則としている．条文では次のように示されている．

第15条　事業者は，次の装置又は機器（以下「放射線装置」という．）を設置するときは，専用の室（以下「放射線装置室」という．）を設け，その室内に設置しなければならない．ただし，その外側における外部放射線による1 cm線量当量率が20 μSv/hを超えないように遮へいされた構造の放射線装置を設置する場合又は放射線装置を随時移動させて使用しなければならない場合その他放射線装置を放射線装置室内に設置することが，著しく使用の目的を妨げ，若しくは作業の性質上困難である場合には，この限りでない．
　　一　エックス線装置
　　二　荷電粒子を加速する装置
　　三　エックス線管若しくはケノトロンのガス抜き又はエックス線の発生を伴うこれらの検査を行う装置
　　四　放射性物質を装備している機器
2　事業者は，放射線装置室の入口に，その旨を明記した標識を掲げなければならない．
3　第3条第4項の規定は，放射線装置室について準用する．

　警報装置等による関係者への周知について，第17条では次のように規定されている（第16条は平成13年の改正で削除された）．

第17条　事業者は，次の場合には，その旨を関係者に周知させる措置を講じなければならない．この場合において，その周知の方法は，その放射線装置を放射線装置室以外の場所で使用するとき，又は管電圧150 kV以下のエックス線装置若しくは数量が400 GBq未満の放射性物質を装備している機器を使用するときを除き，自動警報装置によらなければならない．
　　一　エックス線装置又は荷電粒子を加速する装置に電力が供給されている場合
　　二　エックス線管若しくはケノトロンのガス抜き又はエックス線の発生を伴うこれらの検査を行う装置に電力が供給されている場合
　　三　放射性物質を装備している機器で照射している場合
2　事業者は，荷電粒子を加速する装置又は100 ＴBq以上の放射性物質を

> 装備している機器を使用する放射線装置室の出入口で人が通常出入りする
> ものには, インターロックを設けなければならない.

つまり, 放射線装置室で管電圧 150 kV を超えるエックス線装置を使用する場合, 電力が供給されていることを, **自動警報装置**（掲示灯, ブザー等）で警報しなければならない. エックス線装置を放射線装置室以外の場所で使用するときは管電圧に関係なく自動警報装置は必要ない.

6. 立入禁止

エックス線装置等を放射線装置室以外で使用する場合は, 遮へい等の措置を十分にできないため, 一定の距離を立入禁止にすることにより, 被ばく量を低減しようとしている. 条文では次のように示されている.

> **第18条** 事業者は, 第15条第1項ただし書の規定により, 工業用等のエックス線装置又は放射性物質を装備している機器を放射線装置室以外の場所で使用するときは, そのエックス線管の焦点又は放射線源及び被照射体から5m以内の場所（外部放射線による実効線量が1週間につき1mSv以下の場所を除く.）に, 労働者を立ち入らせてはならない. ただし, 放射性物質を装備している機器の線源容器内に放射線源が確実に収納され, かつ, シャッターを有する線源容器にあっては当該シャッターが閉鎖されている場合において, 線源容器から放射線源を取り出すための準備作業, 線源容器の点検作業その他必要な作業を行うために立ち入るときは, この限りでない.
> **2** 前項の規定は, 事業者が, 撮影に使用する医療用のエックス線装置を放射線装置室以外の場所で使用する場合について準用する. この場合において, 同項中「5m」とあるのは, 「2m」と読み替えるものとする.
> **3** 第3条第2項の規定は, 第1項（前項において準用する場合を含む. 次項において同じ.）に規定する外部放射線による実効線量の算定について準用する.
> **4** 事業者は, 第一項の規定により労働者が立ち入ることを禁止されている場所を標識により明示しなければならない.
> **第18条の2** 事業者は, 第15条第1項ただし書の規定により, 特定エックス線装置又は透過写真撮影用ガンマ線照射装置（ガンマ線照射装置で, 透過写真の撮影に用いられるものをいう. 以下同じ.）を放射線装置室以外の場所で使用するとき（労働者の被ばくのおそれがないときを除く.）は,

放射線を，労働者が立ち入らない方向に照射し，又は遮へいする措置を講じなければならない．

✗ 問題1 外部放射線の防護に関する次の記述のうち，電離放射線障害防止規則上，誤っているものはどれか．
(1) 定格管電圧 10 kV のエックス線装置を使用するときは，不要なエックス線を遮へいして，外部に漏れないようにするための照射筒またはしぼりを用いなければならない．
(2) 特定エックス線装置を用いて透視を行うとき，定格管電圧の 2 倍以上の電流がエックス線管に通じたときに，直ちに，エックス線管回路を開放位にする自動装置を設けなければならない．
(3) 装置の外側における外部放射線による 1 cm 線量当量率が 20 μSv/h を超えないように遮へいされた構造のエックス線装置は，放射線装置室以外の場所に設置してもよい．
(4) 定格管電圧 150 kV のエックス線装置を放射線装置室内で使用する場合，自動警報装置を設けなければならない．
(5) 工業用のエックス線装置を放射線装置以外の場所で使用するとき，そのエックス線管の焦点から 5 m 以内の場所のうち，外部放射線による実効線量が 1 週間につき 1 mSv 以下の場所については，労働者の立ち入ることを禁止していない．

✗ 解説 (1) は正しい．管電圧が 10 kV 以上の装置は特定エックス線装置であり，原則として照射筒などを使用する（第 10 条）．(2) は正しい．特定エックス線装置を用いて透視を行うとき，管電圧の 2 倍以上の電流が流れないよう，回路を開放位にする自動装置を設ける（第 13 条）．(3) は正しい．装置外側で 20 μSv/h を超えないように遮へいされたエックス線装置は，放射線装置室以外の場所に設置してもよい（第 15 条）．(4) は誤り．管電圧 150 kV を超えるエックス線装置を放射線装置室内で使用する場合，自動警報装置を設けなければならない．管電圧 150 kV 以下は自動警報装置でなく，他の方法で周知させてもよい（第 17 条）．(5) は正しい．5 m 以内の場所のうち，実効線量が 1 週間につき 1 mSv 以下の場所は立ち入れる（第 18 条）．数値だけでなく「以上」，「以下」，「超える」，「超えない」まで覚えること．**【解答】**(4)

😈 **問題 2** エックス線装置構造規格に関する次のAからDまでの記述について，正しいものの組合せは（1）〜（5）のうちどれか.

A 定格管電圧 5 kV のエックス線装置については，この構造規格は適用されない.

B エックス線の研究，または教育のため，使用のつど組み立てる方式のエックス線装置については，この構造規格は適用されない.

C 医療用のエックス線装置には，この構造規格が適用されるものはない.

D この構造規格により，エックス線装置には，見やすい箇所に，定格出力，製造年月およびエックス線作業主任者の氏名を表示しなければならないとされている.

（1）A，B　　（2）A，C　　（3）B，C　　（4）B，D　　（5）C，D

🖉 **解説**　エックス線装置構造規格は，労働安全衛生法施行令第 13 条第 3 項第二十二号に規定されている特定エックス線装置（定格管電圧が 10 kV 以上のエックス線装置. ただし，エックス線またはエックス線装置の研究または教育のため，使用のつど組み立てるものおよび薬事法第 2 条第 4 項に規定する厚生労働大臣が定める医療機器を除く）に適用される.

　A は正しい. 定格管電圧が 10 kV 以上でないので，適用されない. B は正しい. 規定の括弧内の除かれる事項に該当する. C は誤り. 医療用でも一部の例外を除いて適用される. D は誤り. 定格出力，型式，製造者名および製造年月の表示が定められている.　　　　　　　　　　【解答】（1）

😈 **問題 3** 次のエックス線装置のうち，エックス線装置構造規格を具備していなくても，譲渡し，貸与し，または設置することができるものはうちどれか.

（1）工業用一体形のエックス線装置

（2）工業用分離型のエックス線装置

（3）医療用のエックス線装置

（4）定格管電圧が 10 kV 未満のエックス線装置

（5）特定エックス線を利用するエックス線装置

🖉 **解説**　エックス線装置構造規格は，特定エックス線装置（定格管電圧が 10 kV 以上のエックス線装置）に適用される.（4）は定格管電圧が 10 kV 以上でないので，適用されない.　　　　　　　　　　【解答】（4）

❌ **問題 4** 外部放射線の防護に関する次の記述のうち，電離放射線障害防止規則に違反するものはどれか．

(1) 装置の外側における外部放射線による 1 cm 線量当量率が 20 μSv/h を超えないように遮へいされた構造のエックス線装置を，屋外で使用している．

(2) 工業用のエックス線装置を設置した放射線装置室で，超音波探傷法による非破壊検査も行っている．

(3) 分析用の特定エックス線装置を用いて行う作業において，作業の性質上軟線を利用しなければならないので，ろ過板を使用していない．

(4) 工業用のエックス線装置を放射線装置室以外の場所で使用するとき，被照射体から 5 m 以内の労働者が立ち入ることを禁止されている場所は標識で明示している．

(5) 工業用のエックス線装置を屋外で使用するとき，そのエックス線管の焦点から 5 m 以内の場所のうち，外部放射線による実効線量が 1 週間につき 1 mSv 以下の場所については，労働者の立ち入ることを禁止していない．

📝 **解説**　(1) は正しい（第 15 条ただし書き）．(2) は法律違反（放射線装置室で放射線と関係ない機器を使用してはならない）．(3) は正しい（第 11 条ただし書き）．(4) は正しい（第 18 条）．(5) は正しい（第 18 条）．　**【解答】** (2)

❌ **問題 5** 特定エックス線装置の使用に関する次の文中の ⬚ 内の A から C に入れる語句の組合せとして，正しいものは (1) 〜 (5) のうちどれか．

　特定エックス線装置を使用するときは，原則として利用線錐の放射角がその使用の目的を達するために必要な角度を超えないようにするための A またはしぼりを用いなければならない．

　また，作業の性質上 B を利用しなければならない場合または労働者が B を受けるおそれがない場合を除き，C を用いなければならない．

	A	B	C
(1)	照射筒	軟線	ろ過板
(2)	遮へい物	硬線	照射筒
(3)	ろ過板	軟線	照射筒
(4)	照射筒	硬線	ろ過板
(5)	ろ過板	散乱線	鉛ガラス

📝 **解説**　A は照射筒（第 10 条）．B は軟線（第 11 条）．C はろ過板（第 11 条）である．　**【解答】** (1)

✖ **問題6** 工業用の特定エックス線装置を用いて放射線装置室で透視を行うときに講ずべき措置について述べた次の文中の □□□ に入れるAからCの語句または数値の組合せとして，労働安全衛生関係法令上，正しいものは（1）〜（5）のうちどれか．

ただし，エックス線の照射中に透視作業従事労働者の身体の一部が当該装置の内部に入るおそれがあるものとする．

利用線錐中の受像器を通過したエックス線の空気中の □A□ が，エックス線管の焦点から □B□ m の距離において，□C□ μGy/h 以下になるようにすること．

	A	B	C
(1)	吸収線量	1	17.4
(2)	吸収線量	1	30
(3)	吸収線量	5	30
(4)	空気カーマ率	1	17.4
(5)	空気カーマ率	5	17.4

✖ **解説** 第13条に関する問題．利用線錐中の受像器を通過したエックス線の空気中の空気カーマ率が，工業用等の特定エックス線装置についてはエックス線管の焦点から1mの距離において17.4μGy/h以下になるようにすること．

【解答】（4）

✖ **問題7** エックス線装置構造規格において，工業用等のエックス線装置のエックス線管について，次の文中の □□□ 内に入れるAからCの語句または数値の組合せとして，正しいものは（1）〜（5）のうちどれか．

工業用等のエックス線装置のエックス線管は，その焦点から □A□ の距離における利用線錐以外の部分のエックス線の空気カーマ率が，波高値による定格管電圧が200kV未満のエックス線装置では，□B□ mGy/h以下，波高値による定格管電圧が200kV以上のエックス線装置では，□C□ mGy/h以下になるように遮へいされているものでなければならない．

	A	B	C
(1)	5 cm	77	115
(2)	5 cm	155	232
(3)	1 m	1.3	2.1
(4)	1 m	2.6	4.3
(5)	1 m	6.5	10

解説　エックス線装置構造規格で定められている．利用線錐以外の部分のエックス線の空気カーマ率が，エックス線管の焦点から 1 m の距離において，エックス線装置の区分に応じて定める空気カーマ率以下になるものでなければならない．波高値による定格管電圧が 200 kV 未満のエックス線装置では 2.6 mGy/h 以下，波高値による定格管電圧が 200 kV 以上のエックス線装置では 4.3 mGy/h 以下である．　　　　　　　　　　　　　【解答】（4）

問題 8　エックス線装置構造規格において，工業用等のエックス線装置のエックス線管に関する規定について，次の文中の　　　　内に入れる A から C の語句または数値の組合せとして，正しいものは（1）～（5）のうちどれか．

　コンデンサ式高電圧装置を有する工業用等のエックス線装置のエックス線管は，波高値による定格管電圧が 200 kV 未満のエックス線装置では，　A　の距離における利用線錐以外の部分のエックス線の空気カーマ率が 2.6 mGy/h 以下になるように，かつ，コンデンサ式高電圧装置の充電状態であって，照射時以外のとき，　B　の距離におけるエックス線の空気カーマ率が　C　μGy/h 以下になるように，遮へいされているものでなければならない．

	A	B	C
(1)	エックス線装置の接触可能表面から 5 cm	エックス線装置の接触可能表面から 5 cm	10
(2)	エックス線装置の接触可能表面から 5 cm	エックス線管の焦点から 1 m	20
(3)	エックス線管の焦点から 1 m	エックス線装置の接触可能表面から 5 cm	10
(4)	エックス線管の焦点から 1 m	エックス線装置の接触可能表面から 5 cm	20
(5)	エックス線管の焦点から 1 m	エックス線管の焦点から 1 m	10

解説　エックス線装置構造規格で定められている．利用線錐以外の部分のエックス線の空気カーマ率が，エックス線管の焦点から 1 m の距離において，波高値による定格管電圧が 200 kV 未満のエックス線装置では 2.6 mGy/h 以下になるものでなければならない．さらに，コンデンサ式高電圧装置を有するエックス線装置のエックス線管は，コンデンサ式高電圧装置の充電状態であって，照射時以外のとき，エックス線装置の接触可能表面から 5 cm の距離におけるエックス線の空気カーマ率が 20 μGy/h 以下になるように遮へいされて

いるものでなければならない．　　　　　　　　　　　　【解答】（4）

❎ **問題 9**　エックス線装置構造規格に基づき，特定エックス線装置の見やすい箇所に表示しなければならない事項に該当しないものは次のうちどれか．
(1) 型式
(2) 定格出力
(3) 製造者名
(4) 製造番号
(5) 製造年月

❎**解説**　　特定エックス線装置では，定格出力，型式，製造者名，製造年月を表示しなければならない．　　　　　　　　　　　　【解答】（4）

❎ **問題 10**　エックス線装置に電力が供給されていることを，自動警報装置を用いて警報しなければならない場合は次のうちどれか．
(1) 定格管電圧 100 kV のエックス線装置を放射線装置室に設置して使用する場合．
(2) 定格管電圧 200 kV のエックス線装置を屋外で使用する場合．
(3) 定格管電圧 150 kV のエックス線装置を放射線装置室に設置して使用する場合．
(4) 定格管電圧 200 kV のエックス線装置を放射線装置室に設置して使用する場合．
(5) 定格管電圧 200 kV のエックス線装置を放射線装置室以外の室内で使用する場合．

❎**解説**　　放射線装置室で管電圧 150 kV を超えるエックス線装置を使用する場合に自動警報装置が必要（第 17 条）．（2），（5）は放射線装置室以外で使用のため不要．（1），（3）は 150 kV 以下なので不要．　　　　　　　　　　　　【解答】（4）

⊗ **問題11**　放射線装置室および立入禁止の規定に関する下文中の　　　内のA
からCに入れる数字の組合せとして，正しいものは（1）〜（5）のうちどれか．

　工業用のエックス線装置は，原則として放射線装置室に設置しなければならな
いが，装置の外側における外部放射線による1 cm線量当量率が　 A 　μSv/h
を超えないように遮へいされた構造のものについては，放射線装置室に設置しな
くてもよい．

　また，工業用のエックス線装置を放射線装置室以外の場所で使用する場合は，
その装置のエックス線管の焦点および被照射体から　 B 　m以内の場所（外
部放射線による実効線量が1週間につき　 C 　mSv以下の場所を除く．）につ
いては，原則として労働者の立ち入りを禁止し，その場所を標識により明示しな
ければならない．

	A	B	C
(1)	20	1	5
(2)	20	5	1
(3)	10	1	5
(4)	10	5	1
(5)	20	1	1

✎**解説**　Aは20 μSv/h，Bは5 m，Cは1 mSv（第15条，第18条）．

[**解答**]（2）

2.4
緊急措置

■ 出題傾向 | あまり出題されていない．事故発生時の措置，診察の条件が出題されている．

■ ポイント
1. 実効線量が 15 mSv を超えるおそれのある区域にいた労働者は直ちに退避させ，速やかに，医師の診察または処置を受けさせる．
2. 医師の診察等を受けさせなければならない条件は四つある．

ポイント解説

1. 退避

事故時の避難について，条文では次のように示されている．

第42条 事業者は，次の各号のいずれかに該当する事故が発生したときは，その事故によって受ける実効線量が 15 mSv を超えるおそれのある区域から，直ちに，労働者を退避させなければならない．

　一　第3条の2第1項の規定により設けられた遮へい物が放射性物質の取扱い中に破損した場合又は放射線の照射中に破損し，かつ，その照射を直ちに停止することが困難な場合
　二　（省略．エックス線装置でなく放射性物質に関する事項）
　三　（省略）
　四　（省略）
　五　前各号に掲げる場合のほか，不測の事態が生じた場合
2　事業者は，前項の区域を標識によって明示しなければならない．
3　事業者は，労働者を第1項の区域に立ち入らせてはならない．ただし，緊急作業に従事させる労働者については，この限りでない．

第3条の2第1項の規定により設けられた遮へい物は，エックス線の場合は放射線装置室（第15条第1項）の遮へい物が該当する．

2. 事故に関する報告

事故に関する報告について，条文では次のように示されている．エックス線の場合は，放射線装置室でエックス線の照射中に遮へい物が破損し，直ちに照射を停止することが困難である事故が発生したときが該当する．この場合は，速やかに報告する．

> **第43条** 事業者は，前条第1項各号のいずれかに該当する事故が発生した
> ときは，速やかに，その旨を所轄労働基準監督署長に報告しなければなら
> ない．

3. 医師の診察

医師による診察または措置について，条文では次のように示されている．

> **第44条** 事業者は，次の各号のいずれかに該当する労働者に，速やかに，
> 医師の診察又は処置を受けさせなければならない．
> 　　一　第42条第1項各号のいずれかに該当する事故が発生したとき同項
> 　　　の区域内にいた者
> 　　二　第4条第1項又は第5条に規定する限度を超えて実効線量又は等価
> 　　　線量を受けた者
> 　　三　放射性物質を誤って吸入摂取し，又は経口摂取した者
> 　　四　洗身等により汚染を別表第3に掲げる限度の10分の1（第41条
> 　　　の10の第2項に規定する場合にあっては，別表第3に掲げる限度）
> 　　　以下にすることができない者
> 　　五　傷創部が汚染された者
> 　2　事業者は，前項各号のいずれかに該当する労働者があるときは，速やかに，
> 　　その旨を所轄労働基準監督署長に報告しなければならない．

　この第1項第一号，第二号をわかりやすく表現すると，診察等が必要な場合
は以下のようになる．
　①　事故が発生し，実効線量が 15 mSv を超えるおそれのある区域内にいたす
　　べての者
　②　実効線量が5年間につき 100 mSv または1年間につき 50 mSv の限度を
　　超えた者．妊娠可能な女性はさらに3月間につき 5 mSv の限度が追加
　③　眼の水晶体に受けた等価線量が5年間につき 100 mSv または1年間につ
　　き 50 mSv の限度を超えた者
　④　皮膚に受けた等価線量が1年間につき 500 mSv の限度を超えた者

4. 事故に関する測定・記録

　事故に関する測定および記録について，条文では次のように示されている．記
録は5年間保管する．

> **第45条** 事業者は，第42条第1項各号のいずれかに該当する事故が発生
> し，同項の区域が生じたときは，労働者がその区域内にいたことによって，
> 又は緊急作業に従事したことによって受けた実効線量，目の水晶体及び皮
> 膚の等価線量並びに次の事項を記録し，これを5年間保存しなければなら
> ない．
> 　　　一　事故の発生した日時及び場所
> 　　　二　事故の原因及び状況
> 　　　三　放射線による障害の発生状況
> 　　　四　事業者が採った応急の措置
> **2**　事業者は，前項に規定する労働者で，同項の実効線量又は等価線量が明ら
> かでないものについては，第42条第1項の区域内の必要な場所ごとの外
> 部放射線による線量当量率，空気中の放射性物質の濃度又は放射性物質の
> 表面密度を放射線測定器を用いて測定し，その結果に基づいて，計算によ
> り前項の実効線量又は等価線量を算出しなければならない．
> **3**　前項の線量当量率は，放射線測定器を用いて測定することが著しく困難な
> ときは，同項の規定にかかわらず，計算により算出することができる．

❌**問題1**　放射線装置室内でエックス線の照射中に，遮へい物が破損し，かつ，直
　ちに照射を停止することが困難である事故が発生し，事故によって受ける実効線
　量が 15 mSv を超えるおそれのある区域が生じた．
　　このとき講じた次のAからDの措置について，労働安全衛生関係法令上，正
　しいものの組合せは（1）～（5）のうちどれか．
　A　当該区域を標識によって明示した．
　B　放射線業務従事者を除き，労働者の当該区域への立入りを禁止した．
　C　事故が発生したとき，速やかに，その旨を所轄労働基準監督署長に報告した．
　D　事故が発生したとき当該区域内にいた労働者については，事故によって受け
　　る実効線量が 15 mSv を超えるおそれのない者を除き，速やかに，医師の診察
　　または処置を受けさせた．
（1）A，B　　（2）A，C　　（3）B，C　　（4）B，D　　（5）C，D

✏**解説**　　Aは正しい（第42条第2項）．Bは誤り．緊急作業に従事する労働者は，
　　　　　立入禁止にする必要はない（第42条第3項）．Cは正しい（第43条）．Dは
　　　　　誤り．区域内にいた者全員で例外はない（第44条第1項）．　**【解答】**（2）

⊗ **問題 2**　放射線業務従事者の被ばく状況が次のような場合，速やかに医師の診察
　または処置を受けさせなければならないと判断されるのはどれか．
(1) 初めて放射線業務に従事した 1 年以内に，受けた実効線量が，30 mSv に達し
　た男性の放射線業務従事者
(2) 初めて放射線業務に従事した 1 年以内に，眼の水晶体に受けた等価線量が，
　40 mSv に達した女性の放射線業務従事者
(3) 1 年以内に皮膚に受けた等価線量が，150 mSv に達した女性の放射線業務従事
　者
(4) 緊急作業に従事した間に皮膚に受けた等価線量が，300 mSv である男性の放射
　線業務従事者
(5) 緊急作業に従事した間に眼の水晶体に受けた等価線量が，120 mSv である男性
　の放射線業務従事者

✍**解説**　　第 44 条に，速やかに，医師の診察等を受けさせなければならない場合が規
　　　　定されている．問題に関係がある条件を要約する．
　　　① 事故が発生し，実効線量が 15 mSv を超えるおそれのある区域内にい
　　　　た者
　　　② 実効線量が 5 年間につき 100 mSv または 1 年間につき 50 mSv の限度
　　　　を超えた者．妊娠可能な女性はさらに 3 月間につき 5 mSv の限度が追加
　　　　（第 4 条の規定）．
　　　③ 眼の水晶体に受けた等価線量が 5 年間につき 100 mSv または 1 年間に
　　　　つき 50 mSv の限度を超えた者（第 5 条の規定）．
　　　④ 皮膚に受けた等価線量が 1 年間につき 500 mSv の限度を超えた者（第
　　　　5 条の規定）．
　　　(1) は 50 mSv の限度を超えていない．(2) は 50 mSv の限度を超えてい
　　ない．(3) は 500 mSv の限度を超えていない．(4) は年間 500 mSv の限度
　　を超えていない．(5) は年間 50 mSv の限度を超えたので，診察等が必要に
　　なる．　　　　　　　　　　　　　　　　　　　　　　　　　　【解答】(5)

❌ 問題3 被ばく線量が次のとおりである放射線業務従事者のうち，労働安全衛生関係法令上，速やかに医師の診察または処置を受けさせなければならないものはどれか．

(1) 緊急作業に従事した 1 日間に受けた実効線量が 40 mSv である男性の放射線業務従事者

(2) 初めて放射線業務に従事した 1 年間に受けた実効線量が 30 mSv である女性の放射線業務従事者（妊娠する可能性がないと診断されたものおよび妊娠中のものを除く．）

(3) 直近の 1 年間に受けた実効線量は 10 mSv であるが，5 年間では 90 mSv である男性の放射線業務従事者

(4) 1 年間に通常の放射線業務および緊急作業において皮膚に受けた等価線量が 140 mSv である男性の放射線業務従事者

(5) 3 月間に受けた実効線量が 3 mSv である女性の放射線業務従事者（妊娠する可能性がないと診断されたものおよび妊娠中のものを除く．）

✖解説　(1) は誤り．50 mSv である年間の限度を超えていない．(2) は正しい．50 mSv である年間の限度を超えていないが，3 月間につき 5 mSv の女性の限度を超えていることになる．(3) は誤り．100 mSv である 5 年間の限度を超えていない．(4) は誤り．500 mSv である年間の限度を超えていない．(5) は誤り．3 月間につき 5 mSv の女性の限度を超えていない（第 44 条）．

[解答]　(2)

2.5 エックス線作業主任者

■出題傾向 ： 第 47 条の職務がよく出題される.

■ポイント ： 1. 主任者は管理区域ごとに選任しなければならない.
： 2. 主任者の職務 7 項目をよく理解すること.

ポイント解説

1. エックス線作業主任者の選任

エックス線作業主任者の選任について，条文では次のように示されている.

> **第 46 条** 事業者は，令第 6 条第五号に掲げる作業については，エックス線作業主任者免許を受けた者のうちから，管理区域ごとに，エックス線作業主任者を選任しなければならない.

令は労働安全衛生法施行令である. 令第 6 条第五号に掲げる作業は，以下の 2 項目である.

① エックス線装置の使用またはエックス線の発生を伴う当該装置の検査の業務

② エックス線管もしくはケノトロンのガス抜きまたはエックス線の発生を伴うこれらの検査の業務

ただし，医療用と波高値による定格管電圧が 1 000 kV 以上のエックス線装置は除かれる. これらは放射線取扱主任者等の管理となる.

エックス線作業主任者は管理区域ごとに選任すべきこととされているので，3 交替で作業を行うときは各直（シフトを組んでの勤務体系）ごとに，また 2 箇所以上の管理区域で作業を行うときは，各管理区域ごとに選任すべきである.

2. エックス線作業主任者の職務

エックス線作業主任者の職務について条文では次のように示されている.

> **第 47 条** 事業者は，エックス線作業主任者に次の事項を行わせなければならない.
> 　一 第 3 条第 1 項又は第 18 条第 4 項の標識がこれらの規定に適合して設けられるように措置すること.
> 　二 第 10 条第 1 項の照射筒若しくはしぼり又は第 11 条のろ過板が適

> 切に使用されるように措置すること.
>
> 三　第 12 条各号若しくは第 13 条各号に掲げる措置又は第 18 条の 2 に規定する措置を講ずること.
>
> 四　前 2 号に掲げるもののほか, 放射線業務従事者の受ける線量ができるだけ少なくなるように照射条件等を調整すること.
>
> 五　第 17 条第 1 項の措置がその規定に適合して講じられているかどうかについて点検すること.
>
> 六　照射開始前及び照射中, 第 18 条第 1 項の場所に労働者が立ち入っていないことを確認すること.
>
> 七　第 8 条第 3 項の放射線測定器が同項の規定に適合して装着されているかどうかについて点検すること.

要約すると, 職務は次の 7 項目になる.

① 管理区域, 立入禁止区域の標識が規定に適合して設けられるように措置すること.

② 照射筒およびろ過板が適切に使用されるように措置すること.

③ 第 12 条（間接撮影）, 第 13 条（透視）に規定する措置を講ずること. 特定エックス線装置を放射線装置室以外の場合で使用するとき, 放射線を労働者が立ち入らない方向に照射し, または遮へいする措置を講ずること.

④ 放射線業務従事者の受ける線量ができるだけ少なくなるように照射条件等を調整すること.

⑤ 自動警報装置（第 17 条第 1 項）がその規定に適合しているか点検すること.

⑥ 照射開始前および照射中, 立入禁止区域に人がいないことを確認すること.

⑦ 被ばく線量測定のための放射線測定器が規定に適合して装着されているかどうかについて点検すること.

エックス線作業主任者の氏名およびその者に行わせる事項を作業場の見やすい箇所に掲示する等により関係労働者に周知させなければならないと, 労働安全衛生規則第 18 条に規定されている.

3. エックス線作業主任者免許

エックス線作業主任者試験に合格した者, または同等以上の知識を有すると認められた者に対し, 免許証が交付される. 条文では次のように示されている.

> **第48条** エックス線作業主任者免許は，エックス線作業主任者免許試験に
> 合格した者のほか次の者に対し，都道府県労働局長が与えるものとする．
> 一 診療放射線技師法（昭和26年法律第226号）第3条第1項の免許を
> 受けた者
> 二 核原料物質，核燃料物質及び原子炉の規制に関する法律第41条第1項
> の原子炉主任技術者免状の交付を受けた者
> 三 放射性同位元素等の規制に関する法律第35条第1項の第1種放射線取
> 扱主任者免状の交付を受けた者

免許の欠格事由が条文では次のように示されている．満18歳未満の者は免許
が受けられない（主任者試験の受験はできる）．

> **第49条** エックス線作業主任者免許に係る法第72条第2項第二号の厚生
> 労働省令で定める者は，満18歳に満たない者とする．

法は労働安全衛生法である．

4. 特別の教育

エックス線装置を用いて行う透過写真撮影の業務に従事する労働者に対して行
う，特別の教育について条文では次のように示されている．

> **第52条の5** 事業者は，エックス線装置又はガンマ線照射装置を用いて行
> う透過写真の撮影の業務に労働者を就かせるときは，当該労働者に対し，
> 次の科目について，特別の教育を行わなければならない．
> 一 透過写真の撮影の作業の方法
> 二 エックス線装置又はガンマ線照射装置の構造及び取扱いの方法
> 三 電離放射線の生体に与える影響
> 四 関係法令
> 2 安衛則第37条及び第38条並びに前項に定めるほか，同項の特別の教育
> の実施について必要な事項は，厚生労働大臣が定める．

安衛則は労働安全衛生規則である．安衛則第37条は特別教育科目の省略に関
する事項であり，同第38条は特別教育の記録の保存に関する事項の規則である．
必要な時間数が，透過写真撮影業務特別教育規程（昭和50年6月26日）（労
働省告示第五十号）に定められている．

❌ **問題1** エックス線作業主任者に関する次の記述のうち，労働安全衛生関係法令上，正しいものはどれか．

(1) エックス線回折装置を用いて行う分析作業については，作業主任者を選任しなければならない．

(2) 作業主任者を選任したときは，所定の報告書を所轄労働基準監督署長に提出しなければならない．

(3) 一つの管理区域で2基のエックス線装置を使用するときは，2人以上の作業主任者を選任しなければならない．

(4) 作業主任者の資格がない者は，エックス線装置を操作してはならない．

(5) 定格管電圧が 10 kV 未満のエックス線装置を用いる作業については，作業主任者を選任しなくてもよい．

✏️**解説** 第46条の選任に関する問題．(1) は正しい．エックス線装置の使用やエックス線の発生を伴う検査の業務はすべて選任しなければならない．(2) は誤り．選任すればよいので，報告は必要ない．(3) は誤り．管理区域ごとに選任する．(4) は誤り．操作してよい．(5) は誤り．1 000 kV 以下は選任する（下限はない）． **[解答]** (1)

❌ **問題2** 次のAからEの事項について，電離放射線障害防止規則において，エックス線作業主任者の職務として規定されているもののすべての組合せは (1)〜(5) のうちどれか．

A エックス線装置を用いて行う透過写真撮影の業務に従事する労働者に対し，特別の教育を行うこと．

B 外部放射線を測定するための放射線測定器について，1年以内ごとに校正すること．

C 放射線業務従事者の受ける線量ができるだけ少なくなるように照射条件等を調整すること．

D 作業環境測定の結果を，見やすい場所に掲示する等の方法によって，管理区域に立ち入る労働者に周知させること．

E 外部被ばく線量を測定するための放射線測定器が法令の規定に適合して装着されているかどうかについて点検すること．

(1) A, B　　(2) A, D　　(3) B, D, E
(4) C, D, E　　(5) C, E

✏️**解説** Aは誤り．主任者以外でも行うことはできる．Bは誤り．規定はない．C

は正しい（第 47 条）．D は誤り．主任者ではなく，事業者の職務である（第 54 条第 4 項）．E は正しい（第 47 条）．　　　　　　　　　　**【解答】**(5)

❌ **問題 3**　エックス線作業主任者に関する次の記述のうち，労働安全衛生関係法令上，正しいものはどれか．
(1) 作業主任者は，その職務の一つとして，管理区域について作業環境測定を行わなければならない．
(2) 作業主任者の氏名およびその者に行わせる事項については，作業場の見やすい箇所に掲示する等により，関係労働者に周知させなければならない．
(3) 作業主任者の資格がない者は，エックス線装置を操作してはならない．
(4) 定格管電圧が 10 kV 未満のエックス線装置を用いる作業については，作業主任者を選任しなくてもよい．
(5) 定格管電圧が 1 000 kV 以上のエックス線装置を用いる作業については，作業主任者を選任しなければならない．

✏️ **解説**　　第 47 条の職務，第 46 条の選任に関する問題である．(1) は誤り．主任者には，作業環境測定や特別教育を行うことは義務付けられていない．(2) は正しい（労働安全衛生規則第 18 条）．(3) は誤り．資格のない者でも操作できる．(4) は誤り．下限はない．(5) は誤り．1 000 kV 以上は放射線取扱主任者の選任が必要となる．　　　　　　　　　　　　　　　　　　**【解答】**(2)

❌ **問題 4**　エックス線作業主任者に関する次の記述のうち，労働安全衛生関係法令上，正しいものはどれか．
(1) エックス線作業主任者は，エックス線装置を用いて放射線業務を行う事業場ごとに 1 人選任しなければならない．
(2) 満 20 歳未満の者は，エックス線作業主任者免許を受けることができない．
(3) 診療放射線技師免許を受けた者または原子炉主任技術者免状もしくは第一種放射線取扱主任者免状の交付を受けた者は，エックス線作業主任者免許を受けていなくても，エックス線作業主任者として選任することができる．
(4) エックス線作業主任者を選任したときは，作業主任者の氏名およびその者に行わせる事項について，作業場の見やすい箇所に掲示する等により，関係労働者に周知させなければならない．
(5) エックス線作業主任者は，その職務の一つとして，作業場のうち管理区域に該当する部分について，作業環境測定を行わなければならない．

解説 （1）は誤り．管理区域ごとに選任しなければならない（第46条）．（2）は誤り．満18歳未満の者は免許が受けられない（第49条）．（3）は誤り．診療放射線技師免許を受けた者，原子炉主任技術者免状か第一種放射線取扱主任者免状の交付を受けた者は主任者試験を受けなくても申請すれば免許の交付を受けられるが，免許の交付を受けた後でなければ選任できない（第48条）．（4）は正しい（安衛則第18条）．（5）は誤り．作業環境測定は主任者以外でも行うことができる（第47条）．　　　　　　　　　　　　　　　【解答】（4）

❌ 問題5　労働安全衛生関係法令に基づきエックス線作業主任者免許が与えられる者に該当しないものは，次のうちどれか．
（1）エックス線作業主任者免許試験に合格した満18歳の者
（2）第二種放射線取扱主任者免状の交付を受けた満25歳の者
（3）第一種放射線取扱主任者免状の交付を受けた満30歳の者
（4）診療放射線技師の免許を受けた満35歳の者
（5）原子炉主任技術者免状の交付を受けた満40歳の者

解説　（1）は免許が与えられる．満18歳未満の者は免許が受けられない（第49条）．（2）は与えられない．（3），（4），（5）は与えられる（第48条）．

【解答】（2）

2.6
作業環境測定

出題傾向 第54条の線量当量率等の測定がよく出題される.

ポイント
1. 測定の頻度は原則として1月以内に1回,固定使用の場合は6月以内に1回.
2. 測定結果は見やすい場所に掲示等をする.

ポイント解説

1. 作業場

労働安全衛生法第65条に基づき,作業環境測定を行うべき作業場について条文では次のように示されている.

> **第53条** 令第21条第六号の厚生労働省令で定める作業場は,次のとおりとする.
> 　一　放射線業務を行う作業場のうち管理区域に該当する部分
> 　二　放射性物質取扱作業室
> 　二の二　事故由来廃棄物等取扱施設
> 　三　令別表第2第七号に掲げる業務を行う作業場

作業環境測定は,厚生労働大臣が定める**作業環境測定基準**(昭和51年労働省告示第46号)に従って行わなければならない.

2. 線量当量率等の測定

線量当量率等の測定等について,条文では次のように示されている.

> **第54条** 事業者は,前条第一号の管理区域について,1月以内(放射線装置を固定して使用する場合において使用の方法及び遮へい物の位置が一定しているとき,又は3.7 GBq以下の放射性物質を装備している機器を使用するときは,6月以内)ごとに1回,定期に,外部放射線による線量当量率又は線量当量を放射線測定器を用いて測定し,その都度,次の事項を記録し,これを5年間保存しなければならない.
> 　一　測定日時
> 　二　測定方法

　三　放射線測定器の種類，型式及び性能

　四　測定箇所

　五　測定条件

　六　測定結果

　七　測定を実施した者の氏名

　八　測定結果に基づいて実施した措置の概要

2　前項の線量当量率又は線量当量は，放射線測定器を用いて測定することが著しく困難なときは，同項の規定にかかわらず，計算により算出することができる．

3　第1項の測定又は前項の計算は，1 cm 線量当量率又は1 cm 線量当量について行うものとする．ただし，前条第一号の管理区域のうち，70 μm 線量当量率が1 cm 線量当量率の10倍を超えるおそれがある場所又は70 μm 線量当量が1 cm 線量当量の10倍を超えるおそれのある場所においては，それぞれ70 μm 線量当量率又は70 μm 線量当量について行うものとする．

4　事業者は，第1項の測定又は第2項の計算による結果を，見やすい場所に掲示する等の方法によって，管理区域に立ち入る労働者に周知させなければならない．

　第3項のただし書は，70 μm 線量当量（率）が1 cm 線量当量（率）の10倍を超えるおそれがある場所では，実効線量が限度を超えるより先に，皮膚の等価線量が年間限度の500 mSv を超えることから，70 μm 線量当量（率）だけでよいとしている．

❷ **問題1**　エックス線装置を用いて放射線業務を行う作業場の管理区域に該当する部分の作業環境測定に関する次の文中の ___ 内に入れるAからCの語句の組合せとして，労働安全衛生関係法令上，正しいものは（1）〜（5）のうちどれか．

　作業場のうち管理区域に該当する部分について，ㅤAㅤ以内（エックス線装置を固定して使用する場合において使用の方法および遮へい物の位置が一定しているときは，ㅤBㅤ以内）ごとに1回，定期に，作業環境測定を行い，その都度，測定日時，測定箇所，測定結果，ㅤCㅤ等一定の事項を記録し，5年間保存しなければならない．

	A	B	C
(1)	6か月	1年	エックス線装置の種類および型式
(2)	1か月	6か月	エックス線装置の種類および型式
(3)	6か月	1年	放射線測定器の種類，型式および性能
(4)	1か月	6か月	放射線測定器の種類，型式および性能
(5)	6か月	1年	測定結果に基づき実施した措置の概要

解説　第54条の作業環境測定に関する問題である．Aは1か月．Bは6か月．C は放射線測定器の種類，型式および性能．　　　　　　　　　　**【解答】**（4）

問題2　エックス線装置を用いて放射線業務を行う作業場の作業環境測定に関する次の記述のうち，労働安全衛生関係法令上，正しいものはどれか．
(1) 測定は，1 cm 線量当量率または 1 cm 線量当量について行うものとするが，70 μm 線量当量率が 1 cm 線量当量率の 10 倍を超えるおそれがある場所または 70 μm 線量当量が 1 cm 線量当量の 10 倍を超えるおそれのある場所においては，それぞれ 70 μm 線量当量率または 70 μm 線量当量について，行わなければならない．
(2) 線量当量率または線量当量は，いかなる場合も，放射線測定器を用いて測定することが必要であり，計算によって算出してはならない．
(3) 測定は，原則として 3 か月以内ごとに 1 回，定期に行わなければならない．
(4) 測定を行ったときは，測定日時，測定方法，測定結果等法定の事項を記録し，30 年間保存しなければならない．
(5) 測定を行ったときは，その結果を所轄労働基準監督署長に報告しなければならない．

解説　（1）は正しい（第54条第3項）．（2）は誤り．測定することが著しく困難なときは，計算により算出できる（第54条第2項）．（3）は誤り．1か月以内ごと（第54条第1項）．（4）は誤り．保存期間は5年間（第54条第1項）．（5）は誤り．結果を所轄労働基準監督署長に報告の義務はない．**【解答】**（1）

問題3　エックス線にかかる放射線業務を行う作業場の作業環境測定に関する次の記述のうち，労働安全衛生関係法令上，誤っているものはどれか．
(1) 測定を行わなければならない作業場は，エックス線装置を使用する業務を行う作業場のうち，管理区域に該当する部分である．

(2) 測定は，厚生労働大臣の定める作業環境測定基準に従って行うものでなければ，法で定める作業環境測定を行ったことにはならない．

(3) エックス線装置を固定して使用する場合，その使用方法を変更することがあっても，遮へい物の位置が一定していれば，測定は 6 か月以内ごとに 1 回，定期に行えばよい．

(4) 事業者は，測定をエックス線作業主任者以外に実施させてもよい．

(5) 測定は，1 cm 線量当量率または 1 cm 線量当量について行うものとする．

解説　第 54 条の作業環境測定に関する問題．(1) は正しい．(2) は正しい．(3) は使用方法を変更したため，誤り．(4) は正しい．(5) は正しい．

【解答】(3)

問題 4　エックス線装置を用いて放射線業務を行う場合の管理区域に関する次の記述のうち，労働安全衛生関係法令上，正しいものはどれか．

(1) 管理区域は，外部放射線による実効線量が 3 か月間につき 3 mSv を超えるおそれのある区域とする．

(2) 管理区域には，放射線業務従事者以外の者が立ち入ることを禁止し，その旨を明示しなければならない．

(3) 放射線装置室内で放射線業務を行う場合，その室の入口に放射線装置室である旨の標識を掲げたときは，管理区域を標識により明示する必要はない．

(4) 管理区域内の労働者の見やすい場所に，放射線業務従事者が受けた外務被ばくによる線量の測定結果の一定期間ごとの記録を掲示しなければならない．

(5) 管理区域内でエックス線装置を固定して使用する場合で，使用の方法および遮へい物の位置が一定しているときは，6 か月以内ごとに 1 回，定期に，外部放射線による線量当量率または線量当量に係る作業環境測定を行わなければならない．

解説　(1) は誤り．1.3 mSv である（第 3 条第 1 項）．(2) は誤り．禁止はしていない．一時的に立ち入れる（第 3 条第 4 項）．(3) は誤り．管理区域内の標識は必要（第 3 条第 1 項）．(4) は誤り．放射線業務従事者が受けた外部被ばくによる線量ではなく，外部放射線による線量当量率または線量等量の測定結果である（第 9 条第 3 項，第 54 条第 4 項）．(5) は正しい（第 54 条第 1 項）．

【解答】(5)

❌ **問題5** エックス線装置を用いて放射線業務を行う作業場の管理区域に該当する部分の作業環境測定に関する次の記述のうち，労働安全衛生関係法令上，正しいものはどれか．

(1) 測定は，原則として6か月以内ごとに1回，定期に行わなければならない．

(2) 測定は，1 cm 線量当量率または1 cm 線量当量について行うものとするが，70 μm 線量当量率が1 cm 線量当量率を超えるおそれのある場所または70 μm 線量当量が1 cm 線量当量を超えるおそれのある場所においては，それぞれ70 μm 線量当量率または70 μm 線量当量について行わなければならない．

(3) 測定を行ったときは，測定日時，測定方法および測定結果のほか，測定を実施した者の氏名およびその有する資格について，記録しなければならない．

(4) 測定を行ったときは，遅滞なく，電離放射線作業環境測定結果報告書を所轄労働基準監督署長に提出しなければならない．

(5) 測定の結果は，見やすい場所に掲示する等の方法により，管理区域に立ち入る労働者に周知させなければならない．

✏️ **解説** 　　第54条に関する問題．(1) は誤り．1か月以内ごと．(2) は誤り．10倍を超える恐れがある場合である．(3)は誤り．資格についての規定はない．(4)は誤り．報告書の提出の義務はない．(5) は正しい． 　　　　　【解答】(5)

2.7
健 康 診 断

X

■ **出題傾向** ┆ 第 56 条の健康診断の項目がよく出題される.

■ **ポイント** ┆ 1. 省略できる項目, 条件をよく理解すること. 被ばく歴の有無の調査
┆ およびその評価は省略できない.
┆ 2. 個人票は 30 年間保存する. 結果報告書は遅滞なく提出する.

🔍 ポイント解説

1. 健康診断

健康診断について, 条文では次のように示されている.

> **第 56 条** 事業者は, 放射線業務に常時従事する労働者で管理区域に立ち入
> るものに対し, 雇入れ又は当該業務に配置替えの際及びその後 6 月以内ご
> とに 1 回, 定期に, 次の項目について医師による健康診断を行わなければ
> ならない.
> 　　一　被ばく歴の有無（被ばく歴を有する者については, 作業の場所, 内
> 　　　　容及び期間, 放射線障害の有無, 自覚症状の有無その他放射線による
> 　　　　被ばくに関する事項）の調査及びその評価
> 　　二　白血球数及び白血球百分率の検査
> 　　三　赤血球数の検査及び血色素量又はヘマトクリット値の検査
> 　　四　白内障に関する眼の検査
> 　　五　皮膚の検査
> **2**　前項の健康診断のうち, 雇入れ又は当該業務に配置替えの際に行わなけれ
> ばならないものについては, 使用する線源の種類等に応じて同項第四号に
> 掲げる項目を省略することができる.
> **3**　第 1 項の健康診断のうち, 定期に行わなければならないものについては,
> 医師が必要でないと認めるときは, 同項第二号から第五号までに掲げる項
> 目の全部又は一部を省略することができる.
> **4**　第 1 項の規定にかかわらず, 同項の健康診断（定期に行わなければなら
> ないものに限る. 以下この項において同じ.）を行おうとする日の属する年
> の前年 1 年間に受けた実効線量が 5 mSv を超えず, かつ, 当該健康診断
> を行おうとする日の属する 1 年間に受ける実効線量が 5 mSv を超えるお
> それのない者に対する当該健康診断については, 同項第二号から第五号ま

でに掲げる項目は，医師が必要と認めないときには，行うことを要しない.

5　事業者は，第 1 項の健康診断の際に，当該労働者が前回の健康診断後に受けた線量（これを計算によっても算出することができない場合には，これを推定するために必要な資料（その資料がない場合には，当該放射線を受けた状況を知るために必要な資料））を医師に示さなければならない.

第 56 条の 2　事業者は，緊急作業に係る業務に従事する放射線業務従事者に対し，当該業務に配置替えの後 1 月以内ごとに 1 回，定期に，及び当該業務から他の業務に配置替えの際又は当該労働者が離職する際，次の項目について医師による健康診断を行わなければならない.

　　　一　自覚症状及び他覚症状の有無の検査

　　　二　白血球数及び白血球百分率の検査

　　　三　赤血球数の検査及び血色素量又はヘマトクリット値の検査

　　　四　甲状腺刺激ホルモン，遊離トリヨードサイロニン及び遊離サイロキシンの検査

　　　五　白内障に関する眼の検査

　　　六　皮膚の検査

2　前項の健康診断のうち，定期に行わなければならないものについては，医師が必要でないと認めるときは，同項第二号から第六号までに掲げる項目の全部又は一部を省略することができる.

3　事業者は，第 1 項の健康診断の際に，当該労働者が前回の健康診断後に受けた線量（これを計算によっても算出することができない場合には，これを推定するために必要な資料（その資料がない場合には，当該放射線を受けた状況を知るために必要な資料））を医師に示さなければならない.

第 56 条の 3　緊急作業に係る業務に従事する放射線業務従事者については，当該労働者が直近に受けた前条第 1 項の健康診断のうち，次の各号に掲げるものは，それぞれ当該各号に掲げる健康診断とみなす.

　　　一　緊急作業に係る業務への配置替えの日前 1 月以内に行われたもの　第 56 条第 1 項の配置替えの際の健康診断

　　　二　第 56 条第 1 項の定期の健康診断を行おうとする日前 1 月以内に行われたもの　同項の定期の健康診断

2. 健康診断結果の記録，保存，報告

健康診断結果の記録，保存，報告について条文では次のように示されている．

第57条 事業者は，第56条第1項又は第56条の2第1項の健康診断（法第66条第5項ただし書の場合において当該労働者が受けた健康診断を含む．以下この条において同じ．）の結果に基づき，第56条第1項の健康診断（次条及び第59条において「電離放射線健康診断」という．）にあっては電離放射線健康診断個人票（様式第1号の2）を，第56条の2第1項の健康診断（次条及び第59条において「緊急時電離放射線健康診断」という．）にあっては緊急時電離放射線健康診断個人票（様式第1号の3）を作成し，これらを30年間保存しなければならない．ただし，当該記録を5年間保存した後において，厚生労働大臣が指定する機関に引き渡すときは，この限りでない．

第57条の2 電離放射線健康診断の結果に基づく法第66条の4の規定による医師からの意見聴取は，次に定めるところにより行わなければならない．

   一　電離放射線健康診断が行われた日（法第66条第5項ただし書の場合にあっては，当該労働者が健康診断の結果を証明する書面を事業者に提出した日）から3月以内に行うこと．

   二　聴取した医師の意見を電離放射線健康診断個人票に記載すること．

2　緊急時電離放射線健康診断（離職する際に行わなければならないものを除く．）の結果に基づく法第66条の4の規定による医師からの意見聴取は，次に定めるところにより行わなければならない．

   一　緊急時電離放射線健康診断が行われた後（法第66条第5項ただし書の場合にあっては，当該労働者が健康診断の結果を証明する書面を事業者に提出した後）速やかに行うこと．

   二　聴取した医師の意見を緊急時電離放射線健康診断個人票に記載すること．

3　事業者は，医師から，前2項の意見聴取を行う上で必要となる労働者の業務に関する情報を求められたときは，速やかに，これを提供しなければならない．

第57条の3 事業者は，第56条第1項又は第56条の2第1項の健康診断を受けた労働者に対し，遅滞なく，当該健康診断の結果を通知しなければならない．

2　前項の規定は，第56条の2第1項の健康診断（離職する際に行わなければならないものに限る．）を受けた労働者であった者について準用する．

> **第58条** 事業者は，第56条第1項の健康診断（定期のものに限る．）又は第56条の2第1項の健康診断を行ったときは，遅滞なく，それぞれ，電離放射線健康診断結果報告書（様式第2号）又は緊急時電離放射線健康診断結果報告書（様式第2号の2）を所轄労働基準監督署長に提出しなければならない．

　安衛則第44条に基づく年1回の一般の定期健康診断も健康診断結果報告書を所轄労働基準監督署長に提出しなければならない．

3. 健康診断等に基づく措置

　健康診断等に基づく措置について，条文では次のように示されている．

> **第59条** 事業者は，電離放射線健康診断又は緊急時電離放射線健康診断（離職する際に行わなければならないものを除く．）の結果，放射線による障害が生じており，若しくはその疑いがあり，又は放射線による障害が生ずるおそれがあると認められる者については，その障害，疑い又はおそれがなくなるまで，就業する場所又は業務の転換，被ばく時間の短縮，作業方法の変更等健康の保持に必要な措置を講じなければならない．

❌ **問題1**　電離放射線健康診断（以下「健康診断」という）に関する次のAからDまでの記述について，労働安全衛生関係法令上，正しいものの組合せは（1）～（5）のうちどれか．
　A　雇入れまたは放射線業務に配置替えの際に行う健康診断においては，使用する線源の種類等に応じて白内障に関する眼の検査を省略することができる．
　B　定期の健康診断を行う日までの1年間に受けた実効線量が5 mSvを超えない者については，健康診断のすべての項目を省略することができる．
　C　電離放射線健康診断個人票は3年間保存しなければならない．
　D　皮膚の検査は，原則として6か月以内ごとに1回，定期に行わなければならない．
　（1）A，B　　（2）A，D　　（3）B，C　　（4）B，D　　（5）C，D

❌ **解説**　　第56条，第57条の健康診断に関する問題．Aは正しい．Bは誤り，被ばく歴の有無の調査およびその評価は省略できない．Cは誤り，電離放射線健康診断個人票は30年間保存しなければならない．ただし，当該記録を5年間

保存した後において，厚生労働大臣が指定する機関に引き渡すことができる．
D は正しい． 【解答】（2）

⊗ **問題2** エックス線装置を用いる放射線業務に常時従事する労働者で管理区域に
立ち入るものに対して行う電離放射線健康診断（以下「健康診断」という．）に
ついて，電離放射線障害防止規則に違反していないものは次のうちどれか．
（1）放射線業務に配置替えの際に行う健康診断において，被ばく歴のない労働者に
対し，「皮膚の検査」を省略している．
（2）定期の健康診断において，その実施日の前6か月間に受けた実効線量が5 mSv
を超えず，かつ，その後6か月間に受ける実効線量が5 mSv を超えるおそれのな
い労働者に対し，「白内障に関する眼の検査」を除く他のすべての項目を省略して
いる．
（3）事業場において行った健康診断の項目に異常の所見があると診断された労働者
について，その結果に基づき，健康を保持するために必要な措置について，健康
診断が行われた日から6か月後に，医師の意見を聴いている．
（4）雇入れまたは放射線業務に配置替えの際に行った健康診断については，電離放
射線健康診断結果報告書を所轄労働基準監督署長に提出していない．
（5）健康診断の結果に基づき，電離放射線健康診断個人票を作成し，3年間保存し
た後，厚生労働大臣が指定する機関に引き渡している．

⊗ **解説** （1）は誤り，配置替えの際の健康診断では皮膚の検査は省略できない（第
56条）．（2）は誤り，被ばく歴の有無の調査およびその評価はいかなる場合
も省略できない（第56条）．（3）は誤り．3か月以内に行うこと（第57条の
2）．（4）は正しい．報告書の提出は定時のものに限る（第58条）．（5）は誤り．
5年間保存した後，引き渡せる（第57条）． 【解答】（4）

⊗ **問題3** 電離放射線健康診断（以下「健康診断」という．）の実施について，労
働安全衛生関係法令に違反しているものは次のうちどれか．
（1）雇入れの際の健康診断において，使用する線源の種類等に応じて「白内障に関
する眼の検査」を省略している．
（2）放射線業務に配置替えの際に行う健康診断において，被ばく歴のない労働者に
対し，医師が必要と認めなかったので，「赤血球数の検査および血色素量またはヘ
マトクリット値の検査」を省略している．
（3）定期の健康診断において，医師が必要でないと認めた労働者に対し，「被ばく歴

の有無の調査およびその評価」を除く他のすべての項目を省略している.

(4) 健康診断の結果,健康診断の項目に異常の所見があると診断された労働者以外の労働者については,健康を保持するために必要な措置について,医師の意見を聴いていない.

(5) 定期の健康診断を行ったときは,遅滞なく,電離放射線健康診断結果報告書を所轄労働基準監督署長に提出しているが,雇入れまたは放射線業務に配置替えの際に行った健康診断については提出していない.

解説　　(1) は正しい.省略できる(第56条第2項).(2) は誤り.配置替えの際の健康診断で省略できるのは白内障の検査のみ(第56条第2項).(3) は正しい.省略できる(第56条第3項).(4) は正しい(第57条の2).(5) は正しい.報告書の提出は定期に限る(第58条).　　　　　**【解答】**(2)

問題 4　電離放射線障害防止規則による電離放射線健康診断(以下,「健康診断」という) に関する次の記述のうち,正しいものはどれか.

(1) 健康診断を行ったときは,電離放射線健康診断個人票を,翌年3月末日までに所轄労働基準監督署長に提出しなければならない.

(2) 電離放射線健康診断における白内障に関する眼の検査は,どのような場合も省略することができない.

(3) 被ばく歴の有無の調査は,雇入れまたは配置替えの際に行えばよく,その後は定期に行わなくてよい.

(4) 皮膚の検査は,原則として,3か月以内ごとに1回,定期に行わなければならない.

(5) 事業者は,労働者の健康診断の際に,前回の健康診断後に受けた線量を医師に示さなければならない.

解説　　(1) は誤り.個人票の提出の義務はない.(2) は誤り.医師が必要でないと認めるときは,省略できる(第56条第3項).(3) は誤り.省略はできない.(4) は誤り.6か月以内ごとに行う(第56条第1項).(5) は正しい(第56条第5項).　　　　　**【解答】**(5)

❷ **問題 5**　エックス線装置を用いる放射線業務に常時従事する労働者で管理区域に
立ち入るものに対して行う電離放射線健康診断（以下「健康診断」という.）の
実施について，電離放射線障害防止規則に違反しているものは次のうちどれか.

(1) 健康診断は，雇入れまたは放射線業務に配置替えの際およびその後 6 か月以内
ごとに 1 回，定期に，行っている.

(2) 放射線業務に配置替えの際に行う健康診断において，被ばく歴のない労働者に
対し，医師が必要と認めなかったので，「皮膚の検査」を省略した.

(3) 定期の健康診断において，健康診断を行おうとする日の属する年の前年 1 年間
に受けた実効線量が 5 mSv を超えず，かつ，健康診断を行おうとする日の属する
1 年間に受ける実効線量が 5 mSv を超えるおそれのない労働者に対し，医師が必
要と認めなかったので，「被ばく歴の有無（被ばく歴を有する者については，作業
の場所，内容および期間，放射線障害の有無，自覚症状の有無その他放射線によ
る被ばくに関する事項）の調査およびその評価」を除く他の項目を省略した.

(4) 事業場において実施した健康診断の項目に異常の所見があると診断された労働
者について，その結果に基づき，健康を保持するために必要な措置について，健
康診断が行われた日から 3 か月以内に，医師の意見を聴き，その意見を電離放射
線健康診断個人票に記載した.

(5) 管理区域に一時的に立ち入るが放射線業務に従事していない労働者に対しては，
健康診断を行っていない.

❷**解説**　　(1) は正しい（第 56 条第 1 項）.　(2) は誤り.　省略は使用する線源の種類
等に応じて行う（第 56 条第 2 項）.　(3) は正しい（第 56 条第 3 項）.　(4) は
正しい（第 57 条の 2）.　(5) は正しい（第 56 条）.　　　　　**【解答】**(2)

2.8
安全衛生管理体制

■ 出題傾向 ┊ 労働者の人数による管理体制の違いがよく出題される.

■ ポイント ┊ 1. 労働者の人数によって管理体制が変わることをよく理解する.
┊ 2. 選任の時期, 報告の時期をよく理解すること.

🔍 ポイント解説

1. 総括安全衛生管理者

総括安全衛生管理者は安全衛生の最高責任者である. **労働安全衛生法(安衛法)** に次のように規定されている.

第10条 事業者は, 政令で定める規模の事業場ごとに, 厚生労働省令で定めるところにより, 総括安全衛生管理者を選任し, その者に安全管理者, 衛生管理者又は第25条の2第2項の規定により技術的事項を管理する者の指揮をさせるとともに, 次の業務を統括管理させなければならない.
- 一　労働者の危険又は健康障害を防止するための措置に関すること.
- 二　労働者の安全又は衛生のための教育の実施に関すること.
- 三　健康診断の実施その他健康の保持増進のための措置に関すること.
- 四　労働災害の原因の調査及び再発防止対策に関すること.
- 五　前各号に掲げるもののほか, 労働災害を防止するため必要な業務で, 厚生労働省令で定めるもの.

2　総括安全衛生管理者は, 当該事業場においてその事業の実施を統括管理する者をもって充てなければならない.

3　都道府県労働局長は, 労働災害を防止するため必要があると認めるときは, 総括安全衛生管理者の業務の執行について事業者に勧告することができる.

施行令第2条で, 総括安全衛生管理者を選任すべき事業場として, 業種に応じて人数を定めている (製造業は常時労働者300人以上の事業場).

労働安全衛生規則 (安衛則) 第2条では, 総括安全衛生管理者の選任は, 選任すべき事由が発生した日から14日以内に行い, その報告書を遅滞なく所轄の労働基準監督署長に提出しなければならないと規定されている.

2. 衛生管理者

衛生管理者は，常時 50 人以上の労働者を使用する全業種の事業場において，労働衛生にかかわる技術的事項を管理するために選任されなければならない（安衛法第 12 条）．

衛生管理者の選任は，選任すべき事由が発生した日から 14 日以内に行い，その報告書を遅滞なく所轄の労働基準監督署長に提出しなければならないと規定されている．

衛生管理者は，次のいずれかの資格を有する者とする

① 衛生管理者免許（第 1 種・第 2 種）・衛生工学衛生管理者免許を受けた者

② 医　　師

③ 歯科医師

④ 労働衛生コンサルタント

⑤ 厚生労働大臣の定める者

ただし，製造業は第 2 種衛生管理者免許を有する者では選任できない．

衛生管理者は，常時の労働者数に応じた人数を選任しなければならない．

```
        50 人以上      200 人以下 ……… 1 人
      200 人を超え    500 人以下 ……… 2 人
      500 人を超え 1 000 人以下 ……… 3 人
    1 000 人を超え 2 000 人以下 ……… 4 人
    2 000 人を超え 3 000 人以下 ……… 5 人
    3 000 人を超える場合 ……………… 6 人
```

常時労働者 1 000 人を超える事業場では，衛生管理者のうち少なくとも 1 人を専任とする．

常時労働者 500 人を超える事業場で，エックス線などの有害業務従事者 30 人以上の場合は衛生管理者のうち少なくとも 1 人を専任とする他，1 人は衛生工学衛生管理者の免状を有する者から選任する（安衛則 7 条）．

衛生管理者は，少なくとも毎週 1 回作業場を巡視し，設備，作業方法または衛生状態に有害なおそれがあるときは，直ちに，労働者の健康障害を防止するため必要な措置を講じなければならない（安衛則 11 条）．

3. 産業医

労働者の健康管理を効果的に行うために，常時労働者 50 人以上の事業場では，

産業医を選任しなければならない．常時労働者3 000人を超える事業場では，2人以上選任しなければならない．常時労働者1 000人を超える事業場または，エックス線などの有害業務従事者500人以上の場合は専属の産業医を選任する（安衛則13条）．

産業医の選任は，選任すべき事由が発生した日から14日以内に行い，その報告書を遅滞なく所轄の労働基準監督署長に提出しなければならないと規定されている．

4. 安全衛生推進者，衛生委員会

衛生管理者の必要ない中小規模事業場の安全衛生水準の向上を図るため，常時10人以上50人未満の労働者を使用する事業場について，安全衛生推進者の選任が義務づけられている．

常時労働者50人以上の事業場では，健康障害防止や健康保持増進のための基本対策などを審議するため，労使と産業医が参加する衛生委員会を設置しなければならない．

安全衛生管理体制を要約すると，表2.4となる．

表 2.4　安全衛生管理体制（**1 000**人までの事業場）

	事業場規模（常時労働者の人数）
総括安全衛生管理者	製造業は300人以上
衛生管理者	50〜200人：衛生管理者1人 201〜500人：衛生管理者2人 501〜1000人：衛生管理者3人 有害業務30人以上含む501人以上：衛生管理者3人（そのうち専任1人，衛生工学衛生管理者免許1人）
産業医	50人以上 有害業務を行う500人以上：専属者
衛生委員会	50人以上
安全衛生推進者	10人以上50人未満

＊総括安全衛生管理者，衛生管理者，産業医の選任は，選任すべき事由が発生した日から14日以内に行い，その報告書を遅滞なく所轄の労働基準監督署長に提出する．

5. 放射線装置室の設置手続き

労働安全衛生法第88条に計画の届出等の規定がある．2.3節で解説した放射線装置室はこれに該当する．

　放射線装置室の設置手続きのポイントは2項目．いずれも所轄の労働基準監督署長に届け出なければならない．

① 　設置し，もしくは移転し，またはこれらの主要構造部分を変更しようとするときは，その計画を工事の開始の日の30日前までに，労働基準監督署長に届け出なければならない．

② 　事業の仕事を開始しようとするときは，その計画を仕事の開始の日の14日前までに，労働基準監督署長に届け出なければならない．

　最後に，労働基準監督署長に報告しなければならない事項をまとめると，次の2項目である．

① 　第43条に規定する，放射線装置室でエックス線の照射中に遮へい物が破損し，直ちに照射を停止することが困難である事故が発生したとき．速やかに報告する．

② 　第44条に規定する，実効線量や等価線量が被ばく限度を超えたとき．速やかに報告する．

　また，労働基準監督署長に遅滞なく報告書を提出しなければならない事項は次の5項目である．

① 　第58条に規定する，定期の電離放射線健康診断を行ったとき．

② 　安衛則第44条に規定する，定期の健康診断を行ったとき．

③ 　総括安全衛生管理者の選任．

④ 　衛生管理者の選任．

⑤ 　産業医の選任．

✪ **問題 1**　エックス線による非破壊検査業務に従事する労働者 40 人を含む 600 人の労働者を常時使用する製造業の事業場の安全衛生管理体制に関する次の A から D までの記述について，労働安全衛生関係法令上，正しいものの組合せは（1）〜（5）のうちどれか.

A　統括安全衛生管理者を選任しなければならない.

B　安全衛生推進者を選任しなければならない.

C　衛生管理者のうち少なくとも 1 人は衛生工学衛生管理者免許を受けた者のうちから選任しなければならない.

D　衛生管理者は 3 人以上で，専任としなくてもよい.

（1）A, B　　（2）A, C　　（3）B, C　　（4）B, D　　（5）C, D

✐ **解説**　A は正しい．統括安全衛生管理者は 300 人以上で選任しなければならない．B は誤り．安全衛生推進者は 10 人以上 50 人未満で選任．C は正しい．エックス線など有害業務従事者 30 人以上で常時労働者 500 人超えの事業場では，衛生管理者のうち少なくとも 1 人は衛生工学衛生管理者免許を有する者．D は誤り．有害業務従事者 30 人以上で常時労働者 500 人超えの事業場では，衛生管理者は 3 人以上で，少なくとも 1 人は専任．　**【解答】**（2）

✪ **問題 2**　エックス線照射装置を用いて行う透過写真撮影の業務に常時従事する労働者 20 人を含めて 1 200 人の労働者を常時使用する製造業の事業場の安全衛生管理体制として，法令上，選任しなければならないものに該当しないものは次のうちどれか.

ただし，当該業務以外の有害業務に従事する者はいないものとする.

（1）総括安全衛生管理者

（2）専属の産業医

（3）4 人以上の衛生管理者

（4）専任の衛生管理者

（5）衛生工学衛生管理者免許を有する衛生管理者

✐ **解説**　（1）は選任する．統括安全衛生管理者は製造業では 300 人以上で選任．（2）は選任する．専属は 1 000 人超えで選任．（3）は選任する．1 000 人を超え 2 000 人以下は 4 人選任．（4）は選任する．1 000 人超えで専任を選任．（5）は必要ない．衛生工学衛生管理者免許を有する衛生管理者が必要な場合は 500 人を超える事業場で，エックス線などの有害業務従事者が 30 人以上の場合である．　**【解答】**（5）

✖ **問題 3** エックス線装置を用いて行う透過写真撮影の業務に従事する労働者 25 人を含めて 400 人の労働者を常時使用する製造業の事業場の安全衛生管理体制について，労働安全衛生関係法令に違反しているものはどれか.

ただし，衛生管理者および産業医の選任の特例はないものとする.

(1) 衛生管理者を 2 人選任している.

(2) 総括安全衛生管理者を選任していない.

(3) 選任している衛生管理者のうち 1 人は，この事業場に専属でない労働衛生コンサルタントである.

(4) 産業医は，事業場に専属の者ではないが，産業医としての法定の要件を満たしている医師である.

(5) 選任している衛生管理者は，いずれも衛生工学衛生管理者の免許を有していない.

📝 **解説** (1) は正しい. 200 人超え 500 人以下では 2 人選任. (2) は誤り. 製造業では 300 人以上で選任. (3)は正しい. 500 人以下なので専任は必要ない. (4) は正しい. 1 000 人以下なので専属は必要ない. (5) は正しい. 500 人以下なので衛生工学衛生管理者の免許は必要ない. 【解答】(2)

✖ **問題 4** 安全衛生管理体制に関する次の記述のうち，労働安全衛生関係法令上，正しいものはどれか. ただし，労働者数はいずれも常時使用する人数とする.

(1) エックス線による非破壊検査業務に従事する労働者 20 人を含む 30 人の労働者を使用する事業場では，産業医を選任しなければならない.

(2) エックス線による非破壊検査業務に従事する労働者 30 人を含む 40 人の労働者を使用する事業場では，衛生委員会を設けなければならない.

(3) エックス線による非破壊検査業務に従事する労働者 20 人を含む 60 人の労働者を使用する事業場では，衛生管理者を選任しなければならない.

(4) エックス線による非破壊検査業務に従事する労働者 30 人を含む 70 人の労働者を使用する事業場では，衛生推進者を選任しなければならない.

(5) エックス線による非破壊検査業務に従事する労働者 30 人を含む 90 人の労働者を使用して製鋼の事業を行う事業場では，統括安全衛生管理者を選任しなければならない.

📝 **解説** (1) は誤り，産業医は 50 人以上で選任. (2) は誤り，衛生委員会は 50 人以上で設ける. (3) は正しい，衛生管理者は 50 人以上で選任. (4) は誤り，衛生推進者は 10 人以上 50 人未満で選任. (5) は誤り，統括安全衛生管理者は製造業では 300 人以上で選任. 【解答】(3)

❂問題5 放射線装置室等の設置等に関する手続きとして，労働安全衛生関係法令上，正しいものは次のうちどれか．
(1) 放射線装置室を設置しようとするときは，その計画を，工事開始の日の30日前までに，厚生労働大臣に届け出なければならない．
(2) 放射線装置室を設置したときは，設置後14日以内に，所轄労働基準監督署長に報告しなければならない．
(3) 既設の放射線装置室の主要構造部分の変更については，特段の届出および報告は要しない．
(4) 既設の放射線装置室に新たにエックス線装置を設置しようとするときは，工事開始の日の30日前までに，所轄労働基準監督署長に届け出なければならない．
(5) 放射線装置室を廃止したときは，工事終了後14日以内に，所轄労働基準監督署長に報告しなければならない．

❂解説 (1) は誤り．大臣ではなく労働基準監督署長に届け出る．(2) は誤り．設置後14日以内ではなく，開始の14日前までに届け出る．(3) は誤り．主要構造物の変更は工事開始の日の30日前までに届け出る．(4) は正しい．(5) は誤り．廃止についての工事終了の規定はない． **【解答】**(4)

❂問題6 次のAからDの場合について，労働安全衛生関係法令上，所轄労働基準監督署長にその旨またはその結果を報告しなければならないものに該当しないもののすべての組合せは，(1)～(5) のうちどれか．
A 放射線装置室の使用を廃止したとき．
B エックス線装置を用いて行う透過写真の撮影の業務に関する特別の教育を行ったとき．
C 衛生管理者を選任したとき．
D 眼の水晶体に受ける等価線量が1年間に50 mSvを超える労働者がいたとき．
(1) A, B (2) A, B, C (3) A, C, D (4) B, D (5) C, D

❂解説 Aは該当しない．廃止についての規定はない．Bは該当しない．報告する規定はない．Cは該当する．報告書を提出する．Dは該当する．1年間50 mSvの等価線量限度を超えたので，速やかに報告する（第44条）．
【解答】(1)

❌ **問題7** 次のAからDの場合について，所轄労働基準監督署長にその旨または
その結果を報告しなければならないもののすべての組合せは，(1)〜(5)のうち
どれか.

A　エックス線作業主任者を選任したとき.

B　放射線装置室に設けた遮へい物が放射線の照射中に破損し，かつ，その照射
を直ちに停止することが困難な事故が発生したとき.

C　放射線装置室を設置しようとするとき.

D　常時50人以上の労働者を使用する事業場で，労働安全衛生規則に基づく定
期健康診断を行ったとき.

(1) A, B　　(2) A, C　　(3) A, C, D　　(4) B, C, D　　(5) B, D

✍**解説**　Aは誤り．報告については規定されていない（第46条）．Bは正しい．速
やかに報告しなければならない（第42条第1項，第43条）．Cは誤り．放
射線装置室の設置は届け出（安衛法第88条）．Dは正しい．定期健康診断を
行ったときは電離放射線健康診断結果報告書を遅滞なく提出しなければなら
ない（第58条）．　　　　　　　　　　　　　　　　　　【解答】(5)

エックス線の測定に関する知識

「エックス線の測定に関する知識」での出題は 10 問である．最近 8 年間の出題傾向は，「測定の単位」関連が 10 ％，「放射線防護に用いられる線量」関連が 13 ％，「検出器の原理と特徴」関連が 34 ％，「サーベイメータの構造と取扱い」関連が 23 ％，「積算型電離箱式サーベイメータによる線量率測定」関連が 3 ％，そして「個人線量計の構造と特徴」関連が 18 ％であった．また，全体で計算問題の占める割合は 21 ％であった．

3.1
測定の単位

▋**出題傾向**　毎回出題されている．Gy，Sv，および eV に関しての出題が多い．
他に線減弱係数(m^{-1})，粒子フルエンス(m^{-2})，LET($keV \cdot \mu m^{-1}$)
などが出題されている．

▋**ポイント**
1. グレイ（Gy）は単位質量当たり物質が吸収するエネルギー量であり，
   放射線の種類によらず使用される．
2. シーベルト（Sv）は人体の被ばく量を放射線の種類によらず評価
   する尺度として使用される．
3. カーマは単位質量当たり物質中で放射線により発生した荷電粒子の
   運動エネルギーである，単位は Gy が使用される．
4. 電子ボルト（eV）はエネルギーの単位である．

🔍 ポイント解説

1. 吸収線量 Gy（グレイ）

　ある物質が放射線によって与えられるエネルギー量を吸収線量という．重さ
1 kg の物質が放射線により 1 J（ジュール）のエネルギーを吸収したときの吸収
線量を 1 Gy という．

$$1\,\text{Gy} = 1\,\text{J/kg}$$

　エックス線が人体や動物に障害を与える度合いを考える場合に使用されるが，
この吸収線量 Gy は放射線や物質の種類によらず使用できる．

2. カーマ Gy（グレイ）

　光子や非荷電粒子が物質と反応し，物質中に荷電粒子が放出される．微小な質
量 dm〔kg〕の物質中で，放射線によって生成放出された荷電粒子のもつ運動エ
ネルギーの総量を dE〔J〕とすると，カーマ K（Kerma：kinetic energy
released to mass）は

$$K = dE/dm \quad 〔\text{J/kg} = \text{Gy}〕$$

で定義される．その単位は吸収線量と同じであり，J/kg または Gy が用いられる．
物質が自由空気の場合を特に**空気カーマ**という．

　なお，アルファ（α）線，ベータ（β）線，陽子線などの荷電粒子線で，気体
を電離できる程度のエネルギーをもっている放射線を直接電離放射線といい，

エックス（X）線，ガンマ（γ）線，中性子線などの非荷電粒子で，空気を電離できる荷電粒子を二次的に生成できる放射線を間接電離放射線という．

3．電子ボルト eV（エレクトロンボルト）

エネルギーの単位は通常はジュール（J）であり，1 ボルト（V）の電位に 1 クーロン（C）の電荷が置かれると，そのときの位置エネルギーは 1 J である．1 クーロンではなく，電子の電荷である素電荷（e）を使ったエネルギー単位をエレクトロンボルト（eV）という．素電荷 e は 1.6×10^{-19} C であるので，1 eV は

$$1 \text{ eV} = 1.6 \times 10^{-19} \text{ J}$$

である．放射線の分野では，1 J は大き過ぎるので，この単位が多用される．

4．線量当量 Sv（シーベルト）

人体に対する影響は，吸収されたエネルギーが同じでも，放射線の種類や吸収された部位によって異なる．そこで，放射線防護のために，被ばく量をすべての放射線に共通の尺度で表したのが線量当量であり，単位は Sv（シーベルト）である（3.2 節で詳述）．

5．線減弱係数

エックス線やガンマ線が物質中を通過する際に単位透過距離当たりに相互作用を行う確率であり，単位は m^{-1} である．

6．粒子フルエンス

単位面積を通過するアルファ線やベータ線などの粒子線の数のことで，単位は m^{-2} である．エックス線の強度を表す場合には次の照射線量を用いる．

7．照射線量

エックス線やガンマ線が空気中を通過する時に電離されて生じた電気量のことで，単位は空気 1 kg 中に 1 クーロンの電気量が発生した時に $1 \text{ C} \cdot \text{kg}^{-1}$ で表される．

8．LET（線エネルギー付与）

LET（Linear Energy Transfer）は線エネルギー付与といい，電離性放射線が

物質中を通過する際に飛跡に沿って単位長さ当たりに失うエネルギーのことで，単位は主に keV·μm^{-1} で表される．

❌ **問題 1**　放射線の量とその単位に関する次の記述のうち，正しいものはどれか．

(1) 吸収線量は，間接電離放射線の照射により，単位質量の物質に付与されたエネルギーで，単位として Sv が用いられる．

(2) カーマは，直接電離放射線が物質中を通過する際，その飛跡に沿った単位長さ当たりに付与されたエネルギーで，単位は J/m である．

(3) 実効線量は，放射線防護の観点から定められた量であり，エックス線などの光子の場合，照射線量 1 C/kg が実効線量 1 Sv に相当する．

(4) 等価線量は，人体の特定の組織・臓器当たりの吸収線量に，放射線の種類とエネルギーに応じて定められた放射線加重係数を乗じたもので，単位として Sv が用いられる．

(5) eV（電子ボルト）は，荷電粒子の電荷を表す単位として使用され，1 eV は約 1.6 ×10^{-19} C に相当する．

❌**解説**　（1）誤り．吸収線量は，間接電離放射線だけでなく，あらゆる種類の電離放射線の照射により単位質量の物質に付与されたエネルギーで，単位として Gy が用いられる．（2）誤り．カーマとは，間接電離放射線の照射により，物質中に放出された全荷電粒子の初期運動エネルギーの総和であり，単位は J/kg，または Gy が用いられる．（3）誤り．実効線量は，次節 3.2 で説明しているように，不均等被ばくでの確率的影響を評価する尺度として，人体の各組織・臓器が受けた等価線量に，各組織・臓器ごとの相対的な放射線感受性を示す組織加重係数を乗じ，これらを合計したもので，防護量に分類され，単位は J/kg または Sv である．照射線量はエックス線やガンマ線の放射線の量を計るための物理量である．空気 1 kg につき 1 クーロンの電気量が照射により生じたときの照射線量を 1 C/kg とする．（4）正しい．次節 3.2 で詳しく解説している．（5）誤り．eV（電子ボルト）は，エネルギーの単位である．1 eV は約 1.6×10^{-19} J に相当する．　　　　　　**【解答】**（4）

❌ **問題 2** 放射線に関連した量とその単位の組合せとして，誤っているものは次のうちどれか．

(1) 吸収線量 ……………………… Gy
(2) カーマ ……………………… Gy
(3) LET ……………………… eV・m
(4) 線減弱係数 ……………… m^{-1}
(5) 粒子フルエンス ………… m^{-2}

📝 **解説** (3) が誤り．LET（LinearEnergyTransfer）は線エネルギー付与といい，電離性放射線が物質中を通過する際に飛跡に沿って単位長さ当たりに失うエネルギーのことで，単位は主に keV/μm で表される．(4) の線減弱係数は，エックス線やガンマ線が物質中を通過する際に単位透過距離当たりに相互作用を行う確率であり，単位は m^{-1} である．(5) の粒子フルエンスとは単位面積を通過する粒子線の数のことで，単位は m^{-2} である． **【解答】** (3)

❌ **問題 3** 放射線の量とその単位に関する次の記述のうち，誤っているものはどれか．

(1) 吸収線量は，電離放射線の照射により，単位質量の物質に付与されたエネルギーをいい，単位は J/kg で，その特別な名称として Gy が用いられる．
(2) カーマは，エックス線などの間接電離放射線の照射により，単位質量の物質中に生じた二次荷電粒子の初期運動エネルギーの総和であり，単位は J/kg で，その特別な名称として Gy が用いられる．
(3) 等価線量の単位は吸収線量と同じ J/kg であるが，吸収線量と区別するため，その特別な名称として Sv が用いられる．
(4) 実効線量は，放射線防護の観点から定められた量であり，単位は C/kg で，その特別な名称として Sv が用いられる．
(5) eV（電子ボルト）は，放射線のエネルギー単位として用いられ，1 eV は約 1.6×10^{-19} J に相当する．

📝 **解説** (4) が誤り．実効線量は放射線防護の観点から定められた量で，その単位は J/kg で，その特別な名称として Sv が用いられる． **【解答】** (4)

❌ **問題4**　放射線に関連した量とその単位の組合せとして，誤っているものは次のうちどれか．

(1) 吸収線量　……………………　$J \cdot kg^{-1}$

(2) 等価線量　……………………　Sv

(3) カーマ　………………………　$J \cdot m^{-2}$

(4) 照射線量　……………………　$C \cdot kg^{-1}$

(5) 質量減弱係数　………………　$m^2 \cdot kg^{-1}$

解説　　(3) が誤り．カーマとは，間接電離放射線の照射により，物質中に放出された全荷電粒子の初期運動エネルギーの総和であり，単位は J/kg または Gy が用いられる．(5) の質量減弱係数については，p15 を参照のこと．単位として $cm^2 \cdot g^{-1}$ または $m^2 \cdot kg^{-1}$ が用いられる．　　　　　　【解答】(3)

3.2
放射線防護に用いられる線量

■出題傾向　等価線量，実効線量，および線量当量に関して，ほぼ毎回出題されている．2019年4月以降は，実効線量を算定する計算問題が毎回出題されている．眼の水晶体の等価線量の算定方法について法改正があり，令和3年から施行されているので注意.

■ポイント
1. 等価線量は，放射線が人体の組織・臓器に与える確定的影響を評価するために使用される防護量であり，対象となる組織・臓器における平均吸収線量と放射線の種類による放射線加重係数の積で表される.
2. 実効線量は，放射線が人体に与える確率的影響を評価するために使用される防護量であり，人体を組織・臓器ごとに15の部位に分け，各部位の等価線量に部位固有の組織加重係数を乗じて，その総和を取った量で表される.
3. 線量当量はサーベイメータや個人線量計で測定される実用量である．均等被ばくの場合は1cm線量当量で実効線量を推定し，また皮膚の等価線量は70μm線量当量で，眼の水晶体の等価線量は3mm線量当量で，またこれら以外の臓器・組織の等価線量は1cm線量当量で推定する.
4. 放射線に関する量は，目的に応じて物理量，防護量，そして実用量の三つに大別される.

🔍 ポイント解説

1. 等価線量

　等価線量は人体の組織・臓器に対する放射線被ばくの確定的影響を評価するために使用される防護量であり，該当する組織・臓器 T における平均吸収線量 D_T と放射線の種類による**放射線加重係数** W_R の積で表され，組織・臓器 T の等価線量 H_T は次式で定義される.

$$H_T = W_R \cdot D_T$$

　物理的な単位は吸収線量と同じ〔J/kg〕であるが，特別な名称としてシーベルト（Sv）が用いられる．放射線加重係数は，エックス線，ガンマ線およびベータ線は1，アルファ線は20，中性子ではエネルギーに応じて5～20の値をとる.

　人の放射線防護において特別な部位として皮膚，眼の水晶体，および女子の腹

131

部がある．これらの等価線量は，後述する個人線量計により体の表面からの深さを指標とする線量当量を実測し

皮膚の等価線量 ＝ 70 μm 線量当量

眼の水晶体の等価線量＝3 mm 線量当量

女子の腹部の等価線量＝1 cm 線量当量

として算定する．

2. 実効線量

実効線量 H_E は，放射線が人体に与える確率的影響を評価するために使用される防護量であり，人体を 15 箇所の部位に分け，各部位の等価線量 H_T に部位固有の**組織加重係数** W_T を乗じて，その総和を取った量をいい，次式で定義される．

$$H_E = \sum_T W_T \cdot H_T$$

単位は〔J/kg〕であり，特別な名称はシーベルト（Sv）である．例として，生殖腺，肺，皮膚の組織加重係数はそれぞれ 0.20，0.12，および 0.01 であり，15 箇所の係数の合計は 1 である．

人の外部被ばくを評価する場合，均等被ばくでの実効線量は，法令により，胸部（女子にあっては腹部）の 1 箇所に装着した個人線量計で測った後述する 1 cm 線量当量で推定する．不均等被ばくの場合には，体幹部を頭・頸部，胸・上腕部，並びに腹・大腿部の 3 区分にし，個人線量計で各部位の 1 cm 線量当量を測定し，次の式から実効線量 H_E を算出する．

$$H_E = 0.08\,H_a + 0.44\,H_b + 0.45\,H_c + 0.03\,H_m$$

ここで

H_a：頭・頸部の 1 cm 線量当量

H_b：胸・上腕部の 1 cm 線量当量

H_c：腹・大腿部の 1 cm 線量当量

H_m：H_a, H_b, H_c のうちの最大の 1 cm 線量当量

である．なお，放射線場の状況から被ばくの度合いを判断し，胸・上腕部以外の部位の測定を省略する場合がある．

3. 線量当量

防護量である等価線量や実効線量を実際に測定することはできない．例えば，

肺の等価線量を評価するには肺の全体部分の平均吸収線量が必要であり，これを厳密に測定することは困難だからである．また，実効線量の算定には 15 箇所の組織・臓器の等価線量が必要であるので，同様にしてこれも評価が困難である．

そこで実用量である**個人線量当量**（単位は Sv）が定義され，個人線量計で計測できるようにした．これには，あらかじめ人体と組織等価な物質でできた 30 cm×30 cm×15 cm の平板を用意し，その表面に個人線量計を配置し，その正面から既知の線源からの放射線を照射し，平板の表面から深さ 1 cm，3 mm，および 70 μm での線量への変換係数に基づき，個人線量計の演算処理過程を調整し，個人線量計の計測表示値を校正しておく．そして，次に校正された個人線量計を人体に装着し，その計測表示値から，**1 cm 線量当量**，**3 mm 線量当量**，および **70 μm 線量当量**が求まり，それぞれ人体の組織・臓器の等価線量，眼の水晶体の等価線量，および皮膚の等価線量として評価される．また，1 cm 線量当量は均等被ばくの場合には実効線量として評価される．なお，演算過程において，線量計の表示値が実際よりも低く評価されないような配慮がなされている．

個人の被ばく線量測定ではなく，作業環境などの空間線量を評価する実用量として**周辺線量当量**（単位は Sv）が定義され，サーベイメータで測定が可能である．あらかじめ人体組成を模擬した元素組成が等価な直径 30 cm の球体に放射線を平行に一様に入射させ，深さ 1 cm での吸収線量を測定して 1 cm 線量当量を算出し，次に同じ場でサーベイメータを校正して使用する．実際には少し高めの値を示すように調整する．このようにして，空間線量測定用のサーベイメータは 1 cm 線量当量を表示するようになっている．

なお，令和 3 年 4 月 1 日に施行された法改正は，管理区域内で受ける外部被ばくによる線量の測定で，眼の水晶体の等価線量を評価するための 3 mm 線量当量を加えたものである．以下に抜粋して要約する．

> 外部被ばくによる線量の測定は，1 cm 線量当量，3 mm 線量当量および 70 μm 線量当量のうち，実効線量および等価線量の別に応じて，放射線の種類およびその有するエネルギーの値に基づき，線量を算定するために適切と認められるものについて行うものとする．
> また，眼の水晶体の等価線量の算定は，放射線の種類およびエネルギーに応じて，1 cm 線量当量，3 mm 線量当量または 70 μm 線量当量のうちいずれか適切なものによって行うこと．

❌ **問題1**　エックス線の量に関する次の記述のうち，誤っているものはどれか．
(1) 放射線に関する量は，その目的に応じて異なった量が定義されており，物理量，防護量および実用量の三つに大別される．
(2) 吸収線量は，物理量である．
(3) カーマは，防護量である．
(4) 1 cm 線量当量は，実用量である．
(5) エックス線の放射線加重係数は，1である．

📝**解説**　　(3) が誤り．カーマとは，間接電離放射線の照射により，物質中に放出された全荷電粒子の初期運動エネルギーの総和であり，単位は J/kg，または Gy が用いられ，物理量である．線量に関する三つの概念を表に示す．

【解答】(3)

線量概念		名称	単位または特別の名称
物理量	直接計測できる	吸収線量	J/kg，Gy
		カーマ	J/kg，Gy
		照射線量	C/kg
		粒子フルエンス	$1/m^{-2}$
防護量	直接計測できない 人への影響を評価する時に使用	等価線量	J/kg，Sv
		実効線量	J/kg，Sv
実用量	防護量の代わりに使用 サーベイメータや個人線量計の表示値	線量当量	Sv

❌ **問題2**　エックス線の量に関する次の記述のうち，誤っているものはどれか．
(1) 放射線に関する量は，その目的に応じて異なった量が定義されており，物理量，防護量および実用量の三つに大別される．
(2) カーマは，物理量である．
(3) 等価線量は，防護量である．
(4) 実効線量は，実用量である．
(5) エックス線の放射線加重係数は，1である．

📝**解説**　　(4) が誤り．実効線量は，不均等被ばくでの確率的影響を評価する尺度として，人体の各組織・臓器が受けた等価線量に，各組織・臓器ごとの相対的な放射線感受性を示す組織加重係数を乗じ，これらを合計したもので防護量に分類される．問題1の表を参照のこと．　　　　　　　　　【解答】(4)

❌ **問題 3**　放射線防護のための被ばく線量の算定に関する次の A から D の記述について，正しいもののすべての組合せは（1）〜（5）のうちどれか.

A　外部被ばくによる実効線量は，放射線測定器を装着した各部位の 1 cm 線量当量および 70 μm 線量当量を用いて算定する.

B　皮膚の等価線量は，エックス線については 70 μm 線量当量により算定する.

C　眼の水晶体の等価線量は，エックス線については 1 mm 線量当量により算定する.

D　妊娠中の女性の腹部表面の等価線量は，腹・大腿部における 1 cm 線量当量により算定する.

（1）A, B, D　　（2）A, C　　（3）A, C, D　　（4）B, C　　（5）B, D

✎ **解説**　B と D は正しい. A は誤り. 外部被ばくによる実効線量は 1 cm 線量当量だけで算定する. C は誤り. 眼の水晶体の等価線量について，法改正後（令和 3 年 4 月 1 日施行）は 1 cm 線量当量，3 mm 線量当量，または 70 μm 線量当量のいずれか適切なものにより算定することとなっている. 注意が必要である.　　　　　　　　　　　　　　　　　　　　　　　**【解答】**（5）

❌ **問題 4**　放射線防護のための被ばく線量の算定に関する次の文中の ☐ 内に入れる A から C の用語の組合せとして，正しいものは（1）〜（5）のうちどれか.

「眼の水晶体の等価線量は，放射線の種類およびエネルギーに応じて，1 cm 線量当量，☐ A ☐ または ☐ B ☐ のうちいずれか適切なものにより算定する.

皮膚の等価線量は，中性子線の場合を除き ☐ B ☐ により算定する. また，妊娠中の女性の腹部表面の等価線量は，腹・大腿部における ☐ C ☐ により算定する.」

	A	B	C
（1）	1 cm 線量当量	70 μm 線量当量	1 cm 線量当量
（2）	1 cm 線量当量	70 μm 線量当量	70 μm 線量当量
（3）	3 mm 線量当量	70 μm 線量当量	1 cm 線量当量
（4）	70 μm 線量当量	1 cm 線量当量	1 cm 線量当量
（5）	70 μm 線量当量	1 cm 線量当量	70 μm 線量当量

✎ **解説**　A は 3 mm 線量当量，B は 70 μm 線量当量，また C は 1 cm 線量当量である.　　　　　　　　　　　　　　　　　　　　　　　　　　　　**【解答】**（3）

✖ **問題 5** 男性の放射線業務従事者が，エックス線装置を用い，肩から大腿部まで
を覆う防護衣を着用して放射線業務を行った．

　法令に基づき，胸部（防護衣の下）および頭・頸部の2箇所に放射線測定器を
装着して，被ばく線量を測定した結果は，次の表のとおりであった．

装着部位	測　定　値	
	1 cm 線量当量	70 μm 線量当量
胸　部	0.3 mSv	0.5 mSv
頭・頸部	1.2 mSv	1.5 mSv

　この業務に従事した間に受けた外部被ばくによる実効線量の算定値に最も近い
ものは，(1)〜(5) のうちどれか．

　ただし，防護衣の中は均等被ばくとみなし，外部被ばくによる実効線量（H_{EE}）
は，次式により算出するものとする．

$H_{EE} = 0.08\,H_a + 0.44\,H_b + 0.45\,H_c + 0.03\,H_m$

　　H_a：頭・頸部における線量当量

　　H_b：胸・上腕部における線量当量

　　H_c：腹・大腿部における線量当量

　　H_m：「頭・頸部」「胸・上腕部」「腹・大腿部」のうち被ばくが最大となる
　　　　部位における線量当量

(1) 0.2 mSv　　(2) 0.4 mSv　　(3) 0.6 mSv　　(4) 0.8 mSv　　(5) 1.0 mSv

✖ **解説**　　全身に均等に被ばくする場合は，男性は胸部，女性は腹部に個人被ばく線
量計を装着し，そこで測定した1 cm 線量当量を外部被ばくによる実効線量と
する．しかし，ここでは各部位で測定値が異なる不均等被ばくであるので，
問題文中の式に従って，各部の線量当量に1 cm 線量当量を当てはめて外部被
ばくによる実効線量を算出する．H_a には頭・頸部における1 cm 線量当量
1.2 mSv を，H_b の胸・上腕部については胸部の1 cm 線量当量 0.3 mSv を，
H_c の腹・大腿部については文中に「防護衣の中は均等被ばくとみなし」とあ
るので，胸部の1 cm 線量当量である 0.3 mSv を，また H_m については最大で
ある頭・頸部の1 cm 線量当量 1.2 mSv を代入して計算する．

　　　$H_{EE} = 0.08 \times 1.2 + 0.44 \times 0.3 + 0.45 \times 0.3 + 0.03 \times 1.2$

　　　　　　$= 0.399 \fallingdotseq 0.4$ mSv　　　　　　　　　　　　　【解答】(2)

問題6 男性の放射線業務従事者が，エックス線装置を用い，肩から大腿部まで
を覆う防護衣を着用して放射線業務を行った．法令に基づき，胸部（防護衣の下），
頭・頸部および手指の計3箇所に，放射線測定器を装着して，被ばく線量を測定
した結果は，次の表のとおりであった．

装着部位	測 定 値	
	1 cm 線量当量	70 μm 線量当量
胸 部	0.3 mSv	0.3 mSv
頭・頸部	1.2 mSv	1.1 mSv
手 指	———	1.3 mSv

　この業務に従事した間に受けた外部被ばくによる実効線量および皮膚の等価線
量の算定値に最も近いものの組合せは，（1）～（5）のうちどれか．ただし，防護
衣の中は均等被ばくとみなし，外部被ばくによる実効線量は，その評価に用いる
線量当量についての測定値から次式により算出するものとする．

$$H_{EE} = 0.08\,H_a + 0.44\,H_b + 0.45\,H_c + 0.03\,H_m$$

　　H_{EE}：外部被ばくによる実効線量

　　H_a　：頭・頸部における線量当量

　　H_b　：胸・上腕部における線量当量

　　H_c　：腹・大腿部における線量当量

　　H_m　：「頭・頸部」「胸・上腕部」「腹・大腿部」のうち被ばくが最大となる
　　　　　部位における線量当量

　また，皮膚の等価線量は，その評価に用いる線量当量についての測定値のうち
の最大値を採用するものとする．

　　実効線量　　　　皮膚の等価線量
（1）0.3 mSv　　　　1.1 mSv
（2）0.3 mSv　　　　1.2 mSv
（3）0.3 mSv　　　　1.3 mSv
（4）0.4 mSv　　　　1.2 mSv
（5）0.4 mSv　　　　1.3 mSv

解説　　H_a は頭・頸部の 1 cm 線量当量 1.2 mSv を，H_b と H_c は胸部の 1 cm 線量
当量 0.3 mSv を，H_m は頭・頸部の 1 cm 線量当量 1.2 mSv を算定式に代入し，

$$H_{EE} = 0.08 \times 1.2 + 0.44 \times 0.3 + 0.45 \times 0.3 + 0.03 \times 1.2$$
$$= 0.399 \text{ mSv} \approx 0.4 \text{ mSv}$$

　　皮膚の等価線量は，三つの部位の 70 μm 線量当量の最大値 1.3 mSv を採用
する．　　　　　　　　　　　　　　　　　　　　　　　　　　　**【解答】**（5）

137

3.3
検出器の原理と特徴

■出題傾向　毎回必ず出題されている．検出器の種類は，気体電離作用，半導体電離作用，および蛍光作用によるものが主である．

■ポイント

1. 気体検出器で印加電圧と収集される電子-イオン対数の関係を分類すると，発生時より数が減少する再結合領域，ほぼ同数が収集される電離箱領域，比例増幅された量が収集される比例計数管領域，比例性が失われ，発生時の電子-イオン対数に依存せず，数に上限があり制限される制限比例領域，さらにどの初期電荷量でも一定の電荷量が収集される GM 計数管領域，そして放射線が入射しなくても連続放電を起こしてしまう連続放電領域となる．

2. Si 半導体検出器では，エックス線により発生した自由電子と正孔は電界の作用で収集され，エックス線エネルギーに比例したパルス信号として出力される．

3. シンチレーション検出器は，エックス線を吸収した物質が遅延なく発光する現象を利用しており，光電子を増幅するために光電子増倍管を使用する．パルス出力はエックス線のエネルギーに比例する．

4. エックス線を照射された結晶体がそのエネルギーを安定に蓄積保存し，外部からの刺激を受けてそのエネルギーを蛍光として放出し，その光量から照射された線量を計測する検出器がある．熱ルミネセンス線量計（TLD）はフッ化リチウム結晶を加熱すると，蛍光ガラス線量計（RPLD）は銀活性化リン酸塩ガラスに紫外線を当てると，光刺激ルミネセンス線量計（OSLD）は酸化アルミニウム結晶に緑色レーザを照射するとそれぞれ蛍光を放出する．

■ ポイント解説

1. 放射線検出器の種類

　エックス線を測定するには，エックス線が物質と電離作用，励起作用，および化学変化などの相互作用をすることを利用している．

　a）気体の電離作用を利用した検出器

　電離箱，比例計数管，ガイガー・ミュラー（GM）計数管

　b）固体の電離作用を利用した検出器

　半導体検出器

c) 蛍光を利用した検出器

シンチレーション検出器，熱ルミネセンス線量計（TLD），蛍光ガラス線量計（RPLD），光刺激ルミネセンス線量計（OSLD）

d) その他の作用を利用した検出器

① フィルムバッジ：写真作用を利用
② 化学線量計（鉄線量計，セリウム線量計）：化学作用を利用

2. 気体の電離作用を利用した検出器（気体検出器）

電荷増幅を伴う気体検出器は図 3.1（a）に示すように，円筒形の陰極とその中心軸に張られた細い金属線の陽極からなり，内部にアルゴンなどの希ガス気体を封入し，電極間に高電圧を印加して使用する．この検出器にエックス線が入射すると，封入ガスの原子や陰極材の原子と光電効果，コンプトン散乱，または電子対生成などの相互作用により電子が封入ガス中に放出される．放出された高速の電子は封入ガスを電離し，多数の電子-イオン対が生成され，検出器内の電界の作用により，陽イオンは陰極へ，電子は陽極へ移動する．陽極近傍では電界が急

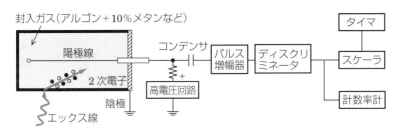

(a)パルス方式測定回路

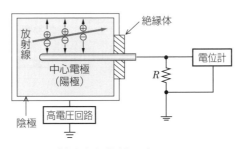

(b)直流方式測定回路

図 3.1 円筒形気体検出器の例

激に強くなっており，そこに達した電子は電離を頻繁に起こし，電荷（ガス）増幅（**電子なだれ**）が起こる．これらの電荷の移動を電流として捉えて，コンデンサの後段に発生する個々の放射線による電圧パルスを測定している．また図3.1（b）は電荷増幅を伴わない気体検出器（**電離箱**）であり，検出器内で発生した電荷が移動することにより外部回路の抵抗に電流が流れ，抵抗の両端の電圧を測ることにより線量率を求めている．なお，気体中で1個のイオン対を発生させるために消費される平均エネルギーをW値といい，放射線の種類やエネルギーにはあまり依存せず，気体の種類によりほぼ一定の値をとる．

図3.2は，気体検出器内に一定量の初期イオン対を放射線などで発生させ，印加電圧を変えながら，外部に出力される電流信号をもとに，生成された電子-イオン対の数をプロットしたもので，おおむね六つの領域に分けることができる．

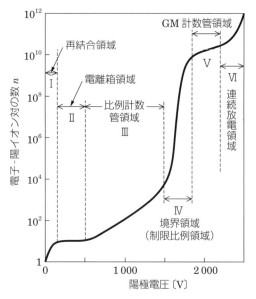

図 3.2　印加電圧と電子-イオン対数の関係

a）再結合領域

初期発生の電子やイオンは，電極間の電界の作用を受けて陽イオンは陰極へ，電子は陽極へ移動するが，電界が弱いので速度が低く，したがって，まだ周囲にある電子やイオンと再結合するものがあり，電極で集められる電荷量は，初期の発生よりも少ない．

b）電離箱領域（飽和領域）

この領域は飽和領域とも呼ばれ，初期発生の電子やイオンはすべて電極に到達し，電流信号として取り出される．この領域では，放射線による電離量と出力電流とは比例関係があり，動作も安定しており，電離箱検出器に用いられている．

c）比例計数管領域

印加電圧の増加に伴い電界が高くなるが，円筒型検出器の特徴として陽極付近の電界が際立って高くなり，移動してきた電子は陽極近傍で急激に加速され，気体原子と衝突して電離により電子がさらに発生し，もとの電子と新たに発生した電子がさらに高電界で加速され，次々と電離を繰り返しながら電子なだれによるガス増幅を起こして陽極に近づいていき，最終的に電極に到達する電荷量は増加しており，かつ初期電荷量に比例している．したがって，大きなパルス信号が得られ，放射線のエネルギー情報を取得するのに適しており，比例計数管に用いられている．

d）境界領域（制限比例領域）

さらに印加電圧を上げると，陽極近傍でさらに大きな電子なだれが起こるが，その規模は初期電荷量に関係なく，ある一定の規模以上にはならないようになる．したがって，出力電荷量と初期電荷量の比例関係が成立しなくなり，比例計数管としては適さない動作領域である．

e）GM 計数管領域（ガイガー放電領域）

さらに印加電圧を上げると，これまでの電子なだれは陽極線の一部分で生じていたのが陽極線全域にわたって発生し，極めて大量の電荷が発生する．その後陽極線の周囲には移動速度の遅いイオンが残り，ガス増幅に必要な電界が低下してこの放電は終息する．この動作領域では，出力電荷量と初期電荷量とは比例関係にないので，放射線のエネルギー情報は得られないが，簡単な回路で大きな一定の大きさの電流パルス信号が得られる特長があり，この領域は GM（ガイガー・ミュラー）計数管に利用されている．なお，移動速度の遅いイオンが既に発生したパルス信号より遅れて陰極に到達して衝突すると，そこに電子が発生し，新たなガイガー放電を引き起こしてしまう．それを防止するために，GM 計数管では，臭素等のハロゲンガスが消滅（クエンチング）ガスとして混入されている．

f）連続放電領域

放射線が入射しなくても連続放電（コロナ放電）を起こす領域であり，通常の検出器としては利用できない．

3. 固体の電離作用を利用した検出器

半導体検出器が代表例である．気体の代わりにシリコン（Si）やゲルマニウム（Ge）などの半導体結晶を検出体としている．Si のような 4 価の原子にリン（P）のような 5 価の原子を添加した N 型半導体と，Si にボロン（B）のような 3 価の原子を添加した P 型半導体を接合した PN 接合型半導体とし，N 型に正の電圧を加えると，接合面あたりには電子も正孔もない**空乏層**が発生する．この空乏層にエックス線が入射し，光電効果・コンプトン散乱・電子対生成のいずれかの過程で高速の電子が発生し，この電子により結晶中の原子が電離され，負の電荷をもつ**自由電子**と正の電荷をもつ**正孔**（電子の抜けた穴）が発生する．これらの電荷は，電離箱と同じ原理で，空乏層内の電界の作用により信号電極に移動し，電流信号として出力されるので，低ノイズの信号処理回路を通して，パルス信号として検出される．なお，1 個の電子・正孔対を発生させるために必要なエネルギーを ε 値といい，シリコンの場合には 3.6 eV 程度である．また，パルス信号の波高値より放射線のエネルギー情報を得ることができる．

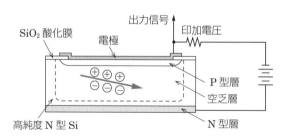

図 3.3　半導体検出器の原理

4. 蛍光を利用した検出器

a）シンチレーション検出器

ある種の物質にエックス線が入射し，光電効果などで高速の電子が発生し，物質中の原子と衝突して原子を励起状態にする．励起された原子は短時間で元の安定な状態に戻る．このときに余分なエネルギーの一部を光として短時間に放出する．この光はシンチレーションと呼ばれ，その発光量はエックス線のエネルギーにほぼ比例する．このような物質をシンチレータ（蛍光体）と呼び，発光波長の調整や発光量を増やすための活性剤として少量のタリウム（Tl）が添加された**ヨウ化ナトリウム**（NaI（Tl））やヨウ化セシウム（CsI（Tl））などの無機結晶が利用

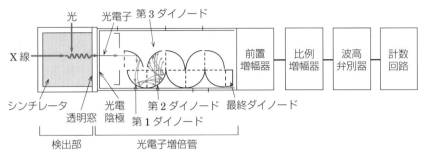

図 3.4 シンチレーション検出器の構造と動作原理

されている．シンチレータからの光は微弱で短時間の信号であるため，光は光電子増倍管で大きな電気信号に変換され，電圧パルス信号として処理される．パルス波高値はエネルギーに比例するので，エネルギー情報も取得できる．

b）熱ルミネセンス線量計（TLD）

フッ化リチウム（LiF），硫酸カルシウム（$CaSO_4(Mn)$）などの結晶では，エックス線の電離作用によって生じた自由電子が結晶中の格子欠陥に捕捉され，蓄積される．そして，照射後に結晶を加熱すると，捕捉されている電子が開放されて蛍光を発する．この現象を熱ルミネセンス（熱蛍光）と呼び，結晶の吸収線量と発光量の比例関係を利用して線量計として利用され，**熱蛍光線量計**（TLD：Thermoluminescent Dosimeter）とも呼ばれる．加熱温度と蛍光強度の関係を**グローカーブ**という．加熱により捕捉されていた電子が一斉に開放されて発光するため，読取りは1回だけである．しかし，読取り済みの素子を繰り返し使用することはできる．

c）蛍光ガラス線量計（RPLD）

銀活性化リン酸塩ガラスに放射線を照射したのち，紫外線を当てると発光する現象をラジオフォトルミネセンスといい，この性質を利用した線量計を蛍光ガラス線量計（RPLD：Radio-photo-lumiinescence Dosimeter）という．蛍光ガラス中での銀イオンの化学的変化により，蛍光中心が生成され，安定であるので**フェーディング**（**潜像退行**）と呼ばれる線量情報の消失が極めて小さい．なお，紫外線を照射して放出される蛍光を測定しても線量情報は消滅せず，何度も繰り返し読み取ることができる．

d）光刺激ルミネセンス線量計（OSLD）

酸化アルミニウム結晶（$Al_2O_3:C$）にエックス線が入射すると，エックス線の

電離作用によって生じた自由電子が $Al_2O_3:C$ 内の格子欠陥に捕捉される．この電子が緑色レーザーなどの光刺激で正孔と再結合して発光する蛍光を利用するのが光刺激ルミネセンス線量計（OSLD：Optically Stimulated Luminescence Dosimeter）である．波長の短い（エネルギーの大きな）光を極少量 $Al_2O_3:C$ に照射することによりトラップされた電子の一部のみを開放することができ，このことにより同一素子の多数回繰り返し測定が可能である．

5. その他の作用を利用した検出器

a）フィルム

写真作用を利用する検出器である．フィルムに塗られた写真乳剤にエックス線が入射すると，乳剤中の臭化銀粒子がもつ電子が励起されて伝導帯にあげられ，拡散して移動し，銀イオンと結合して銀原子となり，この銀原子が集まって潜像ができる．このフィルムを現像すると，被ばく量に応じて黒化度の異なる像が得られる．

b）化学線量計

エックス線による化学変化や反応の量を測定して線量を測定する検出器である．硫酸第1鉄（$FeSO_4$）水溶液の鉄イオンがエックス線により第2鉄イオンに酸化反応することを利用した鉄線量計（別名フリッケ線量計）と，硫化セリウム（$Ce(SO_4)_2$）水溶液のセリウムイオンがエックス線により還元される反応を利用したセリウム線量計がある．紫外線の水溶液による吸収スペクトル強度を分光光度計で測定し，吸光度から線量を求める．100 eV の放射線エネルギーを吸収して化学変化した分子数を G 値という．10 Gy 以上の高線量測定に使用される．

❌ **問題1** 放射線検出器とそれに関係の深い事項との組合せとして，正しいものは次のうちどれか．

(1) 電離箱 ……………………………… ガス増幅

(2) 比例計数管 ………………………… 窒息現象

(3) GM 計数管 ………………………… 再結合領域

(4) 半導体検出器 ……………………… 空乏層

(5) シンチレーション検出器 ……… G 値

✍**解説** （1）誤り．ガス増幅は比例計数管で利用される．（2）誤り．窒息現象はGM 計数管で発生する．（3）誤り．再結合領域は電離箱領域の印加電圧より

も低い場合の動作領域である．(5) 誤り．G 値とは，化学線量計において，100 eV の放射線エネルギーを吸収して化学変化した分子数をいう．

【解答】(4)

✖ **問題 2** 放射線検出器とそれに関係の深い事項との組合せとして，正しいものは次のうちどれか．
(1) 電離箱 ……………………… ガス増幅
(2) 比例計数管 ………………… グロー曲線
(3) 化学線量計 ………………… G 値
(4) シンチレーション検出器 ……… 緑色レーザー光
(5) 半導体検出器 ……………… 電子増倍率

✖ **解説** (1) 誤り．ガス増幅は電離箱ではなく，比例計数管や GM 計数管で起こる．(2) 誤り．グロー曲線は熱ルミネセンス線量計で加熱温度と蛍光強度の関係を示す．(4) 誤り．緑色レーザー光は光刺激ルミネセンス線量計の読出しの際の光刺激に使用される．(5) 誤り．半導体検出器内では発生した電子や正孔が増倍することはない．電子増倍率が関係するのは比例計数管や GM 計数管である．

【解答】(3)

✖ **問題 3** 放射線検出器とそれに関係の深い事項との組合せとして，正しいものは次のうちどれか．
(1) 電離箱 ……………………… 窒息現象
(2) 比例計数管 ………………… グロー曲線
(3) GM 計数管 ………………… 電子なだれ
(4) シンチレーション検出器 ……… W 値
(5) フリッケ線量計 ……………… 充電

✖ **解説** (1) 誤り．窒息現象は GM 計数管で起こる現象で，放射線の強度が強すぎると，個々の放電が十分に大きな信号を発生できなくなり，計数率が低下してしまうことに起因する．(2) 誤り．グロー曲線は熱ルミネセンス線量計で加熱温度と蛍光強度の関係を示す曲線である．(3)正しい．(4)誤り．W 値は，気体検出器内で放射線により一対のイオンと電子を電離して生成するために必要な平均エネルギーのことである．(5) 誤り．充電は電離箱式 PD 型ポケット線量計で必要な操作である．

【解答】(3)

145

❌ **問題4** 放射線検出器とそれに関係の深い事項との組合せとして，正しいものは次のうちどれか.

(1) 電離箱 ……………………… 窒息現象

(2) 比例計数管 ……………… グロー曲線

(3) GM計数管 ……………… 電子なだれ

(4) 半導体検出器 ……………… ラジオフォトルミネセンス

(5) 化学線量計 ……………… ε 値

解説 (1) 誤り. 窒息現象はGM計数管で発生する. (2) 誤り. グロー曲線は熱ルミネセンス線量計で加熱温度と蛍光強度の関係を示す. (3) 正しい. (4) 誤り. ラジオフォトルミネセンスは，蛍光ガラス線量計で，放射線を照射したのちに紫外線を当てると発光する現象である. (5) 誤り. ε 値は半導体検出器に関係した値で，1個の電子・正孔対を発生させるために必要なエネルギーである. **【解答】**(3)

❌ **問題5** 放射線検出器とそれに関係の深い事項との組合せとして，誤っているのは次のうちどれか.

(1) 電離箱 ……………………… 飽和領域

(2) フリッケ線量計 …………… G 値

(3) GM計数管 ……………… 消滅ガス

(4) 半導体検出器 ……………… 電子・正孔対

(5) シンチレーション検出器 ……… グロー曲線

解説 (5) 誤り. グロー曲線は熱ルミネセンス線量計で加熱温度と蛍光強度の関係を示す. **【解答】**(5)

ここで，頻出している事項と放射線検出器との関係をまとめておく．

関連事項	放射線検出器
再結合領域，飽和領域	電離箱
ガス増幅，電子増倍（率），電子なだれ	比例計数管，GM計数管
消滅ガス，窒息現象	GM計数管
W値	気体検出器（電離箱，比例計数管，GM計数管）
空乏層，電子・正孔対，ε値	半導体検出器
光電子増倍管	シンチレーション検出器
グロー曲線	熱ルミネセンス線量計（TLD）
ラジオフォトルミネセンス	蛍光ガラス線量計（RPLD）
緑色レーザー	光刺激ルミネセンス線量計（OSLD）
G値	化学線量計，フリッケ線量計
充電	電離箱式PD型ポケット線量計

❌ **問題6** 気体の電離を利用する放射線検出器の印加電圧と生じる電離電流の特性に対応した次のAからDまでの領域について，出力電流の大きさが入射放射線による一次電離量に比例し，放射線の検出に利用される領域の組合せは（1）〜（5）のうちどれか．

A 再結合領域

B 電離箱領域

C 比例計数管領域

D GM計数管領域

（1）A，B （2）A，C （3）B，C （4）B，D （5）C，D

📝**解説** 電離箱領域では，ガス増幅はされないが，出力電流の大きさが入射放射線による一次電離量に比例している．比例計数管領域では，比例してガス増幅されており，出力電流は一次電離量に比例している． 【解答】（3）

❌ **問題7** エックス線の測定に用いるシンチレーション検出器に関する次の記述の
うち,誤っているものはどれか.
(1) シンチレータには,微量のタリウムを含有させて活性化したヨウ化ナトリウム
結晶などが用いられる.
(2) シンチレータに放射線が入射すると,紫外領域の減衰時間の長い蛍光が放出さ
れる.
(3) シンチレータに密着して取り付けられた光電子増倍管により,光は光電子に変
換され,増倍された後,電流パルスとして出力される.
(4) 光電子増倍管から得られる出力パルス波高値には,入射放射線のエネルギーの
情報が含まれている.
(5) 光電子増倍管の増倍率は印加電圧に依存するので,光電子増倍管に印加する高
圧電源は安定化する必要がある.

❌**解説** (2)が誤り.シンチレータから放出される蛍光の波長は可視光領域にあり,
減衰時間は短い. 　　　　　　　　　　　　　　　　　　　　**【解答】**(2)

❌ **問題8** 被ばく線量測定のための放射線測定器に関する次の記述のうち,誤って
いるものはどれか.
(1) フィルムバッジは,写真乳剤を塗付したフィルムを現像したときの黒化度によ
り被ばく線量を評価する線量計で,数種類のフィルターを通したフィルム濃度の
変化から,放射線の実効エネルギーを推定することができる.
(2) 熱ルミネセンス線量計は,放射線照射後,素子を加熱することによって発する
蛍光の強度から線量を読み取る線量計で,一度線量を読み取った後も素子に情報
が残るので,線量の読み取りは繰り返し行うことができる.
(3) 半導体式ポケット線量計は,固体内での放射線の電離作用を利用した線量計で,
検出器には **PN** 接合シリコン半導体が用いられる.
(4) 蛍光ガラス線量計は,放射線照射により形成された蛍光中心に紫外線を当て,
生じる蛍光を測定することにより線量を読み取る線量計で,素子には銀活性リン
酸塩ガラスが用いられている.
(5) 光刺激ルミネセンス線量計は,輝尽性蛍光を利用した線量計で,検出素子には
炭素添加酸化アルミニウムなどが用いられている.

❌**解説** (2)が誤り.加熱により補足されていた電子が一斉に開放されて発光する
ため,読み取りは1回だけである.なお,これらの個人線量計については,
3.6節で詳述している. 　　　　　　　　　　　　　　　　**【解答】**(2)

✕ **問題9** 次のAからDまでの放射線検出器について，その出力が放射線のエネルギーの情報を含むもののすべての組合せは（1）〜（5）のうちどれか．

A 比例計数管
B GM計数管
C 半導体検出器
D シンチレーション検出器

（1）A, B 　　（2）A, B, C 　　（3）A, C, D 　　（4）B, C, D 　　（5）C, D

✕ **解説**　A：一次電離量が放射線のエネルギーに比例しており，また，ガス増倍率は一次電離量によらず一定であるので，ガス増幅後の総電荷量は放射線エネルギーに比例する．B：一次電離量によらず，出力される電荷量は一定であるので，放射線のエネルギーに比例しない．C：電離箱で一次電離量がそのまま出力されるように，半導体検出器でも，半導体中で発生した一次電離量がそのまま出力されるので，放射線エネルギーの情報を得ることができる．D：シンチレータ内で放射線のエネルギーに比例した数の光子（シンチレーション光）が発生し，光電子増倍管の光電面で光子数に比例した光電子が発生し，光電子増倍管内で電子が比例して増幅され，非常に大きな信号が発生する．このようにして，放射線のエネルギーに比例した信号を得ることができる．

【解答】（3）

3.4
サーベイメータの構造と取扱い

出題傾向　毎回出題されている．電離箱式，GM計数管式，シンチレーション式，および半導体式がほぼ均等に出題されている．

ポイント
1. 電離箱式サーベイメータは感度のエネルギー依存性が小さく良好であり，散乱線のある場や高線量場での測定に適している．積算線量の測定も可能である．しかし，感度が相対的に悪く，湿度の影響を受けやすいのが短所である．

2. GM計数管式サーベイメータは安定度が高く，保守・調整が容易であるが，感度は中程度で，方向依存性があり，高線量率では窒息現象で測定不能に陥る．

3. シンチレーション式サーベイメータは感度が高く，バックグラウンドレベルの微弱な線量測定に適している．しかし，50 keV以下のエックス線には不向きであり，エネルギー依存性が強いので，散乱線の多い場での測定には適さない．

🔍 ポイント解説

1. モニタリング

　作業場所の安全確認のために，いろいろな場所の放射線モニタリングが必要であるが，エックス線は散乱するので，通過経路の予測も重要である．エックス線の線量（率）測定のために使用する測定器の選定には，対象となるエックス線のエネルギーや線量率を考慮する必要がある．作業空間の空間線量率の分布を測定するには，1 cm線量当量（H_{1cm}）の測定が要求されており，それに対応した持ち運びが可能で簡易な測定器であるサーベイメータが使用される．個人の被ばく線量を求めるためには，個人被ばく線量計が使用される．一方，管理区域の境界では，据置き型で連続モニタリングが可能なエリアモニタが用いられる．

　サーベイメータには電離箱式，GM計数管式，シンチレーション式，および半導体式がある．測定対象が高線量率である場合は，すぐにその程度を認識する必要があるので，表示部の指針や表示の動きが速いサーベイメータを使用する必要がある．また，検出器には実効中心が明記されており，表示値から真の値を導出するときに必要な校正定数も記録されている．

2. 電離箱式サーベイメータ

図 3.5 に電流出力型の直流結合型電離箱の構造を示す．印加電圧は，図 3.2 の電離箱領域で使用する．電離箱は，容器内部の気体中にエックス線によって作られた電子 - イオン対を，陽極と陰極間の電界により分離し移動させて両電極に集め，発生した微弱電荷を電流として測定する計器である．電流は微小であるので直接に電流計で計測することはできず，高い抵抗に電離電流を流して，その両端の電圧を電位計で測定する．メータの指示は 1 cm 線量当量率〔μSv/h〕の目盛りになっている．測定範囲は 1 μSv/h ～ 1 Sv/h 程度である．感度は低く，低線量率場の測定には向いていないが，図 3.6 に示されているように，他のサーベイ

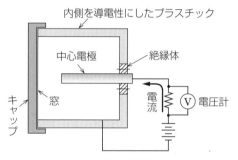

図 3.5 電離箱式サーベイメータの構造

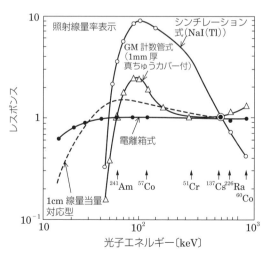

図 3.6 各種サーベイメータのエネルギー特性

メータと比較して線量率のエネルギー依存性が小さいので，中・高線量率場では，安定で精度の良い測定ができる．また，方向依存性も小さいので，散乱線の多い場での測定に適している．なお，低線量率の測定は，バックグランド放射線の影響を受けやすいので，積算線量測定モードを使用するなどの工夫が必要である．また，微弱電流を扱うので，湿度の影響を受けやすい．注意が必要である．

3. 比例計数管式サーベイメータ

図 3.2 における，比例計数管領域の範囲で動作させる．比例計数管では，電離放射線が初期に作った電子数に比例した出力が得られるので，入射エネルギーの情報を得ることができる．また，計数の分解時間も短く，1 秒間に 10^4 程度の計数率でも数え落としがわずかな計測が可能である．しかし，出力パルスが GM 計数管と比較すると低く，電子回路での増幅が必要である．他の検出器と比較して，性能がやや劣るので，封入気体に中性子と反応する $^{10}BF_3$ ガスや ^3He ガスを使用して，中性子検出用のサーベイメータとして利用されている．

4. GM 計数管式サーベイメータ

図 3.2 において，GM（ガイガー・ミュラー）計数管領域の範囲で動作させる．出力電荷量は入射したエックス線のエネルギーによらず一定となり，1 V ～ 5 V の大きなパルスが得られるので，簡単な電子回路で計数できる．計数回路では，波高値があるしきい（閾）電圧以上のパルスだけを計数する．強度一定の放射線場で一定時間計数する際，GM 計数管の印加電圧を徐々に上げていくと，図 3.7 に示す特性が得られる．印加電圧が低いときはガス増幅が十分でなく，波高値が

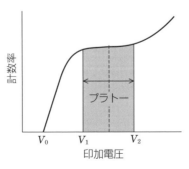

図 3.7　GM 計数管のプラトー特性

低いので計数されないが，印加電圧の上昇に伴い計数される割合が増加し，電圧 V_1 から V_2 の区画は計数率がほぼ一定となり，この平坦部分を**プラトー**と呼ぶ．計数管の印加電圧が多少変動しても計数率への影響を少なくするためには，プラトーは長くて傾斜が小さいほどよい．なお，GM 計数管は，計数率の変動が小さく，かつ計数管の長寿命化を考慮して，プラトーの中心部より少し低い電圧で使用する．

　GM 計数管では，図 3.8 に示すように，1 個のエックス線光子の電離作用に端を発し，放電が GM 管内に広がって大きなパルス電圧が発生するが，この時間内に次のエックス線が入射し，電離作用により初期電荷が生じても，陽極周辺の電界は大量に発生している陽イオンにより弱められているので，ガス増幅が起こらない．このように，放射線が入射しても出力パルスが現れない期間を**不感時間**といい，通常は $100\,\mu s \sim 200\,\mu s$ 程度である．不感時間を過ぎて正常なパルス波高になるまでの時間を**回復時間**と呼ぶ．また，しきい電圧以上の出力パルス波高になるまでの時間を**分解時間**と呼ぶ．放射線の強度が強すぎると，個々の放電で十分に大きな信号が発生しなくなり，パルスの数え落としが頻発し，強度が強くなるほど計数率が低下する現象が起こる．これを**窒息現象**という．線源に徐々に近づいて行くときに，線量率が徐々に低下する場合などは，窒息現象が起きていないか十分注意する必要がある．

　不感状態があるため，正しい計数率を求めるには，この数え落としを補正する必要がある．分解時間を T〔s〕，計数率を n〔s^{-1}〕とすると，**真の計数率** n_0 は

$$n_0 = \frac{n}{1-nT}\ [\mathrm{s}^{-1}]$$

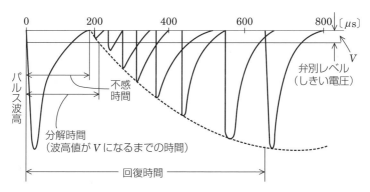

図 3.8　GM 計数管の出力パルス

で求まる．n や n_0 は 1 秒間当たりの計数値であり，cps（count per second）で表す．例として，495 cps の計数値のとき，計数管の分解時間が $100\,\mu\mathrm{s}$ である場合，真の計数率は

$$\frac{495\,[\mathrm{s}^{-1}]}{1-495\,[\mathrm{s}^{-1}]\times 100\times 10^{-6}\,[\mathrm{s}]}=\frac{495}{1-0.0495}=\frac{495}{0.9505}\fallingdotseq 521\,[\mathrm{cps}]$$

となる．

5. シンチレーション式サーベイメータ

シンチレーション式サーベイメータは，NaI（Tl）などのシンチレータからの微弱な光を光電子増倍管で電子増倍し，パルス信号を処理する計測器である．パルス波高値は入射エックス線のエネルギーに比例する．図 3.6 に示すように，感度のエネルギー依存性は他のサーベイメータより劣るが，感度は極めてよいので，自然放射線レベルの低線量率測定が必要となる環境での使用に適している．電子回路で 50 keV 相当のパルス波高値をカットオフレベルとしているので，エネルギーが低くなる散乱線の測定には適さない．パルス状に発生するエックス線では，数え落としが著しくなるので，GM 計数管と同様に注意が必要である．

6. 半導体式サーベイメータ

シリコン半導体式を用いたガンマ線・エックス線用の軽量でコンパクトサイズのサーベイメータである．線量率の測定範囲は $0.1\,\mu\mathrm{Sv/h}$ から 1 Sv/h 程度で，測定エネルギー範囲は 50 keV から 1.5 MeV 程度であり，エネルギー依存性は ±30 ％程度と大きく，方向依存性も ±25 ％程度と大きい．

7. サーベイメータの特性

表 3.1 に各種サーベイメータの特徴をまとめる．

a）エネルギー依存性

エネルギー依存性とは，真の 1 cm 線量当量率〔Sv/h〕に対する表示値の比がエネルギーに依存することをいう．図 3.6 に各種サーベイメータの感度のエネルギー依存性を示した．通常は，一定の放射線エネルギー（例えば ^{137}Cs の 0.662 MeV のガンマ線）において正しい値を示しており，エネルギーが異なる場合には読み値に校正定数（真の値／読み値）を乗じて真の値を求める．

表 3.1 サーベイメータの特性と適応性

<table>
<tr><th colspan="2"></th><th>電離箱式
サーベイメータ</th><th>GM 計数管式
サーベイメータ</th><th>シンチレーション式
サーベイメータ</th></tr>
<tr><td rowspan="8">サーベイメータの特性</td><td>測定可能線量率範囲</td><td>1 μSv/h～1 Sv/h</td><td>0.1 μSv/h～300 μSv/h</td><td>0.01 μSv/h～30 μSv/h</td></tr>
<tr><td>エネルギー依存性</td><td>小</td><td>電離箱より劣る</td><td>GM 管より劣る
(エネルギー補償機能で改善)</td></tr>
<tr><td>測定エネルギー範囲</td><td>30 keV～1.5 MeV</td><td>60 keV～1.3 MeV</td><td>50 keV～3 MeV</td></tr>
<tr><td>感度</td><td>低</td><td>中</td><td>高</td></tr>
<tr><td>方向依存性</td><td>小</td><td>電離箱より劣る</td><td>電離箱よりやや劣る</td></tr>
<tr><td>安定度</td><td>小</td><td>大</td><td>中</td></tr>
<tr><td>湿度の影響</td><td>大</td><td>小</td><td>小</td></tr>
<tr><td>保守・調整の必要性</td><td>大</td><td>小</td><td>中</td></tr>
<tr><td rowspan="6">測定の適応性</td><td>エネルギー測定</td><td>×</td><td>×</td><td>○</td></tr>
<tr><td>高線量率の直接線の測定</td><td>○</td><td>×</td><td>×</td></tr>
<tr><td>散乱線を多く含む場での測定</td><td>○</td><td>×</td><td>×</td></tr>
<tr><td>微弱な線量の測定</td><td>×</td><td>△</td><td>○</td></tr>
<tr><td>細い線束の測定</td><td>×</td><td>○</td><td>○</td></tr>
<tr><td>線量率の時間的変動が多い場合</td><td>(積算すれば○)</td><td>×</td><td>×</td></tr>
<tr><td colspan="2">特記事項</td><td>積算型あり</td><td>高線量率では窒息現象に注意</td><td>エネルギー補償機構によりエネルギー依存性が改善. 50 keV 以下は不向き</td></tr>
</table>

b) 方向依存性

放射線の入射方向により検出器の感度が変化することを方向依存性という. GM 計数管式サーベイメータでは, 管壁からの二次電子放出による計数が多いので, 他のサーベイメータと異なり, 前面よりも側面方向から入射するエックス線(ガンマ線)に対して感度が高くなる.

c) 感度

サーベイメータの感度は, 電離箱式は低く, GM 計数管式, シンチレーション式の順で高くなる. 放射線障害防止法では, 管理区域境界の線量は 1.3 mSv/3 か月を超えてはならないと定めている. 3 か月を 500 時間で考えると, この線量率は 2.6 μSv/h になる. 事業所境界は 250 μSv/3 か月を超えてはならない. 3 か月を 91 日 (2 184 時間) で計算すると, 線量率は 0.115 μSv/h に相当し, シンチレーション式サーベイメータで計測が可能である. 作業場所では 1 週間 1 mSv 以下であり, 1 週間 40 時間と考えると 25 μSv/h になる. サーベイメータではこのような単位時間当たりの線量率を測定することが可能である.

　放射線の測定の際，バックグラウンドとは測定しようとする対象以外の放射線による計測値をいう．そのなかに，自然発生放射線として宇宙線，大地からの放射線，および人間の体内から自然発生している放射線があり，これらの総線量は年間 1 mSv から 3 mSv 程度である．1 mSv/ 年を 1 時間当たりに換算すると 0.11 μSv/h となる．したがって，バックグラウンドレベルの低線量を測定する場合には，高感度であるシンチレーションサーベイメータが一般的には使用されている．

d）時定数

　時定数は，計数率計のための回路におけるコンデンサ C と並列抵抗 R との積 RC で求められる．検出器のスイッチを入れて，指示値がその最終値の約 63 ％ に達するまでの時間に相当する．時定数を短くして測定すると，応答は速くなるが，計数率が低い場では針の動きが激しく，指示値が読み取りづらくなる．計数率が低い場では時定数を長く設定して測定し，計数率が高い場では時定数を短く設定して測定する．通常，時定数の 3 倍程度待って指示値を読み取る．

e）トレーサビリティ

　計測器がより高位の標準器または基準器によって次々と校正され，国家標準につながる経路が確立されていることをトレーサビリティという．放射線測定器の精度の確保のためには，トレーサビリティが明確な基準測定器を用いて，定期的に校正を受けることが必要である．

8. 統計誤差

　放射線の計数値には放射線の統計誤差が常に含まれている．1 回の測定で得た計数値を N とし，N は真の平均値から大きな違いはないとして $\sqrt{N}$ を標準偏差とみなし，$N \pm \sqrt{N}$（測定値 ± 統計誤差）と表記する．

問題1 放射線の測定に関する用語について，誤っているものは次のうちどれか.
(1) 積分型の測定器において，放射線が入射して作用した時点からの時間経過とともに線量の読取り値が減少していく現象をフェーディングという.
(2) 放射線測定において，測定しようとする放射線以外の，自然または人工線源からの放射線を，バックグラウンド放射線という.
(3) GM計数管の特性曲線において，印加電圧の変動が計数率にほとんど影響を与えない範囲をプラトーといい，プラトーが長く，傾斜が小さいほど，計数管としての性能は良い.
(4) 物質が100 eVの放射線エネルギーを吸収したときに変化する原子数または分子数をW値といい，放射線の種類が変わってもほぼ一定の値をとるため測定に利用される.
(5) 測定器または線源がより高位の標準器または基準器によって次々と校正され，国家標準につながる経路が確立されていることをトレーサビリティといい，放射線測定器の校正は，トレーサビリティが明確な基準測定器または基準線源を用いて行う必要がある.

解説 物質が100 eVの放射線エネルギーを吸収したときに変化する原子数または分子数はG値という. 【解答】(4)

問題2 放射線の測定などの用語に関する次の記述のうち，誤っているものはどれか.
(1) 放射線計測において，測定しようとする放射線以外の，自然または人工線源からの放射線を，バックグラウンド放射線という.
(2) 半導体検出器において，荷電粒子が半導体中で1個の電子・正孔対を作るのに必要な平均エネルギーをε値といい，シリコンの場合は3.6 eV程度である.
(3) GM計数管が放射線の入射により一度作動し，一時的に検出能力が失われた後，出力波高値が正常の波高値にほぼ等しくなるまでに要する時間を回復時間という.
(4) 入射放射線の線量率が低く，測定器の検出限界に達しないことにより計測されないことを数え落としという.
(5) GM計数管の特性曲線において，印加電圧を上げても計数率がほとんど変わらない範囲をプラトーといい，プラトーが長く，傾斜が小さいほど，計数管としての性能は良い.

解説 (4)が誤り. GM計数管などの電子増倍率が高い気体検出器では，線量率が高くなると頻繁に検出が行われ，出力パルスの間隔が検出器固有の分解時

間より短い場合には数え落としが起こり，後続のパルスは計数されず，その分の計数値が減少してしまう．数え落としは線量率が高い場合に起こる現象である．　　　　　　　　　　　　　　　　　　　　　　**【解答】**（4）

❌ 問題3　放射線の測定の用語に関する次の記述のうち，誤っているものはどれか．

(1) 放射線が気体中で1対のイオン対をつくるのに必要な平均エネルギーをW値といい，放射線の種類やエネルギーにあまり依存せず，気体の種類によりほぼ一定の値をとる．

(2) 入射放射線によって気体中につくられたイオン対のうち，電子が電界で強く加速され，さらに多くのイオン対を発生させることを気体（ガス）増幅という．

(3) GM計数管の特性曲線において，印加電圧の変動が計数率に影響を与えない領域をプラトーといい，プラトー領域の印加電圧では，入射放射線による一次電離量に比例した大きさの出力パルスが得られる．

(4) 出力パルスの計数を計測する放射線測定器を用いて低線量率の放射線を測定するときには，時定数を長く設定して測定する．

(5) 線量率計の検出感度が，放射線のエネルギーによって異なる性質をエネルギー依存性という．

📝解説　　（3）が誤り．GM計数管をプラトー領域の印加電圧で使用し，計数率が高くない場合には，一次電離量に関わらず，ほぼ一定の大きさの出力パルスが得られる．　　　　　　　　　　　　　　　　　　　**【解答】**（3）

❌ 問題4　次の図は，GM計数管が入射放射線を検出し一度放電した後，次の入射放射線に対する出力パルスが時間経過に伴い変化する様子を示したものである．

図中のA，BおよびCに相当する時間の組合せとして，正しいものは（1）～（5）のうちどれか．

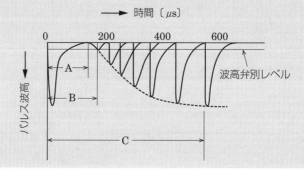

	A	B	C
(1)	不感時間	分解時間	回復時間
(2)	不感時間	回復時間	分解時間
(3)	分解時間	不感時間	回復時間
(4)	回復時間	分解時間	不感時間
(5)	回復時間	不感時間	分解時間

解説　Aは，放電がGM計数管内に広がって大きなパルス電圧が発生するが，陽極周辺に残っている陽イオンにより陽極周辺の電界が弱められているので，この時間内に入射したエックス線の電離作用によって初期電荷が発生しても，ガス増幅が起こらない時間帯であり，不感時間という．Bは，陽イオンが陰極側に移動を始め，陽極部分の電界が強くなってガス増幅が始まり，出力パルスの波高値が波高弁別レベルに達するまでの時間であり，分解時間という．Cは，正常な出力波高値になるまでの時間で，回復時間という．**【解答】**（1）

❌問題5　エックス線の測定に用いるGM計数管に関する次の記述のうち，誤っているものはどれか．

（1）GM計数管では，出力パルスの電圧が他の検出器に比べ，格段に大きいという特徴がある．

（2）GM計数管の不感時間は，$100\,\mu s \sim 200\,\mu s$ 程度である．

（3）GM計数管では，入射放射線のエネルギーを分析することはできない．

（4）GM計数管では，入射する放射線が非常に多くなると，弁別レベル以下の放電が連続し，出力パルスが得られなくなる現象が起こる．

（5）GM計数管は，プラトー部分の中心部から少し高い印加電圧で使用する．

解説　（5）が誤り．GM計数管の内部ガスの劣化を遅らせて長持ちさせるために，プラトーの中央部より少し低い印加電圧で使用する．　　　　**【解答】**（5）

❌ **問題 6** GM 計数管に関する次の記述のうち，正しいものはどれか．

(1) GM 計数管の内部には電離気体として用いられる空気のほか，放射線によって生じる放電を短時間で消滅させるための消滅（クエンチング）ガスとしてアルゴンなどの希ガスが混入されている．

(2) 回復時間は，入射放射線より一度放電し，一時的に検出能力が失われた後，パルス波高が弁別レベルまで回復するまでの時間で，GM 計数管が測定できる最大計数率に関係する．

(3) プラトーが長く，その傾斜が小さいプラトー特性の GM 計数管は，一般に性能が劣る．

(4) GM 計数管は，プラトー部分の中心部より高い印加電圧で使用する．

(5) GM 計数管では，入射放射線のエネルギーを分析することができない．

✎**解説** (1) 誤り．電離気体として通常アルゴンなどの希ガスが用いられる．また，消滅（クエンチング）ガスとしてアルコールなどの有機ガスまたは臭素などのハロゲンガスが少量混入される．(2) 誤り．回復時間は，出力波高値が正常な波高値に等しくなるまでに要する時間である．(3) 誤り．このような特性をもつ GM 計数管は，印加電圧の変動の影響を受けにくいので，性能が良いものである．(4) 誤り．GM 計数管の寿命を長くするために，プラトーの中央部より少し低い印加電圧で使用する．(5) 正しい．入射放射線によって生じる一次電離量に関わらず，ほぼ一定の大きさの出力パルスが得られるためエネルギー分析はできない． **[解答]** (5)

❌ **問題 7** エックス線とその測定に用いるサーベイメータとの組合せとして，不適切なものは次のうちどれか．

(1) 50 keV ～ 200 keV のエネルギー範囲で，50 μSv/h 程度の線量率のエックス線
……………………………………………… 電離箱式サーベイメータ

(2) 10 keV 程度のエネルギーで，1 mSv/h 程度の線量率のエックス線
……………………………… NaI (Tl) シンチレーション式サーベイメータ

(3) 100 keV 程度のエネルギーで，10 μSv/h 程度の線量率のエックス線
……………………………………………… 半導体式サーベイメータ

(4) 300 keV 程度のエネルギーで，10 mSv/h 程度の線量率のエックス線
……………………………………………… 電離箱式サーベイメータ

(5) 300 keV 程度のエネルギーで，100 μSv/h 程度の線量率のエックス線
……………………………………………… GM 計数管式サーベイメータ

📝解説　　　NaI (Tl) シンチレーション式サーベイメータのエックス線検出のエネルギー下限は 50 keV 程度で，線量率の上限は 30 μSv/h 程度である．

なお，サーベイメータの特性を以下にまとめる．図 3.6 参照．

種　類	エネルギー範囲	線量率範囲
電離箱式	30 keV ～ 1.5 MeV	1 μSv/h ～ 1 Sv/h
GM 計数管式	60 keV ～ 1.3 MeV	0.1 μSv/h ～ 300 μSv/h
シンチレーション式	50 keV ～ 3 MeV	0.01 μSv/h ～ 30 μSv/h
半導体式	50 keV ～ 1.5 MeV	0.1 μSv/h ～ 1 Sv/h

【解答】(2)

✖ 問題 8　エックス線とその測定に用いるサーベイメータの組合せとして，適切なものは次のうちどれか．

(1) 散乱線を多く含むエックス線

　　　　　　　　　　　　　　　　　　　　　　　GM 計数管式サーベイメータ

(2) 0.1 μSv/h 程度の低線量率のエックス線

　　　　　　　　　　　　　　　　　　　シンチレーション式サーベイメータ

(3) 30 keV 程度以下の低エネルギーのエックス線

　　　　　　　　　　　　　　　　　　　シンチレーション式サーベイメータ

(4) 10 keV 程度の低エネルギーのエックス線

　　　　　　　　　　　　　　　　　　　　　　　　半導体式サーベイメータ

(5) 湿度の高い場所における 100 keV 程度のエネルギーのエックス線

　　　　　　　　　　　　　　　　　　　　　　　電離箱式サーベイメータ

📝解説　　　(1) 誤り．方向依存性が大きい．(3) 誤り．検出できるエックス線のエネルギーはほぼ 50 keV 以上である．(4) 誤り．検出できるエックス線のエネルギーはほぼ 50 keV 以上である．(5) 誤り．電離箱式サーベイメータは湿度が高くなると影響を受けやすい．　　　　　　　　　　　　　　　　【解答】(2)

✖ 問題 9　エックス線の測定に用いるサーベイメータに関する次の記述のうち，正しいものはどれか．

(1) 電離箱式サーベイメータは，取扱いが容易で，測定可能な線量の範囲が広いが，他のサーベイメータに比べ方向依存性が大きく，また，バックグラウンド値が大きい．

(2) NaI (Tl) シンチレーション式サーベイメータは，感度が良く，自然放射線レベ

161

ルの低線量率の放射線も検出することができるので，施設周辺の微弱な漏えい線の有無を調べるのに適している．
(3) GM計数管式サーベイメータは，他のサーベイメータに比べ方向依存性が小さく，線量率は500 mSv/h程度まで効率良く測定できる．
(4) GM計数管式サーベイメータは，他のサーベイメータに比べエネルギー依存性は小さいが，湿度の影響を受けやすく，機械的な安定性が十分でない．
(5) 半導体式サーベイメータは，他のサーベイメータに比べエネルギー依存性が小さく，30 keV以下の低エネルギーのエックス線の測定に適している．

❖解説　(1) 誤り．電離箱式サーベイメータは，方向依存性が少ないことが特徴である．(3) 誤り．GM計数管式サーベイメータは方向依存性が大きく，また，500 mSv/hの高線量率は使用できる上限を超えている．(4) 誤り．GM計数管式サーベイメータのエネルギー依存性は大きく，注意が必要である．また，湿度変化の影響は受けにくく，機械的な安定性が不十分とはいえない．(5) 誤り．半導体式サーベイメータのエネルギー依存性は電離箱式サーベイメータより大きい．また50 keV以下では検出効率が低くなり，不向きである．

【解答】(2)

❖問題10　サーベイメータに関する次の記述のうち，誤っているものはどれか．
(1) 電離箱式サーベイメータは，エネルギー依存性および方向依存性が小さいので，散乱線の多い区域の測定に適している．
(2) 電離箱式サーベイメータは，一般に，湿度の影響により零点の移動が起こりやすいので，測定に当たり留意する必要がある．
(3) NaI (Tl) シンチレーション式サーベイメータは，感度が良く，自然放射線レベルの低線量率の放射線も検出することができるので，施設周辺の微弱な漏えい線の有無を調べるのに適している．
(4) シンチレーション式サーベイメータは，30 keV程度のエネルギーのエックス線の測定に適している．
(5) 半導体式サーベイメータは，20 keV程度のエネルギーのエックス線の測定に適していない．

❖解説　(4) が誤り．シンチレーション式サーベイメータはある範囲ではエネルギー情報を得ることができ，下限が50 keV相当に設定されていることが多く，それ以下のパルスは処理されない．

【解答】(4)

✖ **問題11** サーベイメータに関する次の記述のうち，誤っているものはどれか.

(1) 電離箱式サーベイメータは，エネルギー依存性および方向依存性が小さいので，散乱線の多い区域の測定に適している.

(2) 電離箱式サーベイメータは，一般に，湿度の影響により零点の移動が起こりやすいので，測定に当たり留意する必要がある.

(3) 半導体式サーベイメータは，20 keV 程度のエネルギーのエックス線の測定には適していない.

(4) シンチレーション式サーベイメータは，30 keV 程度のエネルギーのエックス線の測定には適していない.

(5) NaI（Tl）シンチレーション式サーベイメータは，入射エックス線のエネルギー分析における分解能が半導体式サーベイメータに比べて優れている.

✎ **解説** （5）が誤り．半導体式サーベイメータの方がシンチレーション式サーベイメータよりもエネルギー分解能が優れている. **【解答】**（5）

✖ **問題12** 次のエックス線とその測定に用いるサーベイメータの組合せのうち，不適切なものはどれか.

(1) 散乱線を多く含むエックス線
……………………………………………… 電離箱式サーベイメータ

(2) 0.1 μSv/h 程度の低線量率のエックス線
……………………………………… シンチレーション式サーベイメータ

(3) 200 mSv/h 程度の高線量率のエックス線
……………………………………………… 電離箱式サーベイメータ

(4) 湿度の高い場所における 100 μSv/h 程度のエックス線
……………………………………………GM 計数管式サーベイメータ

(5) 10 keV 程度の低エネルギーのエックス線
……………………………………………… 半導体式サーベイメータ

✎ **解説** （1）正しい．方向依存性が小さい電離箱式サーベイメータは，散乱線を多く含むエックス線の測定に適している．（2）正しい．シンチレーション式サーベイメータは感度が高いので，0.1 μSv/h 程度の微弱なバックグラウンドレベルの線量測定に適している．（3）正しい．電離箱式サーベイメータは高線量率のエックス線の測定に適している．（4）正しい．GM 計数管式サーベイメータは湿度の影響を受けにくい．また，放射線管理で一般的な GM 計数管式サーベイメータの上限は 300 μSv/h 程度であるため，この場では使用でき

ると判断できる．（5）不適切．半導体式サーベイメータは，10 keV 程度の低エネルギーのエックス線の測定には適さない．なお，サーベイメータでなければ，この程度の低エネルギー用半導体検出器は存在する．　　**【解答】**（5）

🔴 **問題13**　積分回路の時定数 T 秒のサーベイメータを用いて線量を測定し，計数率 n〔cps〕を得たとき，計数率の標準偏差 σ〔cps〕は次の式で示される．

$$\sigma = \sqrt{\frac{n}{2T}}$$

あるサーベイメータを用いて，時定数を 3 秒に設定し，エックス線を測定したところ，指示値は 150 cps を示した．

このとき，計数率の相対標準偏差に最も近い値は次のうちどれか．

（1）1 ％　　（2）2 ％　　（3）3 ％　　（4）5 ％　　（5）10 ％

📝**解説**　相対標準偏差は σ/n で定義される．題意より，標準偏差 σ 式に，n として 150〔cps = 1/s〕を，T として 3〔s〕を代入すると，σ は 5〔1/s〕となる．よって，計数率の相対標準偏差は 5/150 ≒ 3％となる．　　**【解答】**（3）

🔴 **問題14**　ある放射線測定器を用いて t 秒間放射線を測定し，計数値 N を得たとき，計数率の標準偏差〔cps〕を表すものは，次のうちどれか．

（1）$\sqrt{N}$　　（2）$\sqrt{N}/t$　　（3）$\sqrt{N/t}$　　（4）$\sqrt{N}/t^2$　　（5）N/t^2

📝**解説**　時間 t〔s〕の測定で，計数値が N であり，その標準偏差を σ とすると，$\sigma = \sqrt{N}$ であるので，誤差表示は

$$N \pm \sigma = N \pm \sqrt{N}$$

となる．計数率 n（= N/t）で表すために上式を t で割ると

$$\frac{N}{t} \pm \frac{\sqrt{N}}{t}$$

となる．　　**【解答】**（2）

🔴 **問題15**　あるサーベイメータを用いて放射線を測定し，60 秒間の測定値から 950 cps の計数率を得た．

この計数率の標準偏差〔cps〕に最も近い値は，次のうちどれか．

（1）0.5　　（2）2　　（3）4　　（4）15　　（5）31

📝**解説**　前問の解説より，測定時間 t = 60 s，計数率 n = N/t = 950 cps より，計数

値 $N = 57\,000$ である．求めるのは，計数率の標準偏差であるので，次式より

$$n = \frac{N}{t} \pm \frac{\sqrt{N}}{t}$$

$$\frac{\sqrt{N}}{t} = \frac{\sqrt{57\,000}}{60} \fallingdotseq \frac{238.7}{60} \fallingdotseq 4.0 \qquad \text{【解答】}(3)$$

❌ **問題 16** GM 計数管式サーベイメータによりエックス線を測定し，1 000 cps の計数率を得た．GM 計数管の分解時間が 200 μs であるとき，数え落としの値〔cps〕は次のうちどれか．

(1) 20　　(2) 50　　(3) 170　　(4) 200　　(5) 250

解説　真の計数率 ＝計数値 /（有効な計測時間）

　　　　　　　 ＝計数値 /（見かけの計測時間 − パルス処理に要した時間）

　　　　　　　 ＝ 1 000/(1 − 1 000 × 200 × 10^{-6})

　　　　　　　 ＝ 1 250〔cps〕

よって

　　数え落とし ＝ 1 250 − 1 000 ＝ 250 cps

となる．　　　　　　　　　　　　　　　　　　　　　　　　　　　【解答】(5)

❌ **問題 17** あるエックス線について，サーベイメータの前面に鉄板を置き，半価層を測定したところ 4.5 mm であった．このエックス線のおよその実効エネルギーは (1)〜(5) のうちどれか．

　ただし，エックス線のエネルギーと鉄の質量減弱係数との関係は下図のとおりとし，$\log_e 2 = 0.693$ とする．また，この鉄板の密度は 7.8 g/cm^3 であるとする．

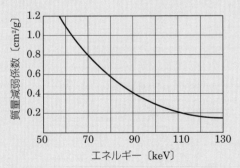

(1) 60 keV　　(2) 70 keV　　(3) 80 keV　　(4) 90 keV　　(5) 110 keV

❖解説　エックス線が厚さ T〔cm〕，密度 ρ〔g/cm³〕，質量吸収係数 μ_m〔cm²/g〕の物質に入射するときの強度を I_0 とし，透過した後の強度を I とすると，次の関係がある．

$$\frac{I}{I_0} = e^{-\mu_m \cdot \rho \cdot T}$$

ここで，透過後の強度が半分になる物質の厚さを半価層といい $T_{1/2}$ と記すと

$$\frac{1}{2} = e^{-\mu_m \cdot \rho \cdot T_{1/2}}$$

$$-\log_e 2 = -\mu_m \cdot \rho \cdot T_{1/2}$$

より

$$T_{1/2} = \frac{\log_e 2}{\mu_m \rho}$$

の関係がある．上式より質量吸収係数 μ_m を算出すると

$$\mu_m = \frac{\log_e 2}{T_{1/2} \cdot \rho} = \frac{0.693}{0.45 \times 7.8} \approx 0.20 \text{ cm}^2/\text{g}$$

となる．グラフは，質量吸収係数と実効エネルギーの関係を示しており，質量吸収係数が 0.20 cm²/g のときの実効エネルギーは 110 keV と読み取れる．

【解答】（5）

3.5
積算型電離箱式サーベイメータによる線量率測定

■出題傾向 2018年までは頻繁に出題されていたが，それ以降は「3.2 放射線防護に用いられる線量」で掲載した外部被ばくによる実効線量の算出に関する計算問題が頻繁に出題されるようになった．

■ポイント 1. 線量率が一定の場では，サーベイメータを積算線量のレンジで使用し，指示値がゼロの初期値からフルスケールの線量までに達する時間を測定すると，線量率が導出できる．
2. 読み取った線量率に校正定数を掛けると真の線量率が求められる．
3. あるエネルギーのエックス線場で，ある厚さの材料を透過したあとの線量率が半分になった場合，その厚さを半価層という．

ポイント解説

電離箱式サーベイメータの指示値は1cm線量当量率以外に，積算線量の目盛りがついている機種もある．積算線量のレンジを使用すると，エックス線の間欠照射での線量測定ができ，また線量率の推定もできる．

いま，指示値がゼロの状態の積算型電離箱式サーベイメータを，測定したい放射線場に置き，メータの指示値が J 〔Sv〕の目盛りまで上昇するのに要した時間を T 〔s〕とすると，線量率 I 〔Sv/h〕は

$$I〔\mathrm{Sv/h}〕= \frac{J〔\mathrm{Sv}〕}{T〔\mathrm{s}〕\times \dfrac{1〔\mathrm{h}〕}{3\,600〔\mathrm{s}〕}} = \frac{3\,600\,J}{T}〔\mathrm{Sv/h}〕$$

で求めることができる．ここで，電離箱式サーベイメータのエネルギー依存性は図3.6に示したように，広い範囲でほぼ平坦であるが，感度補正のための**校正定数**が測定により機器ごとに実験的に定められている．この校正定数を **K** とすると，真の線量率 I_0 は

$$I_0 = K \cdot I〔\mathrm{Sv/h}〕$$

となる．

細い単色のエックス線束を用いて，銅板や鉄板のある厚さを透過させ，透過エックス線の強さが入射エックス線の強さの半分になったとき，その厚さを**半価層**といい，銅の何mmとか鉄の何mmのように，材質名を付けて表現する．エックス線が白色である場合，半価層はその平均のエックス線エネルギーである実効エ

ネルギーに依存するようになる.

> ✖ **問題 1** 標準線源から 1 m の距離において,電離箱式サーベイメータの積算モードでの校正を行ったところ,指針が目盛りスケール上のある目盛りまで振れるのに 18 秒かかった.この目盛りの正しい値は次のうちどれか.
>
> ただし,この標準線源から 1 m の距離における 1 cm 線量当量率は 3 mSv/h とする.
>
> (1) $10\,\mu Sv$　　(2) $15\,\mu Sv$　　(3) $30\,\mu Sv$　　(4) $45\,\mu Sv$　　(5) $60\,\mu Sv$

✖ 解説　標準線源から 1 m の距離で 1 cm 線量当量率が 3 mSv/h であり,同じ 1 m で 18 s であるので,線量は次式で計算される.

$$3\,(mSv/h) \times 18\,(s) = 3\,(mSv/h) \times \frac{18\,(s)}{3\,600\,(s/h)} = \frac{3 \times 18}{3\,600}\,(mSv)$$

$$= 15\,(\mu Sv) \hspace{3cm} \textbf{【解答】}\ (2)$$

> ✖ **問題 2** 電離箱式サーベイメータを用い,積算 1 cm 線量当量のレンジ(フルスケールは $10\,\mu Sv$)を使用して,ある場所で,実効エネルギーが 170 keV のエックス線を測定したところ,その指針がフルスケールまで振れるのに 130 秒かかった.
>
> このときの 1 cm 線量当量率に最も近い値は次のうちどれか.
>
> ただし,このサーベイメータの校正定数は,エックス線のエネルギーが 100 keV のときには 0.86,220 keV のときには 0.98 であり,このエネルギー範囲では,直線的に変化するものとする.
>
> (1) $190\,\mu Sv/h$　　(2) $240\,\mu Sv/h$　　(3) $260\,\mu Sv/h$
>
> (4) $300\,\mu Sv/h$　　(5) $320\,\mu Sv/h$

✖ 解説　メータの指示値が $J\,(Sv)$ の目盛りまで上昇するのに要した時間を $T\,(s)$ とすると,線量率 $I\,(Sv/h)$ は次式で計算できる.

$$I\,(Sv/h) = \frac{J\,(Sv)}{T\,(s) \times \dfrac{1\,(h)}{3\,600\,(s)}} = \frac{3\,600\,J}{T}\,(Sv/h)$$

$$= \frac{3\,600 \times 10 \times 10^{-6}}{130}\,(Sv/h) \fallingdotseq 277\,(\mu Sv/h)$$

170 keV の校正定数は,線形補間により

$$\frac{0.98 - 0.86}{220 - 100} \times (170 - 100) + 0.86 = 0.93$$

となり，補正後の 1 cm 線量当量率は $0.93 \times 277 \fallingdotseq 258\,\mu\mathrm{Sv/h}$ となる．

【**解答**】（3）

3.6
個人線量計の構造と特徴

■ **出題傾向**　TLD と RPLD は細かな特性について 10 回に 7 回程度頻繁に出題されている. 次に電離箱式 PD 型ポケット線量計, 半導体ポケット線量計, OSLD, フィルムバッジ, 電荷蓄積式（DIS）線量計の順で 10 回に 5 回以上の割合で出題されている.

■ **ポイント**

1. フィルムバッジは積算線量を測定でき, 安価で, 取扱いが容易であるなどの長所があるが, 線量の校正が容易ではなく, フェーディング（潜像退行）があり, 湿度の影響を受けやすいなどの短所がある.

2. 電離箱式 PD 型ポケット線量計は被ばく線量値をいつでも読み取れる長所をもつが, 機械的衝撃に弱く, リークに注意し, 高温や多湿の場所での保管は厳禁である.

3. 蛍光ガラス線量計（RPLD）は大線量の測定ができる. また, フェーディングが極めて少ないので長期間の積算線量の測定も可能であり, しかも繰り返し読出しも可能であるが, 機械的衝撃に弱い.

4. 光刺激ルミネセンス線量計（OSLD）は, フェーディングが少なく積算線量の測定が可能である.

5. 熱ルミネセンス線量計（TLD）は, 大線量の測定が可能で, アニーリング処理をした後に再使用できる.

🔍 ポイント解説

1. フィルムバッジ

　フィルムバッジは, 写真乳剤を塗布したフィルムを現像したときの黒化度により被ばく線量を評価する測定器である. 乳剤中の Ag や Br は原子番号が大きいため, 数十 keV のエックス線に対して光電効果が起こりやすい. したがって, このエネルギー帯で感度が高いが, エネルギーに強く依存している. この性質を利用して, 図 3.9 に示すように, Al, Cu, Pb などの金属の**フィルター**をつけ, 各フィルター部の濃度変化からエックス線の実効エネルギーを推定し, 線量を補正して算出する工夫がなされている. また, 測定する線量範囲を拡大させるため, 遮光用パックの中に, 感度の異なるフィルムが 2 枚または 3 枚入っている. 作業中は胸部につけておき, 普通は 1 か月間使用し, その後に現像して, 被ばく線量がわかっている標準フィルムと濃度を比較し, 使用期間に受けた被ばく線量を推定する. フィルムバッジや後述の線量計のような積分型の測定器において, 放射線が入射して作用した時

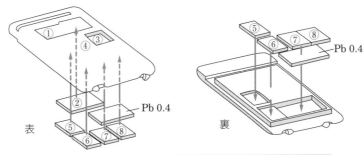

	名称	記号	材料と厚さ〔mm〕	用途[*2] P	B	T
①	オープンウィンドウ	OW	no filter	○		
②	プラスチック 1	P1	P1[*1] 0.5	○		
③	プラスチック 2	P2	P1 1.5	○	○	
④	プラスチック 3	P3	P1 3.0	○		
⑤	アルミニウム	Al	Al 0.6 + P1 2.4	○		
⑥	銅	Cu	Cu 0.3 + P1 2.7	○		
⑦	スズ	Sn	Sn 0.8 + Pd 0.4 + P1 1.8	○		○
⑧	カドミニウム	Cd	Cd 0.8 + Pb 0.4 + P1 1.8			○

[*1] P1はプラスチックを表す
[*2] フィルターの測定用途を示す　P：光子用　B：ベータ線用　T：熱中性子用
参考資料：藤田稔, 個人線量計技術説明書, 千代田保安用品KK測定センター, 1993

図 3.9　エックス線用フィルムバッジの構造

点からの時間経過とともに，線量の読取り値が減少していくことを**フェーディン
グ**という．フィルムバッジの取扱注意点は，湿度の高い場所に保管しないこと，高
温の場所で使用しないことであり，保管が悪いと，フェーディングにより像が薄れ，
正しい結果が得られないことなどである．

　なお，最近では銀資源の枯渇と現像処理液の廃液による環境汚染を防止する観
点からフィルムバッジではなく，後述される蛍光ガラス線量計，光刺激ルミネセ
ンス線量計，半導体（電子）ポケット線量計などが個人モニタリング線量計とし
て使用されるようになっている．

2. 電離箱式 PD 型ポケット線量計

　図 3.10 にその構造を示す．図からわかるように，電離箱を中央にもった直読
式の検電器である．大きさは直径 15 mm 程度，長さ 100 mm 程度の万年筆形を
しており，あらかじめ電荷を充電するための荷電器が付属の器具として必要であ
る．使用するときは，線量計の指示線をゼロに合わせた後，上着のポケットに差
し込んでおく．放射線による電離作用によって放電した量を積算線量として読み

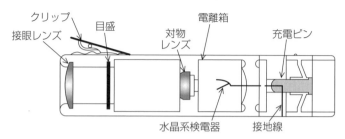

図 3.10　電離箱式 PD 型ポケット線量計

取るには，水平にもち，目盛をもとに指示線の位置を読む．保管するときには，高温（50°C 以上）や多湿の場所は避け，振動や衝撃を与えないようにし，常に荷電状態にしておく．

3. 熱ルミネセンス（蛍光）線量計（TLD）

　熱ルミネセンス線量計（TLD：Thermo Luminescence Dosimeter）は，LiF，CaF_2 などの熱ルミネセンス物質（熱蛍光物質）に放射線を照射した後，これを熱すると発生する蛍光を利用する．この熱ルミネセンス量は吸収した放射線のエネルギー，吸収線量に比例するので，この原理で積算線量を知ることができる．

　熱ルミネセンス物質をロッド状，ペレット状，シート状に成形して素子とし，ホルダーに収めて線量計とする．読取り装置（リーダー）で積算線量を読み取った後，200°C ～ 400°C で数分から数十分間の高温加熱処理（アニーリング）をした後に再使用できる．広いエネルギー範囲の線量を測定でき，形が小さく，1 cm 線量当量の測定ができる長所があるが，一度加熱して線量を読み取ると，読取りに失敗した場合，繰り返し行えない欠点がある．なお，素子間で感度に若干のばらつきがある．

4. 蛍光ガラス線量計（RPLD）

　蛍光ガラス線量計（RPLD：Radio-photo-luminescence Glass Dosimeter）は，蛍光ガラス素子として銀活性化リン酸塩ガラスが使用されている．図 3.11 に示すように，ガラス素子の周辺にはベータ線とエックス線・ガンマ線の識別とエネルギーを分類するための複数種類のフィルターがあり，また，近接して中性子測定用に固体飛跡検出器が組み込まれている．線量を読み取るためには，専用の読取り装置が必要である．蛍光ガラス線量計はフェーディングが極めて小さい．また，

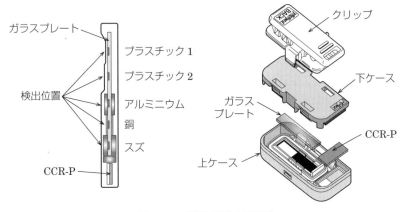

図 3.11　蛍光ガラス線量計

　紫外線を照射して放出されるオレンジ色の蛍光を測定しても線量情報は消滅せず，何度も繰り返し読み取ることができるため，測定の統計精度を上げ，安定した測定値を得ることができる．一方，使用済みのガラス線量計素子を 400 ℃ 程度の高温で加熱処理すると，熱ルミネセンス線量計と同様に放射線照射による蛍光中心が消滅し，再び測定に使用できる．なお，素子間の感度のばらつきは TLD より少ない．

5. 光刺激ルミネセンス線量計（OSLD）

　光刺激ルミネセンス線量計（OSLD：Optically Stimulated Luminescence Dosimeter）は，検出素子に酸化アルミニウムが用いられ，放射線との相互作用によりそのエネルギーを蓄積した素子に光照射（光刺激）を加えたときに現れる蛍光（ルミネセンス）を利用している．発光のメカニズムは，熱ルミネセンス線量計（TLD）とよく似ているが，通常の熱刺激では開放されない，より深いエネルギー準位の捕獲中心に取り込まれた電子を利用している．高輝度緑色 LED や緑色レーザーの光刺激によって開放される電子は全体の一部であるため繰り返し複数回の測定が可能である．なお，長時間光刺激を続けると捕獲されていた電子の多くが解放され，初期状態に戻るので再び使用できる．

　図 3.12 にこの線量計の実例を示す．バッジの形体をしており，ケースとスライドで構成されている．スライドには酸化アルミニウムを使用した 4 つの OSL 素子が組み込まれている．また，ケースにはエックス線・ガンマ線とベータ線を

バッジ外部　　　　　　　　バッジ内部（3種類のフィルター）

バッジ内部（4つのOSL素子）

図 3.12　光刺激ルミネセンス線量計

分離して測定し，エネルギーを判定するためのオープンウィンドウ，プラスチック，チタン，およびスズのフィルターが組み込まれている．

6. 半導体ポケット線量計

　電子式ポケット線量計ともいい，シリコン半導体検出器を使用した線量計である．図3.13に示すように，小型軽量であり，カード型のものもある．低線量域から高線量域まで線量測定範囲が広く，1cm線量当量がデジタル表示され，作業中に被ばく線量の確認が容易であり，また警報機能をもたせることができる．

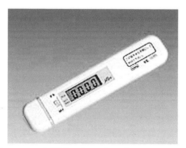

図 3.13　半導体（電子）ポケット線量計

7. 電荷蓄積式（DIS）線量計

　DIS線量計（Direct Ion Storage）は不揮発性半導体メモリ素子（MOSFETトランジスタ）を利用した積算測定ができる電子式個人線量計である．メモリ電極と金属容器壁の空隙が電離箱と等価な検出領域となっており，小型化できる特徴があるが，専用の読取り器が必要である．何度でも繰り返し測定が可能であり，

長時間安定で経時的変動はほとんど無視できる．エネルギー範囲は 15 keV 以上で，測定範囲は $1\,\mu$Sv ～ 10 Sv であり，高電圧を印加して記憶をリセットでき，再使用が可能である．

8. 性能比較

表 3.2 に各種個人線量計の特徴と性能をまとめる．

表 3.2　個人線量計の特徴と性能

	フィルムバッジ	電離箱式（PD 型）ポケット線量計	熱ルミネセンス線量計（TLD）	蛍光ガラス線量計（RPLD）	光刺激ルミネセンス線量計（OSLD）	半導体ポケット線量計
測定可能 X（γ）線線量の下限（H_{1cm}）	$100\,\mu$Sv	$10\,\mu$Sv	$1\,\mu$Sv	$10\,\mu$Sv	$10\,\mu$Sv	$1\,\mu$Sv
1 個（組）で測定可能な範囲（H_{1cm}）	$100\,\mu$Sv ～1 Sv	$10\,\mu$Sv ～5 mSv	$1\,\mu$Sv ～10 Sv	$10\,\mu$Sv ～10 Sv	$10\,\mu$Sv ～10 Sv	$1\,\mu$Sv ～1 Sv
エネルギー特性	大 フィルターで補正	小	大 フィルターで補正	大 フィルターで補正	中 フィルターで補正	小
方向依存性	±90°で −50%	フィルムバッジより小			±20%	
記録の保存性	有	無	無	有	有	無
着用中の自己監視	不可	可	不可	不可	不可	可
機械的堅牢さ	大	小	中	中	中	中
湿度の影響	大	中	中	小	小	中
じんあいの影響	大	大	―	小	―	
必要な付属設備	暗室 現像設備 濃度計など	荷電器	専用の読取り装置	専用の読取り装置	専用の読取り装置	無
フェーディング	中	中	中	小	小	無
特記事項	個人被ばく線量計として広く使用されてきた測定に日数がかかる		使用済み素子を繰り返し使用可能	繰り返し読取り可能	繰り返し読取り可能 可視光でアニールできるので，前処理が簡単	短期間の被ばく作業の線量測定に適する

❌ **問題1** 被ばく線量測定のための放射線測定器に関する次の記述のうち，誤っているものはどれか．

(1) 電離箱式 PD 型ポケット線量計は，充電により先端が Y 字状に開いた石英繊維が放射線の入射により閉じてくることを利用した線量計である．

(2) 蛍光ガラス線量計は，放射線により生成された蛍光中心に緑色のレーザー光を当て，発生する蛍光を測定することにより，線量を読み取る．

(3) 光刺激ルミネセンス（OSL）線量計は，輝尽性蛍光を利用した線量計で，素子には炭素添加酸化アルミニウムなどが用いられている．

(4) 半導体式ポケット線量計は，固体内での放射線の電離作用を利用した線量計で，検出器には PN 接合型シリコン半導体が用いられている．

(5) 電荷蓄積式（DIS）線量計は，電荷を蓄積する不揮発性メモリ素子（MOSFET トランジスタ）を電離箱の構成要素の一部とした線量計で，線量の読取りは専用のリーダーを用いて行う．

📝 **解説** 蛍光ガラス線量計の読取りには紫外線が使用される．緑色レーザーで読み出すのは OSL 線量計である． 【解答】(2)

❌ **問題2** 被ばく線量測定のための放射線測定器に関する次の記述のうち，誤っているものはどれか．

(1) フィルムバッジは，写真乳剤を塗付したフィルムを現像したときの黒化度により被ばく線量を評価する測定器で，各フィルタを通したフィルム濃度の変化から，放射線の実効エネルギーを推定することができる．

(2) 電離箱式 PD 型ポケット線量計は，充電により先端が Y 字状に開いた石英線維が，放射線の入射により閉じてくることを利用した線量計で，線量の読み取りは随時行うことができる．

(3) 半導体式ポケット線量計は，放射線の固体内での電離作用を利用した線量計で，検出器に高圧電源を必要とせず小型軽量で，1 cm 線量当量がデジタル表示され，作業中の線量確認が容易である．

(4) 光刺激ルミネセンス（OSL）線量計は，ラジオフォトルミネセンスを利用した線量計で，検出素子にはフッ化リチウム，フッ化カルシウムなどが用いられている．

(5) 電荷蓄積式（DIS）線量計は，電荷を蓄積する不揮発性メモリ素子（MOSFET トランジスタ）を電離箱の構成要素の一部とした線量計で，線量の読み取りは専用のリーダーを用いて行う．

📝 **解説** (4) が誤り．ラジオフォトルミネセンスは蛍光ガラス線量計（RPLD）で

起こる現象である．また，フッ化リチウムを検出素子に用いるのは熱ルミネセンス線量計（TLD）である． 　　　　　　　　　　　**【解答】**（4）

❌ **問題3**　次のAからDまでの放射線測定器のうち，線量を読み取るための特別な装置を必要としないものの組合せは（1）〜（5）のうちどれか．
A　フィルムバッジ
B　PC型ポケット線量計
C　PD型ポケット線量計
D　半導体式ポケット線量計
（1）A，B　　（2）A，C　　（3）A，D　　（4）B，D　　（5）C，D

✏**解説**　　Aのフィルムバッジは，現像装置や濃度計などが読取りに必要である．CのPD型ポケット線量計は電離箱型のポケットドジメータであり，接眼レンズがついた顕微鏡に似た読取装置がついている．一方，BのPC型ポケット線量計は同じ電離箱型のポケットチャンバーであるが，構造的には電離箱だけであり，PD型に比べて軽く，信頼性も高いが，専用の読取装置が必要である．Dの半導体式ポケット線量計はデジタル表示で直読が可能である．
　　　　　　　　　　　　　　　　　　　　　　　　【解答】（5）

❌ **問題4**　熱ルミネセンス線量計（TLD）に関する次の記述のうち，誤っているものはどれか．
（1）加熱読取装置で線量を一度読み取った後，再度読み取ることはできない．
（2）加熱温度と熱蛍光強度との関係を示す曲線を，グロー曲線という．
（3）一度使用した素子は，アニーリングにより繰り返し使用することができない．
（4）フィルムバッジより測定可能な下限線量が小さく，線量の測定範囲が広い．
（5）線量計の素子の感度には若干のばらつきがあるので，読み取り装置の校正を行う必要がある．

✏**解説**　　（3）は誤り．TLDでは，線量読出しのための加熱は適切な温度で行う．その時の温度と発光量との関係をグロー曲線という．読出し後，素子内の情報を消去するために，十分高温にして加熱処理する．これをアニーリング処理という．このように処理された素子は再利用できる． 　　**【解答】**（3）

❌ **問題 5**　蛍光ガラス線量計に関する次の記述のうち，正しいものはどれか.

(1) 測定可能な線量の範囲は，熱ルミネセンス線量計より広く，$0.1\,\mu\text{Sv} \sim 100\,\text{Sv}$ 程度である.

(2) 放射線により生成された蛍光中心に緑色のレーザー光を当て，発生する蛍光を測定することにより，線量を読み取る.

(3) 発光量を一度読み取った後も蛍光中心は消滅しないので，再度読み取ることができる.

(4) 素子は，光学的アニーリングを行うことにより，再度使用することができる.

(5) 素子には, 硫酸カルシウム, 硫酸マグネシウムなどの蛍光物質が用いられており, 湿度の影響を受けやすい.

📝 **解説**　(1) 誤り. 測定可能な範囲は, 蛍光ガラス線量計は $10\,\mu\text{Sv} \sim 10\,\text{Sv}$ 程度で, 熱ルミネセンス線量計は $1\,\mu\text{Sv} \sim 10\,\text{Sv}$ 程度であり, 蛍光ガラス線量計の方が狭い. (2) 誤り. 紫外線を当て, 発生するオレンジ色の蛍光を測定する. (3) 正しい. (4) 誤り. 素子のアニーリングは光学的ではなく, 高温加熱処理で行い, 処理後は再度使用することができる. (5) 誤り. 素子には銀活性リン酸塩ガラスが用いられている. そのため湿度の影響を受けにくい.

【解答】(3)

❌ **問題 6**　熱ルミネセンス線量計（TLD）と蛍光ガラス線量計（RPLD）とを比較した次の記述のうち，誤っているものはどれか.

(1) 線量読取りのためには, TLD, RPLD の双方とも, 専用の読取装置が必要である.

(2) RPLD の方が, TLD より素子間の感度のばらつきが少ない.

(3) 線量を読み取るための発光は, TLD では加熱により, RPLD では緑色レーザー光照射により行われる.

(4) 線量の読取りは, RPLD では繰り返し行うことができるが, TLD では, 線量を読み取ることによって素子から情報が消失してしまうため, 1 回しか行うことができない.

(5) 素子の再使用は, TLD, RPLD の双方とも, 使用後, アニーリング処理を行うことにより可能となる.

📝 **解説**　(3) が誤り. RPLD では紫外線照射で発光する. なお, TLD では加熱により, OSLD（光刺激ルミネセンス線量計）では緑色レーザー光照射により発光する.

【解答】(3)

✗ **問題7** 熱ルミネセンス線量計（TLD）と光刺激ルミネセンス線量計（OSLD）に関する次の記述のうち，誤っているものはどれか．

(1) TLD では素子としてフッ化リチウム，フッ化カルシウムなどが，OSLD では炭素を添加した酸化アルミニウムなどが用いられている．

(2) TLD および OSLD の素子は高感度であるが，TLD の素子は感度に若干のばらつきがある．

(3) 線量読取りのための発光は，TLD では加熱により，OSLD では緑色のレーザー光などの照射により行われる．

(4) OSLD では線量の読取りを繰り返し行うことができるが，TLD では線量を読み取ると素子から情報が消失してしまうため，1 回しか行うことができない．

(5) TLD では加熱によるアニーリング処理を行うことにより素子を再使用することができるが，OSLD では素子は 1 回しか使用することができない．

✗**解説**　(5) が誤り．TLD，OSLD ともに，アニーリング処理を行うことで再使用できる．　　　　　　　　　　　　　　　　　　　　　　　　　**[解答]** (5)

04

operation chief of work with X-rays

エックス線の生体に与える
影響に関する知識

4章は6節に分かれている．複合問題もあり分類は単
純ではないが，本書改訂2版発行（2014年）以降および
2017年から最近までの出題傾向をみると，「4.5　エック
ス線が全身に与える影響」に関する問題が全体の1/3程度
を占め，最も出題頻度が高い．4.5はさらに5つの項目に
分かれているが，すべての項目に関する問題がほぼ毎回出
題されている．「4.1　放射線生物作用の基礎」では間接作
用とDNA損傷，「4.2　細胞と組織の放射線感受性」では組
織の放射線感受性，「4.3　放射線影響の分類」では確定的
影響と確率的影響，「4.4　エックス線が組織・器官に与え
る影響」では造血臓器に関する問題がよく出題されている．
「4.6　線量限度」については，とくに組織加重係数，実効
線量，等価線量などに関する出題がされるようになってき
ている．

4.1
放射線生物作用の基礎

■出題傾向 生物に対する放射線の作用機序は，直接作用と間接作用に分けられる．これらに関連する問題は頻繁に出題されている．間接作用に関連して，希釈効果，酸素効果，温度効果，保護効果の意味を理解する必要がある．

■ポイント 1. 放射線の影響は，原子・分子レベルから，生体高分子レベル，細胞レベル，組織・臓器レベル，個体レベルへと進展する．
2. 放射線生物作用の主な標的は DNA と考えられている．
3. 放射線の直接作用は，電離・励起が DNA を構成する原子に起きて，DNA に損傷を生じさせることである．
4. 放射線の間接作用は，水分子の電離・励起により生じたフリーラジカルにより，DNA に損傷を生じさせることである．
5. 希釈効果は，酵素溶液・ウイルスなどを照射した場合，濃度が低い方が高いときよりも不活性化の割合（%）が大きくなることであり，間接作用が働いている有力な証拠となっている．
6. 系内の酸素分圧が放射線効果に影響することを酸素効果と呼んでいる．

🔍 ポイント解説

1. 放射線生物作用の全体像

　放射線の生物作用は，①原子・分子レベル，②生体高分子レベル，③細胞レベル，④組織・臓器レベル，⑤個体レベルへと進展する．原子・分子レベルでは生体高分子での電離・励起（直接作用）と，水分子の電離・励起により生成されるラジカル（間接作用）が重要である．生体高分子レベルでは DNA の損傷と修復，細胞レベルでは細胞死と突然変異，組織・臓器レベルでは造血系・皮膚などでの組織障害，個体レベルでは生死やがん・胎児影響・遺伝的影響などが問題となる．

　これらの詳細について，エックス線作業主任者試験を考慮しながら，順次述べていく．なお本書の中では，「作用」「変化」「効果」「損傷」「影響」「障害」などの用語が用いられている．厳密にはこれらの用語のもつ意味はそれぞれ異なっているが，本章ではその場その場での慣用的な表現を使用することとした．またエックス線の場合は 1 Gy が 1 Sv に対応することから，本章では放射線の単位は主に Gy を使用することとした．ただし確率的影響については Sv を使用した．

2. 直接作用

　放射線は空間を伝わるエネルギーであり，電離作用や励起作用を有している．放射線のエネルギーが細胞に吸収されると放射線の生物作用が発現する．放射線の生物作用発現の機序には，直接作用と間接作用とがある．放射線の生物作用では，どちらか一方ではなく，両方の作用が起こっているが，低LET放射線であるエックス線では間接作用の寄与が大きい．

　細胞には，放射線に対して非常に感受性の高い重要高分子（具体的にはDNA）が存在する．DNAに放射線のエネルギーが直接与えられると，DNAでは電離や励起が起こる．その結果，DNAに損傷が生じ，生物学的変化を導く一連の反応が始まる．これが放射線の直接作用である．ただし，エックス線やガンマ線の場合には，二次電子が電離・励起を引き起こしていることに留意する必要がある．

3. 間接作用

　細胞の70 %〜80 %は水からできている．放射線の間接作用とは，放射線が生体中の水分子に作用してそのエネルギーが吸収され，水分子の電離と励起を引き起こし，その結果生じたフリーラジカルが生体高分子（DNAなど）を損傷するような作用をいう．生体中に水分がなければ間接作用は説明できない．

　間接作用に関連して，希釈効果，酸素効果，温度効果，保護効果が問題となる．特に希釈効果は，間接作用の証拠としてあげられる重要な現象である．

a）希釈効果

　酵素溶液に放射線照射すると，酵素活性は不活性化される．この際，酵素溶液の濃度が変化すると，放射線によって不活性化される分子数や不活性化される分子の割合（%）が変化する様子は，直接作用と間接作用とでは異なる（図4.1）．

　同一線量が照射された場合，直接作用では不活性化される分子数は酵素濃度に

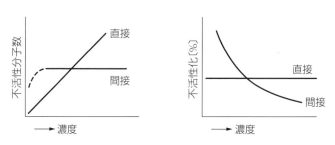

図4.1　希釈効果を示す濃度-効果曲線

比例し，不活性化される分子の割合は酵素濃度が変化しても一定である．一方，間接作用では，不活性化される分子数は酵素濃度に関係なく一定となり，不活性化される分子の割合は酵素濃度が薄い方が高く，酵素濃度が濃い方が低くなる．間接作用で濃度が薄いほど不活性化される割合が高いことを希釈効果と呼ぶ．希釈効果は，一定線量の照射によって生じるフリーラジカルの数は一定で，それと反応する酵素の分子数は一定となるために生じる事象である．希釈効果は酵素やウイルスの溶液で認められ，間接作用が働いていることの有力な証拠である．

b）酸素効果

系内の酸素分圧が放射線生物作用に影響を与えることを酸素効果と呼ぶ．例えば，培養細胞などを高酸素分圧下で照射すると大きな致死効果が生じる．逆に酸素の分圧が低くなると致死効果は減少する．酸素は放射線の作用を増大させるが，この理由の一つは酸素の存在により有害なラジカルが増え，間接作用が増強されるためである．酸素効果を表す指標として，**酸素増感比**（Oxygen Enhancement Ratio：**OER**）がある．これは，系内に酸素が存在しない状態と存在する状態での，同じ生物学的効果を与える線量の比により，酸素効果の大きさを表したものである．例えばエックス線で，ある生物学的効果を得るために必要な吸収線量が，酸素が存在しない場合には 3 Gy で，酸素が存在する場合には 1 Gy であったとすると，エックス線の酸素増感比は 3/1 で 3 となる．酸素は直接作用に対しても影響を及ぼすので，酸素効果が存在することが間接作用が働いている証拠とはならない．

c）温度効果

照射される試料を凍結すると，ラジカルの拡散が妨げられるので，間接作用が軽減され，放射線の効果が減少する．これを温度効果と呼び，間接作用の働いている証拠ともなる．逆に温度が上昇すると，一般に，放射線効果は増大する．

d）保護効果

間接作用は水分子の分解で生じるフリーラジカルによる作用である．そこで照射時に，フリーラジカルを捕捉してこれを無力化するシステインやシステアミンなどの SH 化合物が存在していると，放射線の間接作用が軽減され，放射線の影響から保護される．これを保護効果と呼ぶ．保護効果の発現では，照射される瞬間にこれらの化合物（放射線防護剤）が存在することが必要である．保護効果の存在は，間接作用が働いている証拠ともなる．

4. 標的説

培養細胞に対する放射線の作用から，標的説が提唱されている．標的説とは「細胞には，細胞の生存にとって極めて重要かつ放射線感受性の高い場所（標的）が存在し，この標的が**ヒット**されると細胞死が起こる」との考えである．主要な標的は DNA と考えられている．直接作用では電離と励起が，間接作用では水の放射線化学反応により生じたフリーラジカルが，ヒットに対応する事象であると考えられる．標的説の採用で放射線の生物作用が説明されている．

5. DNA 損傷

細胞には各種の生体分子が存在するが，放射線の生物作用では，細胞膜を構成している脂質の変化と，細胞核内にあって生体の機能を制御している DNA の変化が重要である．特に DNA は遺伝情報を伝える重要な生体高分子であり，DNA に傷が生じることが細胞の生死を決定付ける要因となるため，DNA は放射線の標的と考えられている．DNA を構成する分子には糖，リン酸，塩基があり，DNA は二重らせんの鎖構造を形成している．放射線はこれらの分子に作用して，塩基の損傷，鎖の切断（1 本鎖切断・2 本鎖切断）などの DNA 損傷を引き起こす．二重らせんの両方が切れる 2 本鎖切断は 1 本鎖切断よりも発生頻度は低い．

細胞には DNA 損傷を修復する機能があり，修復が誤りなく行われれば細胞は回復し正常に増殖を続ける．しかし 2 本鎖切断は修復されにくく細胞死などの重大な影響を引き起こす．DNA 鎖切断修復のうち，「非相同末端結合による修復」は DNA 切断端同士を直接結合する修復であり，元の塩基配列の情報がないため誤った修復となり，突然変異の原因となることがある．「相同組換えによる修復」では元の塩基配列の情報に基づいて修復がなされ，突然変異が起こりにくい修復となる．例えば二重らせんの片方だけが切れる 1 本鎖切断は，両方が切れる 2 本鎖切断よりも発生頻度が高いが，修復はされやすい．

修理不能な大きな DNA 損傷であれば，細胞は死に至り，細胞欠損の結果，生殖細胞では不妊，体細胞（生殖細胞以外の細胞）では組織障害や個体の死などの，確定的影響へと進展していく．致死的ではない DNA の傷が，修復されなかったり，修復されてもその修復に誤りがあると，DNA の情報が変化したまま細胞分裂が行われ，突然変異から確率的影響へと進展していく．突然変異が体細胞に起きた場合にはがんが，生殖細胞に起きた場合には遺伝的影響が問題となる．

✖ **問題1** 下文中の ☐ A ☐ 内のA, B, Cに当てはまる語句の組合せとして正しいものは (1)〜(5) のうちどれか.

生物に対する放射線の作用機構は, ☐ A ☐ 作用と ☐ B ☐ 作用に分けられる. ☐ B ☐ 作用の証拠としてあげられる現象の一つとして ☐ C ☐ 効果がある.

	A	B	C
(1)	直接	間接	光電
(2)	間接	直接	酸素
(3)	直接	間接	希釈
(4)	間接	直接	温度
(5)	化学	物理	保護

✖ **解説**　直接作用, 間接作用, 希釈効果などの意味を理解しておくこと.

【解答】(3)

✖ **問題2**　放射線の直接作用と間接作用に関する次の記述のうち, 正しいものの組合せはどれか.

A　放射線の直接作用とは, 放射線によって水の分子がフリーラジカルになり, これが生体高分子を破壊し, 細胞に障害を与える作用をいう.

B　放射線の間接作用とは, 間接電離放射線が生体高分子に作用し, 電離または励起させることによりそれを破壊し, 細胞に障害を与える作用をいう.

C　低LET放射線が生体に与える影響は, 直接作用によるものより間接作用によるものの方が大きい.

D　希釈効果とは放射線の間接作用の一つの現れである.

(1) A, B　　(2) A, D　　(3) B, C　　(4) B, D　　(5) C, D

✖ **解説**　A：×　設問は, 間接作用を説明している. 直接作用とは, 放射線が直接細胞内の分子に電離と励起を引き起こし, その分子を損傷する作用を言う. B：× 放射線の間接作用とは, 水の放射線分解により生じたフリーラジカルが, 生体構成物質に及ぼす作用である. 直接電離放射線でも, 間接電離放射線でも起きる. C：○　放射線の生物作用は直接作用と間接作用の両方により引き起こされるが, 低LET放射線であるエックス線の場合には, 間接作用の寄与が大きい. D：○

【解答】(5)

❌ **問題 3**　放射線の生体に対する間接作用に関する次の記述のうち，正しいものはどれか.

(1) エックス線などの間接電離放射線の二次電子が生体高分子に与える作用を間接作用という.

(2) 間接作用には，生体中の水分が大きく関与している.

(3) 生体中にシステイン，システアミンなどの SH 化合物が存在していると，間接作用は増強される.

(4) 生体中に存在する酸素の分圧が高くなると，放射線の生体への効果は軽減される.

(5) 一般に温度が上昇すると，放射線の人体への効果は減少する.

❌ **解説**　(1) ×　電荷をもたないエックス線やガンマ線，中性子線など（間接電離放射線）により生じる二次電子によって直接影響を受けるのは直接作用である. また，直接電離放射線であってもフリーラジカル生成を介した影響は間接作用である. (2) ○　放射線のエネルギーが水分子に吸収されて生じるフリーラジカルによる影響が間接作用である.（問題 2 の解説参照）(3) ×　放射線で生じたフリーラジカルが，システインやシステアミンなどの SH 基を有する化合物により捕捉されて無毒化するため，間接作用は軽減される. (4) ×　酸素分圧が高いと，より有毒なラジカルが生じ，生体に対する放射線の効果は増強される. (5) ×　温度が上昇すると，生体に対する放射線の効果は強くなる.　　　　　　　　【解答】(2)

❌ **問題 4**　放射線による生物学的効果に関する次の現象のうち，放射線の間接作用によって説明することができないものはどれか.

(1) 生体中に存在する酸素の分圧が高くなると放射線の生物学的効果は増大する.

(2) 温度が低下すると放射線の生物学的効果は減少する.

(3) 生体中にシステインなどの SH 基をもつ化合物が存在すると，放射線の生物学的効果が軽減される.

(4) 溶液中の酵素の濃度を変えて一定線量の放射線を照射するとき，不活性化される酵素の分子数は，酵素の濃度が高くなると増加する.

(5) 溶液中の酵素の濃度を変えて一定線量の放射線を照射するとき，酵素の濃度が減少するに従って，酵素の全分子数のうち，不活性化される分子の占める割合は増大する.

❌ **解説**　(1) ○　酸素分圧が高くなると，より有毒なラジカルが生じるため，放射線の生物学的効果は増大する. これが酸素効果であるが，間接作用のみなら

ず直接作用にも影響を及ぼす．(2) ○　温度が上昇すると人体への効果は増強される．がんの放射線治療において，治療効果を上げるためにがんの部位を 43℃ 程度に加温することがある．(3) ○　SH 化合物はフリーラジカルを無毒化する作用があり，フリーラジカルによる間接作用を軽減する．(4) ×　同一線量の照射では同一量のフリーラジカルが生成される．その場合，ラジカルで攻撃され不活性化する酵素の数は一定なので，酵素の濃度が増加すれば不活性化される酵素の割合は減少する．これが希釈効果で，間接作用の有力な証拠となっている．直接作用では不活性化される酵素の数は酵素濃度に比例する．希釈効果を示す濃度 - 効果曲線（p.183 の図 4.1）の直接作用と間接作用の違いを覚えておくとよい．(5) ○　(4) の解説参照．　　【解答】(4)

❌問題5　放射線による DNA 損傷に関する次の A から D までの記述のうち，正しいものの組合せは (1)～(5) のうちどれか．
A　DNA 損傷には，塩基損傷と DNA 鎖切断があるが，エックス線のような間接電離放射線では，塩基損傷は生じない．
B　DNA 損傷は，細胞死や突然変異を誘発する．
C　DNA 鎖切断のうち，二重らせんの片方だけが切れる 1 本鎖切断は，細胞死などの重篤な細胞障害に関連が深い．
D　DNA 鎖切断のうち，二重らせんの片方だけが切れる 1 本鎖切断の発生頻度は，両方が切れる 2 本鎖切断の発生頻度より高い．
(1) A，B　　(2) A，D　　(3) B，C　　(4) B，D　　(5) C，D

❌解説　　A：×　直接，間接に関係なく電離放射線によって塩基損傷が生じる．B：○　DNA の 2 本鎖が両方とも切断されると修復されにくくなり，細胞死などの重篤な影響を及ぼす．また，修復に誤りが生じやすくなって突然変異の原因になることもある．C：×　DNA 1 本鎖切断は修復されやすく，重大な障害との関連性はあまりないと考えられる．D：○　エックス線 1 mGy 当たり細胞 1 個に 1 か所の 1 本鎖切断が起こるといわれ，2 本鎖切断の生じる頻度はその 1/20 ～ 1/30 程度と考えられている．　　【解答】(4)

⊗ **問題6** 放射線によるDNA損傷の修復に関する次のAからDまでの記述のうち，誤っているものの組合せは（1）〜（5）のうちどれか．

A　DNA鎖切断のうち，1本鎖切断は2本鎖切断に比べて修復されやすい．

B　細胞には，DNA鎖切断を修復する機能があり，修復が誤りなく行われれば，細胞は回復し，正常に増殖を続けるが，塩基損傷を修復する機能はない．

C　DNA2本鎖切断の修復方式のうち，非相同末端結合修復は，DNA切断端どうし（同士）を直接結合する方式であるため，誤りなく行われる．

D　DNA2本鎖切断の修復方式のうち，相同組換えは，相同DNA配列を鋳型にして正しいDNA配列を合成する修復であるため，修復時の誤りが少ない．

（1）A，B　　　（2）A，D　　　（3）B，C　　　（4）B，D　　　（5）C，D

⊗ **解説**　　A：○．B：× DNA修復には，塩基修復，1本鎖切断修復（組換え修復），2本鎖切断修復（相同組換え修復・非相同末端結合修復）などがある．C：× 非相同末端結合修復は切断端同士を直接結合する修復で，元の塩基配列情報がないため誤りの多い修復となる．D：○．　　　　　　　　　**【解答】**（3）

4.2
細胞と組織の放射線感受性

■ **出題傾向**　細胞の放射線感受性については，ベルゴニー・トリボンドーの法則に
関係する事項が出題されている．組織の放射線感受性については，感
受性の順番に関する問題がほぼ毎回出題されている．主要組織の放射
線感受性の順番を暗記しておくこと．

■ **ポイント**　1. 細胞の放射線に対する感受性は，細胞の種類，細胞の分裂頻度，細
胞分裂周期の過程，細胞分化の過程などにより異なってくる．

2. ベルゴニー・トリボンドーの法則は細胞の放射線感受性に関する法
則である．

3. 組織・器官の放射線に対する感受性は，それぞれの組織・器官が細
胞再生系・条件的細胞再生系・細胞非再生系のいずれに属するかで
変わってくる．

4. 細胞再生系は放射線感受性が高い．細胞再生系には幹細胞が存在し，
放射線は幹細胞の分裂を抑えることにより，組織・器官での細胞欠
損をもたらす．

ポイント解説

1. 細胞の放射線感受性

　我々の体は細胞からできており，細胞が放射線を照射されると何らかの影響を
受けることになる．このとき，細胞の種類・状態によっては大きな影響を受ける
細胞もあれば，影響を受けにくい細胞もある．影響の受けやすさ・受けにくさを
放射線に対する感受性という．DNA が放射線の主要な標的と考えられているの
で，盛んに DNA 合成を行い細胞分裂する細胞では放射線感受性が高くなる．

　例えば，成人の精巣では，精子の大本の細胞（これを**幹細胞**と呼ぶ）である精
原細胞が存在し，盛んに DNA 合成と細胞分裂をして数を増やしながら（これを
増殖という），精母細胞から精子細胞といった幼若細胞を経て最後に機能細胞（成
熟細胞）である精子へと成熟していく（これを**分化**という）．

　フランス人医学者のベルゴニーとトリボンドーは，ラットの精巣にガンマ線を
照射して組織の変化を観察した．その結果，一番未熟な精原細胞が最も影響を受
けるのに対して，一番成熟した細胞である精子は精原細胞に比べて放射線に抵抗
性であることを発見した．彼らはこの実験結果から次のような結論を発表した．

① 細胞分裂の頻度の高い細胞ほど感受性が高い.

② 将来行う細胞分裂の数の大きい細胞ほど感受性が高い.

③ 形態および機能が未分化な細胞ほど感受性が高い.

これらは細胞の放射線感受性について述べたもので，多くの細胞について原則的には当てはまることなので，**ベルゴニー・トリボンドーの法則**と呼ばれている．しかし，この法則はあらゆる種類の細胞に適用できるわけではない．成熟リンパ球のように分化して細胞分裂しない細胞でも放射線感受性が高い細胞もある．

感受性の程度は細胞の種類によって異なる．例えば末梢血液中に存在する血液細胞は，赤血球，血小板，顆粒球，リンパ球の順に感受性が高くなる．

感受性の程度は細胞の種類だけでなく，同じ種類の細胞でも細胞分裂周期のどの過程にあるのかによっても異なる．分裂とは，一つの細胞が二つに，二つの細胞が四つにと，数を増やして増殖することである．**細胞分裂周期**の過程は，DNA 合成準備期（G_1 期），DNA 合成期（S 期），細胞分裂準備期（G_2 期），細胞分裂期（M 期），の 4 期に分けられる．この四つの過程を経て一つの細胞が二

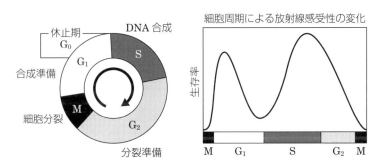

図 4.2 細胞周期と放射線感受性

つになる．このうち，分裂期にある細胞が最も放射線感受性が高い（図 4.2）．

細胞は分化のどの過程にあるのかによっても放射線感受性が変わる．分化とは，大本の細胞である**幹細胞**が，幼若な細胞（**移行細胞**）から成熟細胞（**機能細胞**）へと成長していくことである．未分化の細胞ほど放射線感受性が高い．

胎児は盛んに細胞分裂を繰り返している．そのため，胎児の細胞は成人の細胞と比べて放射線感受性が高い．例えば，成人では細胞分裂せずに感受性が低い骨や中枢神経などの細胞も，胎児においては細胞分裂を繰り返しており，放射線感受性が高い．

放射線の線質・エネルギーや吸収線量は放射線の生物学的効果を修飾する要因ではあるが，細胞の放射線感受性そのものとは直接的な関係はない．また，繰り返して放射線に被ばくしても，細胞の放射線感受性が高くなることはない．さらに組織の細胞の大きさ・体積が放射線感受性に影響を与えることもない．

放射線の細胞に対する作用は標的説で説明されている．その際，細胞の放射線感受性は**平均致死線量**で表される．平均致死線量とは，細胞内のすべての標的に平均して１個ずつのヒットを生じる線量である．平均致死線量の大きい細胞は，多くの線量を受けることによって標的に平均１ヒットが生じるケースであり，放射線感受性が低い細胞である．一方，平均致死線量の小さい細胞は，少ない線量で標的に平均１ヒットが生じるケースであり，放射線感受性が高い細胞である．

2. 組織の放射線感受性

組織は細胞が集まったもので，体の中にはいろいろな組織がある．例えば，マウスの全身に 14 Gy という多量のエックス線を照射して，３日〜４日してから解剖してみると，脾臓や胸腺は極端に萎縮し，骨髄は充血して，小腸の粘膜には激しい炎症が認められる．一方，筋肉や神経・骨では肉眼的には変化は認められない．組織によりエックス線に対する感受性が異なり，放射線によって大きく変化する組織もあるし，放射線の影響を受けにくい抵抗性の組織もある．これを組織の**放射線感受性**と呼んでいる．正常に見えた組織でも，その一部をとって顕微鏡などで詳しく調べると，いろいろな変化が起きていることもある．

成人の組織・器官は，細胞分裂の立場から，細胞非再生系，条件的細胞再生系，細胞再生系に大別することができ，それぞれの放射線感受性は異なる．

a) 細胞非再生系

一度組織ができ上がると，それ以降は細胞分裂しない組織である．筋肉，骨，神経，脳などで，放射線には抵抗性が高い．しかし，成人では非再生系であっても，胎児においては盛んに細胞分裂していることに留意すべきである．

b) 条件的細胞再生系

肝臓・腎臓などは通常は細胞分裂しない．しかし，何らかの理由で組織が欠損すると細胞分裂する．条件的細胞再生系と呼ばれ，比較的放射線抵抗性である．

c) 細胞再生系

細胞再生系では，大人になっても幹細胞が存在し，これが盛んに DNA 合成と分裂をして幼若細胞を作る．幼若細胞はさらに増殖・分化して成熟した細胞にな

図 4.3　細胞再生系

る．成熟した細胞は機能を果たしてそれぞれの寿命がくると死んでしまう．しかし，古くなって死んでしまう細胞数に相当する新しい細胞が常時幹細胞から作られるので，正常状態では一定の細胞数が保たれている（図 4.3）．

　細胞再生系に多量の放射線が当たると，最も未分化で感受性の高い幹細胞が分裂を停止し，成熟段階にある幼若細胞の分裂も抑えられてしまう．その結果，新しい細胞が作られなくなり，一定の時間が経つと，組織・臓器で細胞が欠損して放射線障害へと進展する．造血組織（骨髄とリンパ組織），精巣，皮膚，消化管上皮，水晶体などが細胞再生系に属し，放射線感受性が高い組織である．

　胎児は活発な発達・成長をしており，成人でいう細胞再生系に限らず全体の放射線感受性が高い．成長期の子供の骨も盛んに細胞分裂を行っており，感受性が高い．

　このように，組織・器官はその種類によってエックス線への感受性が異なる．組織感受性は大まかに以下のように分類できる．この分類は記憶しておく必要がある．

① **感受性の高い組織**：リンパ組織（リンパ節・胸腺・脾臓），骨髄，生殖腺（精巣・卵巣），胎児
② **やや感受性の高い組織**：皮膚上皮，毛のう，汗腺，消化管上皮（消化管粘膜），水晶体
③ **普通の感受性の組織**：肺，腎臓，副腎，肝臓，唾液腺，すい臓，甲状腺，子宮
④ **かなり抵抗性の組織**：筋肉，結合組織，血管，軟骨，骨，脂肪，線維細胞，神経細胞，神経線維

✖ **問題1** 放射線感受性に関する次のAからDまでの記述について，誤っているものの組合せは（1）～（5）のうちどれか．
A 細胞分裂の頻度の高い細胞ほど放射線感受性が高い．
B 形態の分化が進んだ細胞ほど放射線感受性が高い．
C 線量を横軸に，細胞の生存率を縦軸にとりグラフにすると，ほとんどの哺乳動物細胞ではシグモイド型となり，バクテリアでは指数関数型となる．
D 細胞の放射線感受性の指標として，半致死線量が用いられる．
（1）A，B　　（2）A，C　　（3）A，D　　（4）B，C　　（5）B，D

✖ **解説** A：○ ベルゴニー・トリボンドーの法則を参照．B：× 形態の未分化な細胞ほど放射線感受性が高い．分化が進むと感受性は低くなる．C：○．D：× 細胞の放射線感受性の指標として用いられるのは，平均致死線量である．半致死線量は，全致死線量とともに，動物の個体レベルでの放射線感受性を表す指標である（問題2の解説D参照）．　　　　【解答】（5）

✖ **問題2** 放射線感受性に関する次のAからDまでの記述について，正しいものの組合せは（1）～（5）のうちどれか．
A 小腸の絨毛先端部の細胞は，腺窩細胞（クリプト細胞）より放射線感受性が高い．
B 眼の水晶体は，角膜より感受性が高い．
C 細胞に放射線を照射したときの線量を横軸に，細胞の生存率を縦軸にとってグラフにすると，ほとんどの哺乳動物細胞では指数関数型となる．
D 平均致死線量は，細胞の放射線感感受性を表す指標として用いられ，その値が大きい細胞の感受性は低い．
（1）A，B　　（2）A，C　　（3）B，C　　（4）B，D　　（5）C，D

✖ **解説** A：× 小腸上皮の基底部にある腸腺窩（クリプト）部分は，小腸上皮の他の部位より放射線感受性が高い．腺窩には絨毛細胞の供給元である幹細胞があり，盛んに細胞分裂している．B：○ 水晶体は細胞再生系に属しており，放射線感受性が高い．C：× ヒトを含むほとんどの哺乳動物細胞ではシグモイド（S字状）型となる．D：○ 細胞に対する作用は標的説で説明されている．細胞内のすべての標的に平均1個ずつのヒットが生じる線量を平均致死線量とし，細胞の放射線感受性を表す指標になっている．平均致死線量の大きい細胞は放射線感受性が低く，小さい細胞は放射線感受性が高い．似た語句として半致死線量，全致死線量があるので，混同しないように注意すること．　　【解答】（4）

✖ 問題 3　細胞の放射線感受性と細胞周期に関する次の記述のうち，誤っているものはどれか.

(1) 細胞分裂の周期の M 期（分裂期）の細胞は，S 期（DNA 合成期）後期の細胞より放射線感受性が高い.

(2) 細胞分裂の周期の G₁ 期（DNA 合成準備期）後期の細胞は，G₂ 期（分裂準備期）初期の細胞より放射線感受性が高い.

(3) 細胞分裂の周期の S 期前期の細胞は，S 期後期の細胞より放射線感受性が高い.

(4) 細胞分裂の周期の S 期後期の細胞は，M 期の細胞より放射線感受性が高い.

(5) 細胞分裂の周期の中で，細胞の放射線感受性が最も高いのは M 期である.

✖ 解説　M 期は放射線感受性が高く，S 期後期では感受性が低い. 細胞周期のどの時期が放射線感受性が高いかは，ポイント解説 1. の図 4.2 を覚えておくとわかりやすい.（4）×　M 期の細胞の方が放射線感受性が高い.【解答】(4)

✖ 問題 4　放射線感受性に関する次の記述のうち，ベルゴニー・トリボンドーの法則に従っていないものはどれか.

(1) リンパ球は，骨髄中だけでなく，末梢血液中においても感受性が高い.

(2) 皮膚の基底細胞は，角質層の細胞より放射線感受性が高い.

(3) 小腸の腺窩細胞（クリプト細胞）は，絨毛細胞より放射線感受性が高い.

(4) 一般に神経組織の放射線感受性は低いが，胎児期では高い.

(5) 成人の骨の放射線感受性は低いが，成長期の子供では高い.

✖ 解説　(1) ×　末梢血液中の成熟したリンパ球は，放射線感受性が高い. 文の内容は正しい. しかし，未分化な細胞ほど感受性が高いというベルゴニー・トリボンドーの法則に従えば，分化した細胞は放射線感受性が低い，ということになるが，リンパ球は法則の例外である.（2）○　皮膚の基底細胞は放射線感受性が高い. 基底層には表皮細胞の増殖を司る幹細胞があり，細胞分裂が盛んに行われている.（3）○　問題 2 の解説 A 参照.（4）○　成人の神経組織はほとんど細胞分裂しないが，胎児期ではまだ盛んに細胞分裂しており，放射線感受性が高い.（5）○　骨も，成人では細胞分裂がほとんど行われないが，成長期では細胞分裂が盛んで，放射線感受性は高い.【解答】(1)

❌ **問題5** 細胞再生系・細胞非再生系に関する次の記述のうち，正しいものの組合せはどれか．

A 細胞再生系に属する細胞は成人でも盛んに細胞分裂をしている．

B 細胞再生系には大本ととなる幹細胞が存在している．幹細胞は分裂・分化しながら幼若細胞を経て成熟細胞になる．

C 造血組織，腸，皮膚，精巣，水晶体，中枢神経などは細胞再生系に属する．

D 成人では細胞非再生系と分類されている組織でも，胎児や成長期では放射線感受性が高い組織がある．

E 細胞再生系の放射線感受性は高くはない．

(1) A，B，C　　(2) A，B，D　　(3) A，D，E

(4) B，C，D　　(5) C，D，E

📝**解説**　　A：○　成人になっても盛んに DNA 合成を行い細胞分裂する細胞は細胞再生系に属している．B：○　幹細胞は，盛んに細胞分裂を行う．分裂した幹細胞のうち一つはそのまま幹細胞としての機能をもった細胞となる．すなわち幹細胞の特徴の一つは自己増殖にある．分裂した幹細胞のもう一つは，分裂・分化して，幼若細胞からその組織の機能を司る成熟細胞になる．C：×　中枢神経は細胞非再生系である．D：○　中枢神経や骨は成人では細胞非再生系に属し，放射線感受性は低い．しかし胎児では中枢神経や骨は盛んに細胞分裂しているので放射線感受性が高い．同様に成長期にある子供の骨も放射線感受性が高い．E：×　細胞再生系は盛んに細胞分裂を行うので，放射線感受性は極めて高い．放射線被ばくにより幹細胞や幼若細胞での細胞分裂が停止すると，新しい細胞の供給が途絶えてしまうことになる．すでに存在していた成熟細胞は役目を果たすと寿命がきて死んでしまう．その結果，機能を果たすべき成熟細胞の欠損により，組織レベルでの放射線障害へと進展していく．　　　　　　　　　　　　　　　　　　　　　　**【解答】**(2)

❌ **問題6** 次の A から D までの人体の臓器・組織について，放射線感受性の高いものから低いものへと順に並べたものは，(1)〜(5) のうちどれか．

A 甲状腺　　B リンパ組織　　C 神経線維　　D 毛のう

(1) A，C，D，B

(2) A，D，B，C

(3) B，C，A，D

(4) B，D，A，C

(5) C，D，B，A

解説　組織の放射線感受性の順番に関する問題が，出題形式を変えてほぼ毎回出題されている．組織・臓器の放射線感受性について，高い，やや高い，普通，低いに分類したものを記載（p193）しているので，覚えておくとよい．

【解答】（4）

問題7　成人の正常な臓器・組織の放射線感受性に関する次の記述のうち誤っているものはどれか．
(1) 血管は，消化管上皮より放射線感受性が高い．
(2) 腎臓は，神経細胞より放射線感受性が高い．
(3) 生殖腺は，甲状腺より感受性が高い．
(4) 骨髄は，肝臓より放射線感受性が高い．
(5) 皮膚上皮は，筋肉より放射線感受性が高い．

解説　上記の臓器・組織を感受性が高い順に並べると，骨髄，生殖腺，皮膚上皮，消化管上皮，腎臓，肝臓，甲状腺，筋肉，血管，神経細胞である．

【解答】（1）

問題8　人体の組織・器官のうちの一部について，放射線に対する感受性の高い順に並べたものは次のうちどれか．
(1) 甲状腺，神経組織，肺
(2) 神経組織，肺，筋肉
(3) 骨髄，肺，筋肉
(4) 筋肉，甲状腺，汗腺
(5) 甲状腺，骨髄，神経組織

解説　設問にあげられた組織・器官を放射線感受性の高い順に並べると，骨髄，汗腺，肺，甲状腺，筋肉，骨，神経組織となる．ただし，胎児期の神経組織や成長期の子供の骨は，成人と比べると感受性が高いので注意が必要である．

【解答】（3）

4.3
放射線影響の分類

■出題傾向　身体的影響については，潜伏期に関する問題，晩発障害の事例に関する問題がよく出題されている．また，放射線の線量と生体に与える効果との関係，しきい線量の有無，確定的影響・確率的影響の特徴とその事例などは，極めて重要な事項である．しきい線量の値そのものを質す問題はあまり見受けられないが，解答するためには最低限度のしきい線量は記憶した方がよい．

■ポイント

1. 放射線の人体に対する影響は，「影響が誰にいつ現れるか」という観点から，身体的影響（急性障害・晩発障害）と遺伝的影響に分けられる．

2. 身体的影響には潜伏期が存在する．その長短には，細胞の放射線感受性や寿命が関係している．

3. 放射線の人体に対する影響は，「しきい線量があるか否か」の観点から，確定的影響と確率的影響に分けられる．

4. 線量と影響が現れる頻度との関係は，確定的影響ではS字状で，確率的影響ではしきい線量のない直線的関係が仮定されている．

🔍 ポイント解説

1. 身体的影響と遺伝的影響

　放射線の影響は，影響が誰に現れるかで，身体的影響と遺伝的影響に分類される．すなわち，被ばくした本人に影響が現れる身体的影響と，生殖細胞の被ばくにより次の世代以降に影響が現れる遺伝的影響に区別される．

a）身体的影響

　被ばくした本人に現れる影響を身体的影響と呼ぶ．障害が現れる時期により，急性障害と晩発障害に分けられる．胚や胎児が被ばく（胎内被ばく）して生じる発生障害は，障害が現れる本人が被ばくしており，身体的影響である．

b）遺伝的影響

　生殖腺（精巣・卵巣）が被ばくすると，精子や卵子のDNAが損傷される場合がある．DNAに異常をもった精子や卵子が受精して，親とは違った性質をもった子孫が生まれることが遺伝的影響である．遺伝的影響は生殖能力をもっている，あるいは今後もつ可能性のある人が生殖腺に被ばくした場合のみに発生しうる．

2. 急性障害と晩発障害

被ばくしてから影響の現れるまでの期間を潜伏期と呼ぶ．被ばくした本人に現れる影響である身体的影響は，影響が現れる時期，すなわち潜伏期の長短から，急性障害と晩発障害に分けられる．その潜伏期は，放射線を受けた組織の種類や受けた放射線の量などにより異なる．

a）急性障害

比較的多量な放射線を被ばくした場合に，早期（遅くとも2か月〜3か月以内）に現れる影響で，主に細胞再生系での障害である．いずれの影響にもしきい線量が存在する．**しきい線量**とは，影響が発生する最低の線量で，通常は1％〜5％程度の人に症状が現れるような線量をしきい線量としている．急性障害の潜伏期の長さは，被ばくした組織・器官の放射線に対する感受性が関係する．感受性の高い組織・器官では，潜伏期は短くなる．また急性障害の潜伏期の長さには，被ばくした組織の幹細胞が成熟細胞になるまでの時間と，成熟細胞の寿命も関係している．これらの時間が短い細胞ほど潜伏期は短くなる．結果的には前駆症状，造血器障害，腸障害，皮膚障害（いずれの場合もがんは除く）や不妊などは潜伏期が短く，急性障害に分類されている．急性障害では，潜伏期の短いものほど回復が早くなるということはない．

b）晩発障害

晩発障害は，多量な放射線を浴びても急性障害を生き延びた人や，比較的少ない放射線を受けた人，低線量率で繰り返し被ばくした人などに，被ばく後時間が経ってから（少なくとも数か月以降）現れる影響である．白血病・乳がん・甲状腺がん・肺がん・胃がんなどのがん，白内障，再生不良性貧血，胎児への影響などが晩発障害と分類される．白血病では最短で2年〜3年，その他のがんでは平均して10年程度，白内障では最短で6か月程度の潜伏期がある．晩発障害の症状の程度は，潜伏期の長さには関係しない．がんに関してはしきい線量は存在しないものと仮定されているが，その他の晩発障害にはしきい線量が存在する．

3. 確定的影響と確率的影響

放射線の影響は，しきい線量の有無から，確定的影響と確率的影響とに分類できる（表4.1）．確定的影響と確率的影響の線量効果関係を図4.4に示す．

a）確定的影響

確定的影響は，ある線量（しきい線量）以上の放射線になると現れる影響であ

表 4.1　しきい線量の有無による放射線影響の分類

しきい線量の有無	影響の種類	線量の増加によって変化するもの	例　示	放射線防護の目的
存在する	確定的影響	症状と頻度	白血球減少 皮膚の紅斑・脱毛 不妊など	発生の防止
存在しないと仮定	確率的影響	発生確率	がん 遺伝的影響	発生の制限

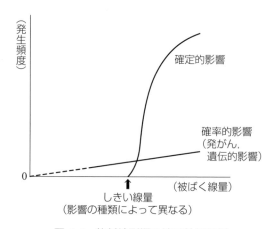

図 4.4　放射線影響の線量効果関係

る．線量と影響が現れる頻度との関係は，図 4.4 に示すようにしきい値のある S 字状（シグモイド状）で，しきい線量を越すと影響が現れる頻度が急激に増加し，さらにある線量に達すると，すべての人に影響が現れる．確定的影響は，細胞死をベースにしている．細胞死があるレベルに達するまでは，生存している細胞が組織・器官の機能を代償して，影響が現れない．しかし，組織・器官を構成する細胞のかなりが欠損するようになると影響が現れる．しきい線量を超えると線量が多いほど症状が悪化し，線量と症状の重篤度の間には比例関係がある．急性障害では放射線宿酔などの前駆症状，リンパ球の減少・血小板の減少，脱毛・皮膚の紅斑・色素沈着・水疱・潰瘍，不妊，下痢・下血，個体の死などが確定的影響である．晩発障害では，白内障，再生不良性貧血，胎児影響（がんを除く）などが確定的影響である．しきい線量は確定的影響の種類によって異なる．放射線宿酔，リンパ球数減少，皮膚障害，死の様式に関連するしきい値については後述するが，暗記する必要がある．

表 4.2 確定的影響のしきい線量

影　　響	しきい線量〔Gy〕	影　　響	しきい線量〔Gy〕
○皮膚障害（皮膚炎）		○水晶体混濁	0.5〜2
・初期紅斑	2〜3	○白内障	5（1.5〜5）
・壊死	50	○白血球減少	0.25〜0.5
○一時的脱毛	3	○胎児影響	
○永久脱毛	7	・胚死亡（流産）	0.1
○男性の不妊		・奇　形	0.15
・一時的不妊	0.15	・精神発達遅滞	0.2
・永久不妊	3.5〜6	・発育遅延	0.5
○女性の不妊			
・一時的不妊	0.65〜1.5		
・永久不妊	3		

表 4.2 に示した主な確定的影響のしきい線量も記憶することが望ましい.

放射線防護の目的の一つは，被ばく線量を確定的影響のしきい値よりも低く保つことにより，その発生を防止することである.

b) 確率的影響

図 4.4 に示したように，「影響が発生する確率にはしきい値がなく，線量の増加に伴って発生確率が増えるとみなされる影響」が確率的影響である. 具体的には，白血病・肺がん・乳がん・甲状腺がん・皮膚がん・骨肉腫などのがんと，遺伝的影響である. 遺伝子での突然変異がベースとなって確率的影響が起こると考えられている. 確率的影響は各種のがんと遺伝的影響，その他の影響は確定的影響と覚えておくこと. 国際防護委員会は，確率的影響での線量と効果（発生確率）の関係をしきい線量のない直線的関係と仮定している. そこでこれを**しきい値のない直線モデル**と呼んでいる. このモデルに従えば，非常に低い線量の被ばくでも確率的影響の発現をゼロにすることはできない. しかし非常に低い線量を受けた場合，どのような影響が発現しうるか否かについては，現在なお不明な点が多い. 障害の程度は被ばく線量に依存するわけではない.

放射線防護の目的のもう一つは，確率的影響の発生を最小限まで減らすことにあり，そのためにはあらゆる合理的な手段を確実に取ることになる.

❎問題1 放射線の身体的影響に関する次の記述のうち，誤っているものはどれか．
(1) 身体的影響は，潜伏期の長短によって，急性影響と晩発性影響に分類される．
(2) 身体的影響のうち，急性影響には，一定線量までは影響が現れないしきい線量が存在する．
(3) 放射線宿酔は急性の身体的影響である．
(4) 胎内被ばくが原因で発生した奇形は，身体的影響である．
(5) 生殖腺が被ばくした場合，発生する可能性があるのは遺伝的影響である．

✖解説　(1) ○　急性影響，晩発性影響は，場合によっては，急性障害，晩発障害とも呼ばれている．(2) ○　しきい線量は発生する急性影響の種類によって異なる．(3) ○　放射線宿酔は前駆症状の一つで，急性の身体的影響である．(4) ○　胎内被ばくでは胎児本人が被ばくをしており，身体的影響である．(5) ×　生殖腺が被ばくした場合に問題になるのは遺伝的影響だけではない．不妊，ホルモン異常，がんなどの身体的影響も問題になる．　**【解答】**(5)

❎問題2 放射線による身体的影響に関する次のAからDまでの記述のうち、正しいものの組合せは (1)〜(5) のうちどれか．
A　白内障は、眼の水晶体上皮の被ばくによる障害で、晩発影響に分類される．
B　放射線による皮膚障害のうち、脱毛は、潜伏期が6か月程度で、晩発影響に分類される．
C　晩発影響には、その重篤度が、被ばく線量に依存するものとしないものがある．
D　再生不良性貧血は、2 Gy 程度の被ばくにより、抹消血液中のすべての血球が著しく減少し回復不可能になった状態をいい、潜伏期は1週間以内で、早期影響に分類される．
(1) A, B　　(2) A, C　　(3) A, D　　(4) B, C　　(5) B, D

✖解説　A：○．B：×　脱毛は早期影響である．C：○　重篤度が被ばく線量に依存するものとしては白内障，依存しないものとして白血病などのがんがある．D：×　再生不良性貧血は晩発影響である．　**【解答】**(2)

❎問題3 放射線による急性影響の潜伏期に関する次の記述のうち，誤っているものはどれか．
(1) 急性影響の潜伏期の長さには，被ばくした組織の幹細胞が成熟するまでの時間と成熟細胞の寿命が関係する．

(2) 急性影響の潜伏期の長さには，被ばくした組織・器官の放射線に対する感受性が関係する．

(3) 末梢血リンパ球数の減少での潜伏期は短く，リンパ球減少は被ばく直後にも確認される．

(4) 急性影響は，潜伏期の短いものほど回復が早い．

解説　(1) ○　これらの長い細胞を含む組織では，潜伏期が長い．(2) ○　感受性が高い組織・器官では急性影響の潜伏期は短い．(3) ○　成熟リンパ球は寿命が短く，放射線感受性も高い．そこで被ばく直後から減少が確認できる．(4) ×　潜伏期の長短と回復の早い遅いとは特別な関係はない．例えば，末梢血液中のリンパ球数の変化は，他の血球に比べ潜伏期は短く回復は遅い．

【解答】(4)

問題4　放射線による晩発障害に関する次のAからDまでの記述のうち，正しいものの組合せは(1)〜(5)のうちどれか．

A　眼の被ばくで起こる白内障は，潜伏期が平均1か月程度で，晩発障害に分類されている．

B　晩発障害である白血病の平均的な潜伏期が，その他のがんに比べて短い．

C　晩発障害に共通する特徴は，影響を発生させる被ばく線量に，しきい値がないことである．

D　晩発障害には，確定的影響に分類されるものも確率的影響に分類されるものもある．

(1) A, B　　(2) A, C　　(3) B, C　　(4) B, D　　(5) C, D

解説　A：×　白内障は晩発障害で，潜伏期は最短でも6か月程度である．原爆被ばく者では被ばく後約5年で白内障が発生したと報告されている．B：○　白血病の平均的な潜伏期はその他のがんに比べて短い．被ばく後2年〜3年経過してから増加し始め，6年〜7年後に発生のピークとなる．C：×　がんの発生については，しきい線量は存在しないと仮定されているが，その他の晩発障害にはしきい線量が存在する．D：○　白内障や再生不良性貧血は確定的影響であり，がんは確率的影響である．　　【解答】(4)

❌ **問題5** 放射線による次の障害のうち，晩発性影響であり，かつ確定的影響によるものはどれか．
(1) 皮膚がん　　(2) 白内障　　(3) 不　妊
(4) 脱　毛　　(5) 白血病

解説　急性影響は確定的影響，晩発性影響は確率的影響として分類できるが，(2) 白内障は晩発性影響で確定的影響であることを覚えておく．

　(1) は晩発性影響で確率的影響．(3) は急性影響で確定的影響．(4) は急性影響で確定的影響．(5) は晩発性影響で確率的影響．　　**【解答】**(2)

❌ **問題6** 放射線の確定的影響と確率的影響に関する次の記述のうち正しいものはどれか．
(1) 確定的影響では，線量に応じて発生頻度が高くなるが重篤度は変わらない．
(2) 白血病は，確定的影響の一つである．
(3) 遺伝的影響は，確率的影響の一つである．
(4) 確定的影響を評価するために，実効線量が用いられる．
(5) 放射線防護の目的は，確率的影響の発生を完全に防止することである．

解説　(1) ✕　発生率と被ばく線量とは単純に比例するわけではない．確定的影響には，しきい線量がある．しきい線量以下では症状は発現しない．しきい線量を超えると，線量に応じて発生率（発生頻度）と重篤度が変化する．(2) ✕　白血病は血液のがんで，確率的影響の一つである．(3) ○　各種のがんと遺伝的影響は確率的影響である．(4) ✕　実効線量は確率的影響を評価するためのものである．確定的影響は，実務的には，等価線量によって評価されている．(5) ✕　「しきい値のない直線モデル」に従えば，確率的影響の発生を完全に防止することはできない．放射線防護の目的は，①しきい値のある確定的影響については，しきい値以下に被ばくを抑え，確定的影響の発生を防止する，②しきい値がないと仮定されている確率的影響については，可能な限り被ばく線量を抑え，確率的影響の発生を最小限まで減らすことにある．
　　【解答】(3)

❷ **問題7** 放射線による確定的影響に関する次のAからDまでの記述のうち，正しいものの組合せは（1）〜（5）のうちどれか．

A 確定的影響では，被ばく線量と発生率との関係は，直線で示される．

B 確定的影響では，被ばく線量が増加すると，障害の程度（重篤度）が大きくなる．

C 確定的影響には，影響が発生する最低の線量であるしきい値（閾値）が存在する．

D 確定的影響は，実効線量により評価される．

（1）A，B　　（2）A，C　　（3）A，D　　（4）B，C　　（5）B，D

❷ **解説**　A：×　確定的影響では，被ばく線量と発生率とはしきい線量のあるS字状関係で示される．被ばく線量と発生率との関係が直線で示されるのは，確率的影響である．B：○　確定的影響で線量が増えると，障害の程度（症状）が大きくなる．C：○　確定的影響には，影響の種類によって異なるしきい値が存在する．D：×　実効線量により評価されるのは確率的影響である．確定的影響は，実務的には，等価線量で評価されている．　　【解答】（4）

❷ **問題8**　次のAからEまでの放射線による障害のうち，しきい線量が存在するものすべての組合せは（1）〜（5）のうちどれか．

A 白血病　　　　B 永久不妊　　　C 甲状腺がん

D 放射線宿酔　　E 白内障

（1）A，B，D　　（2）A，B，D　　（3）B，C，D

（4）B，C，E　　（5）B，D，E

❷ **解説**　しきい線量があるのは確率的影響で，がんを除く身体的影響である．白血病（A），甲状腺がん（C）は確率的影響でしきい線量は存在しないと考えられている．永久不妊（B）のしきい線量は，男性は3.5 Gy〜6 Gy，女性は3 Gy，放射線宿酔（D）のしきい線量は0.5 Gy〜1 Gy程度，白内障（E）は5 Gyとされている．　　【解答】（5）

⊗ 問題 9 放射線による次の A から D までの障害のうち, 確率的影響であると考えられるものの組合せは (1)～(5) のうちどれか.
　A　奇形　　B　骨肉腫　　C　水晶体混濁　　D　遺伝的障害
(1) A, B　　(2) A, C　　(3) A, D　　(4) B, C　　(5) B, D

解説　確率的影響はがんと遺伝的障害, 確定的障害はがん以外の身体的影響である. 奇形 (A) と水晶体混濁 (C) は確定的影響. **【解答】**(5)

4.4
エックス線が組織・器官に与える影響

X

02
03
04
05

■ **出題傾向**　放射線に対して高感受性である，造血臓器・皮膚に対する影響に関して頻繁に出題されている．造血臓器に対する影響としては各種末梢血液細胞の感受性の差，照射後の末梢血液細胞数の経時的変化などが重要である．皮膚に対する影響については線量と症状との関係が，生殖腺に対する影響については不妊が重要である．

■ **ポイント**

1. 血液細胞は主に骨髄で作られ，赤血球，白血球（リンパ球と顆粒球など），血小板（栓球ともいわれる）からなる．
2. 末梢血液細胞の放射線感受性は，高い順に，リンパ球，顆粒球，血小板，赤血球となる．
3. 寿命の短い感受性の高い血液細胞ほど，照射後早期に急激に減少する．リンパ球がこれに相当する．その後，顆粒球，血小板，赤血球の順に減少していく．
4. 皮膚では線量に応じて，脱毛，紅斑，色素沈着，水疱，潰瘍などの放射線皮膚炎が生じる．線量と症状の関係をきちんと覚えておく必要がある．
5. 精巣は細胞再生系で放射線感受性が高く，線量に応じて一時的不妊や永久不妊になる．卵巣は細胞再生系ではないが，線量に応じて一時的不妊や永久不妊が起こる．

🔍 ポイント解説

1. 造血臓器

　血液細胞を作る臓器には**骨髄**と**リンパ組織**がある．人では骨髄が中心的役割を担っている．骨髄は細胞再生系で，造血系の幹細胞が存在している．骨髄で作られた血液細胞が，末梢血液中に成熟細胞として現れてくる．骨髄は人体内で最も放射線感受性の高い組織の一つで，数 Gy の急照射により幹細胞が激しい障害を受けると，細胞分裂は30分以内に停止して，新しい細胞の供給が途絶えてしまう．すでに存在している成熟細胞は寿命により消失していくので，被ばく後の時間経過に伴い末梢血液中の血液細胞数は減少していく．リンパ組織であるリンパ節・胸腺も細胞再生系で，放射線感受性が高い．例えばリンパ節では，0.25 Gy 程度の線量でリンパ球の形態変化が認められる．

　一般に，正常な成人の血液 1 mm³ には，**白血球**は 7 000 個，**赤血球**は 500 万個，

血小板は 20 万個程度が存在する．白血球数，血小板数は男女でさほどの差はないが，赤血球数は女性は男性より若干少ない．白血球は，**リンパ球**や，**顆粒球**である好中球・好酸球・好塩基球など，複数の種類の細胞の総称である．

被ばく後の末梢血液細胞数の経時的な変化には，①各種細胞（成熟細胞だけでなく幹細胞，幼若細胞も含む）の放射線感受性と，②幹細胞が分化して成熟細胞となるのに要する時間と各種成熟細胞の寿命とが関係してくる．

一般原則としては，造血器官中の未熟な段階の血球は，末梢血液中の同じ種類の成熟細胞より放射線感受性が高い．すなわち，一番未分化な幹細胞が一番放射線感受性が高く，幼若細胞がそれに続き，成熟細胞は比較的感受性が低い．ただしリンパ球は例外で，幼若細胞や成熟した細胞でも感受性が高い．

成熟細胞で比較すると感受性は高い方からリンパ球，顆粒球，血小板，赤血球の順となる．リンパ球系の細胞は造血器官中だけでなく末梢血液においても感受性が高く，体内で放射線感受性が最も高い細胞の一つである．顆粒球はリンパ球についで感受性が高い．一方，成熟した赤血球は放射線抵抗性である．血小板の放射線感受性は顆粒球と赤血球との中間である．

放射線に被ばくすると，末梢血液中の血球では，寿命の短い細胞から順に数を減じていく．成熟細胞の平均的な寿命は，リンパ球が一番短く（2 日〜3 日程度），赤血球の寿命は長く（120 日程度），顆粒球（数時間から 4 日〜5 日程度）・血小板（7 日〜10 日程度）の寿命はリンパ球と赤血球の中間である．

通常の臨床検査の中では，末梢血液中のリンパ球数の測定が一番感度の高い検査となっており，0.25 Gy 程度の被ばくでもリンパ球数の減少が認められることがある．この数値は覚えておくこと．その他の末梢血液細胞では，顆粒球は 0.5 Gy 程度，血小板は 1 Gy 程度，赤血球は 2 Gy 程度の被ばくで減少する．

短寿命で高感受性のリンパ球は，一番早く，被ばく直後から減少する．例えば 3 Gy 程度では，末梢血リンパ球は 48 時間以内に正常の 1/10 程に減少し，照射 24 時間〜48 時間後に最低値となり，回復するには 1 か月以上もかかる．被ばく当日から 6 日後のリンパ球数は被ばく線量推定に役立つ．顆粒球の減少はリンパ球にやや遅れて始まり，被ばく後 3 日〜4 日で最低値を示す．血小板の減少は顆粒球より遅れて 3 日〜8 日で認められ，2 週間〜3 週間で最低となり，回復も遅い．一方，低感受性で長寿命の赤血球は，末梢血液細胞のうち最も遅く減少し，例えば被ばく 2 週以降に減少が始まる．被ばくにより，リンパ球では成熟した細胞そのものが死ぬが，その他の血球では幹細胞に対する影響が時間を経て

現れることに留意する必要がある.

全身が大量のエックス線に照射されたときの末梢血液細胞数の変化を経時的に示した図 4.5 は，重要な図である．数値の暗記は不要だが，リンパ球→顆粒球→血小板→赤血球といった減少する順番と，図のパターンは頭に入れておくこと．

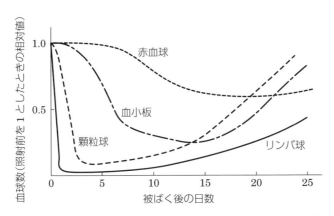

図 4.5 　数 **Gy** の全身被ばくによる末梢血液細胞数の経時的変化

線量が 1.5 Gy ～ 2 Gy 以上になると，リンパ球・顆粒球などの白血球の減少による細菌感染，血小板の減少による出血により，骨髄死に至る人も現れる．

末梢血液細胞の特徴・変化を定性的にまとめると表 4.3 のようになる．

被ばく直後には，末梢血液中の白血球が一時的に増加する場合もある．これは脾臓などにプールされている顆粒球が末梢血液中に放出されるためである．しかし，被ばく直後に末梢血液中の赤血球が一時的に増加することはない．

エックス線を慢性的に被ばくした場合には，白血球の慢性的な減少だけでなく，血小板・赤血球も慢性的に減り，再生不良性貧血に陥いる場合もありうる．

表 4.3 　末梢血液細胞の特徴・変化

細胞の種類	寿命	感受性	しきい線量	減少が始まる時期
リンパ球	短 い	極めて高い	0.25 Gy	照射後極めて早い時期
顆粒球	中 間	高 い	0.5 Gy	リンパ球に続いて減る
血小板	中 間	中 間	1 Gy	顆粒球に続いて減る
赤血球	長 い	低 い	2 Gy	一番最後に減る

2. 皮 膚

皮膚は表面から深部に向かって，表皮，真皮，皮下組織の順に配列している．表皮の最深部である基底層には幹細胞が存在し，皮膚は細胞再生系である．幹細胞は盛んに分裂をするので，皮膚の表皮は放射線感受性の高い組織となる．毛のうは真皮内にあり，盛んに細胞分裂を行い，毛の伸長のもととなっている．毛のうも放射線感受性が高く，放射線被ばくにより脱毛が生じる．**脱毛**には一時的脱毛と永久脱毛がある．3 Gy 程度のエックス線が皮膚に当たると毛のうの成長が止まり，3 週間程度の潜伏期を経て脱毛が生じる．しかしこの脱毛は一時的で，照射 1 か月後には再び生え出して，通常は 2 か月〜3 か月後にはもとどおりに回復する．永久脱毛は 7 Gy 以上の被ばくで生じる．

エックス線を扱う非破壊検査などでは，その取扱いを誤ると皮膚が局所的に被ばくする可能性があるので，皮膚障害は特に重要な事項である．急性障害でのおよそのしきい線量を（ ）内に記すと，初期**紅斑**（2 Gy），一時的脱毛（3 Gy），持続性の紅斑（5 Gy），色素沈着（3 Gy 〜 6 Gy），永久脱毛（7 Gy），水疱（7 Gy 〜 8 Gy），潰瘍（10 Gy 以上），難治性潰瘍（20 Gy 以上），壊死（50 Gy 以上）となる．これらの線量は覚えておく必要がある．

特に重要な線量と症状との関係を以下にまとめた．皮膚の変化は，局所被ばくでの線量推定に有用である．

- **0.2 Gy〜0.5 Gy**：皮膚には特別な症状は現れない．
- **2 Gy**：ごく軽微な初期紅斑．一過性で数日間で軽快する．
- **3 Gy**：3 週間程度で脱毛が起こる．軽微な紅斑も見られるが，充血，腫脹，水疱，びらんなどは生じない．回復する．
- **6 Gy**：照射後 2 週間くらいに紅斑が最高潮に達し，充血，腫脹とともに脱毛が生じる．水疱やびらん・潰瘍はみられない．約 4 週間後に，色素沈着を残し落屑し，正常な皮膚に戻る．
- **7 Gy 以上**：永久脱毛する．
- **5 Gy〜12 Gy**：2 週間程度の潜伏期を経て，強い紅斑や充血・腫脹などをきたす．脱毛もある．線量が多いと水疱・潰瘍も生じる．
- **15 Gy**：約 1 週間後に水疱が生じる．後に潰瘍となる．
- **20 Gy 以上**：3 〜 5 日程度の潜伏期を経て紅斑，水疱などの激しい症状を呈し，長期にわたり潰瘍・びらんなどの症状を呈する．

皮膚への影響は，エックス線のエネルギーによっても異なる．例えば，透過力

の大きい 10 MeV のエックス線を外部照射した場合には，透過力の小さい 250 keV のエックス線に比べ，照射線量や線量率が同じであっても，皮膚障害の程度は小さくなる．

放射線による皮膚の急性障害では，同一線量を 1 回で浴びた場合と数回に分けて浴びた場合では，数回に分けて浴びた場合のほうが影響は小さくなる．しかし，長期間にわたって皮膚が被ばくし続けると，潰瘍など慢性の障害が起こり，数年から 10 数年程度の潜伏期を経て皮膚がんが発生する場合もある．

3. 生殖腺

生殖腺は男性では**精巣**，女性では**卵巣**である．精子形成過程と卵子形成過程では，過程の様子と放射線感受性に相違がある．

a) 男性での不妊

精巣は細胞再生系で，精細管の中にある精原細胞 A（幹細胞）が分裂をして，精原細胞 B，精母細胞さらに精子細胞を経て精子となる．細胞致死での放射線感受性は，やや分化した精原細胞 B が一番高く，分化するに従って低くなる．0.15 Gy 以上の被ばくでは，精子形成が抑えられて**一時的不妊**となるが，数か月後には生き残った幹細胞の増殖により回復する．3.5 Gy 〜 6 Gy 以上では幹細胞がすべて死亡し，被ばく 6 週間以降に無精子症で**永久不妊**となる．精子の成熟過程は約 70 日，精子の寿命が約 40 日であるため，被ばく後 3 週間程度では不妊は認められない．一時的不妊が生じる線量は男性のほうが女性よりも低い．

b) 女性での不妊

卵子形成過程は，幹細胞の卵原細胞に始まり，卵母細胞，卵子へと分化する．人では，胎児期においてのみ幹細胞である卵原細胞が存在し，細胞分裂が起こり第一次卵母細胞が形成される．出世後の卵巣には分裂可能な幹細胞は存在しない．そこで，出世後の卵巣は細胞再生系ではない．しかし，思春期になり分化を再開した第二次卵母細胞は放射線感受性が高い．一時的不妊は 0.65 Gy 〜 1.5 Gy，永久不妊は 3 Gy 以上で起こる．

4. 消化管

消化管上皮（消化管粘膜）基底部の腸腺窩（クリプト）には，食物を吸収する絨毛細胞の供給元となっている腺窩細胞（幹細胞）が存在し，盛んに細胞分裂している．腺窩細胞は絨毛細胞よりも感受性が高く，特に小腸では，感受性が高い．

5 Gy～8 Gy 以上の放射線が当たると，新しい絨毛細胞ができなくなる．一方，古い絨毛細胞は寿命が尽きて死んでしまう．そこで線量に応じて，消化不良，下痢，脱水，潰瘍，下血などが生じる．10 Gy 以上では，高度の下痢と下血を伴い，敗血症（血液中に細菌が増殖すること）が原因で死亡する．これを腸死と呼んでいる．

❌ **問題 1**　放射線被ばくによる造血器官および血液に対する影響に関する次の記述のうち，正しいものはどれか．
(1) 抹消血液中の血球は，リンパ球を除いて，造血器官中の未分化な細胞より放射線感受性が低い．
(2) 造血器官である骨髄のうち，脊椎の中にあり，造血幹細胞の分裂頻度が極めて高いものは脊髄である．
(3) 人の抹消血液中の血球数の変化は，被ばく量が 1 Gy 程度までは認められない．
(4) 抹消血液中の血球のうち，被ばく後，減少が現れるのが最も遅いのは血小板である．
(5) 抹消血液中の赤血球の減少は貧血を招き，血小板の減少は感染に対する抵抗力を弱める原因となる．

❌**解説**　　(1) ○　造血器官中の未分化な血球は抹消血液中の成熟した血球より放射線感受性が高い．ただし，リンパ球は例外で，抹消血液中においても感受性が高い．(2) ×　造血幹細胞の分裂頻度が高いのは胸骨や腸骨の骨髄である．(3) ×　被ばく量が 250 mGy 程度を超えると影響がみられるようになる．(4) ×　全身被ばくで最も遅く影響が現れて減少するのは赤血球である（p.209 の図 4.5 の減少パターンを覚えておくとよい）．(5) ×　感染に対する抵抗力が弱くなるのは白血球の減少が原因である．　　【**解答**】(1)

❌ **問題 2**　エックス線被ばくによる抹消血液中の血球の変化に関する次の記述のうち，誤っているものはどれか．
(1) 被ばくにより骨髄中の幹細胞が障害を受けると，抹消血液中の血球数は減少していく．
(2) 抹消血液中の血球数の変化は，250 μGy 程度の被ばくから認められる．
(3) 抹消血液中の白血球のうち，リンパ球は，他の成分より放射線感受性が高く，被ばく直後から減少が現れる．

(4) 抹消血液中のリンパ球以外の白血球は, 被ばく直後一時的に増加することがある.

(5) 抹消血液中の血球のうち, 被ばく後, 減少が現れるのが最も遅いのは赤血球である.

解説　(1) ○　被ばくすると, 抹消血液中の血球では寿命の短い細胞から順に数が減少していく (p.209 の表4.3を参考にするとわかりやすい). (2) ×　血球数に変化が現れるのは 250 mGy 程度の被ばくがあった場合である. (3) ○　末梢血液中のリンパ球は, 被ばく直後から減少が現れるため, 被ばく線量の推定に利用される. (4) ○　脾臓などにプールされている白血球が一時的に血液中に放出されて増加することがある. (5) ○　赤血球は寿命が長く, 放射線感受性も低いため, 被ばくの影響が現れるのは最も遅い.　**【解答】**(2)

問題3　エックス線被ばくによる造血器官および血液に対する影響に関する次のA〜Dまでの記述について, 正しいものの組合せは (1)〜(5) のうちどれか.
A　人の抹消血液中の血液成分の変化は, 25 mGy 程度の被ばくから認められる.
B　白血球のうちリンパ球は, 造血器官中では放射線感受性が高いが, 抹消血液中での放射線感受性は, 白血球の他の成分と同程度である.
C　人が $LD_{50/60}$ に相当する線量を被ばくしたときの主な死因は, 造血器官の障害である.
D　抹消血中の赤血球の減少は貧血を招き, 血小板の減少は出血傾向を示す原因となる.
(1) A, B　　(2) A, C　　(3) B, C　　(4) B, D　　(5) C, D

解説　A：×　250 mGy 程度を被ばくすると抹消血液中に影響が現れる. B：×　リンパ球は抹消血中でも高感受性である. C：○　被ばく後 60 日間で半数が死亡するとされる線量は 3 Gy 〜 5 Gy で, 骨髄死が主な死因である. D：○.
　　　　　　　　　　　　　　　　　　　　　　　　　　　　　　【解答】(5)

問題4　皮膚にエックス線の被ばくを受けて, 3 週間後に脱毛が生じた. ごく軽微な紅斑も見られたが, 充血, 腫脹, 水疱, びらんなどは生じなかった. この場合, 皮膚の被ばく線量として考えられるものは, 次のうちどれか.
(1) 0.5 Gy　　(2) 3 Gy　　(3) 10 Gy　　(4) 15 Gy　　(5) 25 Gy

解説　(1) 0.5 Gy では皮膚には目立った症状は現れない. (2) 2 Gy 〜 6 Gy では 3 週間程度の潜伏期後, 一過性の脱毛が生じる. 線量が少ないと紅斑は軽微

だが，多いと 2 週間後に紅斑が最高潮となりその後に軽い色素沈着も認められる．水疱やびらんは現れず，やがて正常に戻る．（3）6 Gy 〜 10 Gy では 2 週間後に，強い紅斑や，充血，腫脹，脱毛などが生じる．その後に色素沈着も表れる．線量が多ければ水疱も形成されるが，潰瘍は出ない．（4）10 Gy 〜 20 Gy では 1 週間程の潜伏期を経て高度の紅斑，腫脹，水疱が現れ，その後，永久脱毛，びらん，潰瘍などが生じる．びらんは一応治る．（5）20 Gy 以上では 3 日〜 5 日程度の潜伏期を経て，高度の紅斑，水疱，さらにびらんが生じ，潰瘍まで進む．びらんは治らず，長期間，難治性潰瘍を残す．【解答】（2）

> ❌**問題5** エックス線被ばくによる放射線皮膚炎の症状に関する次の A から D までの記述について，正しいものの組合せは（1）〜（5）のうちどれか．
> A　0.2 Gy の被ばくでは，皮膚の充血や腫脹がみられる．
> B　3 Gy の被ばくでは，一過性（軽度）の紅斑や一時的な脱毛がみられる．
> C　5 Gy の被ばくでは，水疱や永久脱毛がみられる．
> D　20 Gy 以上の被ばくでは，進行性びらんや難治性の潰瘍がみられる．
> （1）A，B　　（2）A，C　　（3）B，C　　（4）B，D　　（5）C，D

📝**解説**　　A：×　0.5 Gy 程度までは皮膚に目立った症状は現れない．B：○　3 Gy 被ばくすると 3 週間程度で脱毛が起こるが，回復する（p.201 の表 4.2 のしきい線量参照）．C：×　永久脱毛のしきい線量は 7 Gy である．5 Gy では水疱も見られない．D：○　20 Gy を超えると 3 日〜 5 日程度の潜伏期を経て紅斑，水疱などが現れ，長期にわたり潰瘍やびらんなどの激しい症状を呈する．

【解答】（4）

4.5
エックス線が全身に与える影響

出題傾向

全身に一度に多量のエックス線を受けた場合の急性障害については，線量と症状との関係，放射線宿酔，半致死線量・全致死線量，被ばくした線量と死亡率との関係，線量と死亡原因の関係（急性死の様式）などについて理解を深めておく必要がある．晩発障害，胎児への影響，遺伝的影響についてもときどき出題されている．また，放射線の人体影響を修飾する要因に関連しては，回復や生物学的効果比（RBE）についても理解しておく必要がある．

ポイント

1. 急性障害では，被ばくした線量に応じて症状や死亡率が異なる．
2. 放射線による死亡には，線量に応じて，骨髄死，腸死，中枢神経死がある．
3. 晩発障害には，がん，胎内被ばくによる発生異常，白内障などがある．
4. 放射線によるがんは，体細胞・生殖細胞の突然変異により発生する確率的影響である．
5. 胎内被ばくでは，被ばくの時期に応じて，出現する影響の種類が異なる．
6. 遺伝的影響は，生殖腺の被ばくにより精子や卵子に遺伝子突然変異や染色体異常が生じ，その結果，子孫に表れる影響である．
7. 放射線の人体影響を修飾する要因には，分割照射，線量率効果，線質効果などがある．

ポイント解説

1. 急性障害

一時に多量のエックス線を全身に被ばくすると，あまり時間をおくことなしに，線量に応じた急性障害が発生する．これらの障害はしばらくは続くが，ほとんどの場合は一過性で，永続性ではない．すなわち，線量が少ない場合には回復により症状はなくなるが，線量が多い場合には死に至る場合もある．また，皮膚のように，急性の潰瘍が慢性の潰瘍へと移行する場合もある．

a）線量と症状

少ない線量では眼に見える症状は現れない．線量が多くなると放射線感受性の高い組織での症状が現れ始め，さらに高線量になると感受性の低い組織にも症状

が現れてくる．個人差や被ばく後の医療処置により状況は異なるが，以下に全身に短時間に高い線量を被ばくした場合に起こる，線量別での主な事象を記す．

- **0.2 Gy 以下**：染色体異常の検査や精子数の算定という特別な検査を行うと異常を検出することができる場合もある．しかし，血液検査など，通常の臨床検査では異常は発見されず，眼に見える症状も現れない．

- **0.25 Gy 〜 0.5 Gy**：眼に見える症状や自覚症状は現れない．しかし，血液検査では白血球（リンパ球・顆粒球）の減少が認められる．

- **0.5 Gy 〜 1 Gy**：血液検査をすると，一時的にリンパ球・顆粒球などの減少が認められるが，この程度の線量であれば数日程度で回復する．

- **1 Gy 〜 2 Gy**：まず，眼に見える症状や自覚症状として，**前駆症状**と呼ばれる初期症状が表れる．前駆症状は主に自律神経系の反応で，被ばく後48時間以内に，食欲不振，吐気，嘔吐，下痢などの胃腸症状，疲労，発熱，発汗，頭痛，震え，血圧低下などの神経筋肉症状が現れる．**放射線宿酔**も前駆症状の一種である．これは二日酔いの症状に似ており，消化管症状（食欲不振，吐気，嘔吐，下痢），血管症状（頻脈，不整脈，血圧低下，呼吸促進），精神症状（興奮，不安，不眠）などの症状を示し，全身倦怠やめまいを訴える．放射線宿酔は確定的影響で，1 Gy 以上被ばくした場合によく見受けられるが，個人差も大きく，0.5 Gy 程度の線量でも生じる場合もある．この線量は覚えておくこと．これらの前駆症状は，線量が高いほど発症頻度は高まり，出現時間が早まり，その重症度も高くなる．この線量では，骨髄の造血機能も低下する．その結果，48時間以内にリンパ球数は正常値の50 ％程度にまで減少する．この線量域以上では，リンパ球・顆粒球の減少による細菌感染，血小板の減少による出血などに対する注意が必要である．大多数の人は生き延びるが，人が死亡するしきい線量は 1 Gy 程度と推定されているので，死者が出る可能性もある．

- **2 Gy 〜 3 Gy**：2 Gy では 3 時間後に約 50 ％の人に，3 Gy では 2 時間後にほぼ全員に放射線宿酔が起こり，かなりの人で次に述べる急性放射線症候群が発症する．数%から 25 ％くらいの人が死亡するとされている．

- **2 Gy 〜 6 Gy**：**急性放射線症候群**という特異な症状が顕著に現れてくる．急性放射線症候群は次の 4 期からなる．

　初　期：嘔吐・吐き気・脱力感などの自覚症状と，リンパ球減少が認められる被ばく 2 日目まで．

潜伏期：被ばく 2 日目から 1 週間程度は自覚症状がなくなる．

増悪期：末梢血液中のリンパ球・顆粒球・血小板・赤血球が減少し，皮膚の紅斑，脱毛，食欲不振などの症状が数週間続き，線量が多いと出血と感染により死に向う．

回復期：線量が少ないと 1 か月以降に回復に向う．

・**3 Gy**：放射線宿酔が認められる．末梢血リンパ球は，24 時間以内に正常の 1/10 程度に減少する．治療により回復は可能である．

・**3 Gy～5 Gy**：食欲不振・吐気・軽度の疲労感などの前駆症状，脱毛がある．人での半致死線量は 4 Gy 程度（3 Gy～5 Gy）とされている．そこでこの程度の被ばくでは，60 日間の間に 50 % 程度の人が死亡するとされている．半致死線量域での死亡は，出血と細菌感染による骨髄死が主な死因である．半致死線量の数値は覚えておくこと．

・**7 Gy**：被ばく後の医療処置によりその後の経過は異なるが，7 Gy 以上の被ばくではほぼ全員が 60 日以内に死亡する．人での全致死線量は 7 Gy～10 Gy 程度とされている．この数値も覚えておくこと．

・**8 Gy**：この線量以下での主な死因は骨髄死である．この線量以上では，造血器障害に加えて，消化管障害による腸死が死因に加わる．

・**10 Gy～100 Gy**：数十 Gy という致死線量を受けた場合は，数分から 1 時間以内に下痢・嘔吐・発熱などの特徴的な前駆症状が現れる．その後消化管障害による高度の下痢・腸出血と敗血症により死亡する．

・**50 Gy～100 Gy 以上**：脳血管透過性の障害が原因の神経症状を呈し，死亡する．

b）線量と死亡率（線量-死亡率関係）

図 4.6 には，モルモットにエックス線を 1 回だけ全身照射した場合の，線量と死亡率との関係が示されている．極めて重要な図なので頭に入れておくこと．モルモットやマウスの実験では照射後 30 日間における死亡を目安にして観察している．これは，死亡する動物は照射後 30 日以内に死亡するが，30 日以上生き延びた動物はその後はほとんど生き続けるためである．線量を横軸に，30 日間での死亡率を縦軸にとった場合，線量と死亡率との関係はしきい値のある S 字型の曲線となる．図 4.6 からわかるように，線量が少ないと死亡しない個体が存在する．しかし，ある線量を超えると動物は死亡しはじめる．この線量をしきい線量と呼ぶ．さらに線量が増えると，急激に死亡率が増加する．被ばくした集団の

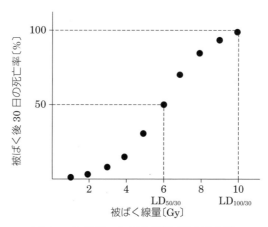

図 4.6　モルモットでの線量−死亡率曲線

うち，50 ％の個体が一定期間内に死亡する線量を**半致死線量**（Lethal Dose 50：
LD_{50}）と呼んでいる．半致死線量は動物の種類によって異なり，動物の放射線
に対する感受性を比べる物差しの一つとなっている．

　一般に，マウスなどの小動物では LD_{50} の値は大きいといわれている．マウスや
モルモットでは観察期間 30 日での半致死線量を $LD_{50/30}$ と表記し，およそ 6 Gy ～
7 Gy 程度である．線量が増えると死亡率は増加し，ある線量を超えると全部の
個体が死亡してしまう．このときの線量を**全致死線量**（**LD_{100}**）と呼んでいる．

　人の場合は，骨髄死を起こす期間がモルモットやマウスよりも長いことから，
観察期間 60 日での半致死線量として，$LD_{50/60}$ と表記される．人の急性放射線被
ばくでは，死のしきい線量は 1 Gy 程度，半致死線量は 3 Gy ～ 5 Gy 程度，全致
死線量は 7 Gy ～ 10 Gy 程度とされている．これらの数値は覚えておくこと．し
かし個人差もあり，被ばく後の医療処置によってもこれらの線量は変化する．

　c）急性死の様式

　マウスに 1 回に多量のエックス線を全身照射すると，線量に応じて典型的な
症状を示した後に，比較的短期間に，骨髄死，腸死，中枢神経死が認められる（本
節の問題 3 参照）．

　①　2 Gy ～ 10 Gy 程度の領域は**骨髄死**の領域と呼ばれている．この領域の被
　　ばくでは，骨髄などの造血臓器で幹細胞・幼若細胞などの細胞分裂が停止す
　　る．その結果，末梢血液中の白血球や血小板が減少し，細菌感染による敗血
　　症，出血などの症状が現れる．線量が多ければマウスでは被ばく後 10 日間

〜1か月程度で死に至る．人の場合での死亡までの期間は被ばく後30日から60日程度とされている．半致死線量（LD_{50}）の被ばくでは，この骨髄死が死因となる．

② 10 Gy 〜 100 Gy 程度の領域は**腸死**の領域と呼ばれている．この領域の被ばくでは，小腸の腺窩部に存在する腸の幹細胞が障害を受け，その結果，腸粘膜の欠落により下痢・脱水・潰瘍・下血などの症状が現れ，敗血症により死亡する．この領域での生存日数は照射線量にかかわらず動物種に応じて一定となる．例えば，マウスでの生存日数は被ばく後3.5日〜5日程度である．これは，食物を吸収する絨毛細胞の寿命が尽きるまでの期間に対応している．そこでマウスでは3.5日効果と呼ばれることもある．人の場合での死亡までの期間は被ばく後10日〜20日程度とされている．

③ 50 Gy 〜 100 Gy 以上の領域は**中枢神経死**の領域と呼ばれている．けいれん・麻痺・異常運動などの神経症状が現れ，人では被ばく後1日〜5日程度で死亡する．中枢神経死は頭部のみの照射によっても起こる．中枢神経死では，放射線の中枢神経細胞への直接的な影響ではなく，中枢神経系での血管透過性の障害が主要な役割を果たしていると考えられている．

数百 Gy 以上の被ばくでは生体を構成する重要分子の変性により被ばく後数時間以内に死亡する．そこで，この範囲での死を分子死と呼んでいる．これらの死の様子を**急性死の様式**と呼んでおり，人もマウスとほぼ同じようなパターンをとる．

照射された線量が少ない（2 Gy 程度以下）と，一時的に造血機能が低下しても，生き残った幹細胞の増殖によりまもなく回復する．しかし，一部の個体では，晩発障害として，白血病のようながんが発生する危険性が残ってしまう．

2. 晩発障害

急性被ばくを生き延びた個体，比較的小線量を被ばくした個体，低線量率で繰返し被ばくした個体に，長期間（例えば数年から数十年）の潜伏期の後に現れる障害である．確定的影響に分類されるものと確率的影響に分類されるものが含まれる．

a）がん

放射線は DNA に損傷を与え，この DNA 損傷はある確率で突然変異を引き起こし，その後ある確率でがんにつながると考えられている．また，放射線照射後何回も細胞分裂した後に新たな染色体異常が出現し，この遅延型の遺伝的な不安

定性がんを誘発するとの説も提唱されている.

原爆被ばく者・医療被ばく者・職業被ばく者等の調査により,放射線によって人にがんが発生することが報告されている.白血病,甲状腺がん,乳がん,肺がん,胃がん,結腸がん,卵巣がん,多発性骨髄腫などが発生しやすい.白血病は骨髄の被ばくに伴う血液細胞のがんで,血液中の白血球数が無制限に増え続ける.そのため血液が白く見えることからその名前がついた.白血病の潜伏期は最短で2年〜3年程度で,被ばく6年〜7年後に白血病発生はピークとなる.その他のがんでは潜伏期は長く(10年程度),がん好発年齢になってから発生率が増加し始め,がんが発生する年齢は一般の人と変わりない.そこで被ばく時年齢が若いほど潜伏期は長くなる.

がんに関するしきい値の有無については多くの議論があり,いまだ明確な結論は得られていない.原爆被ばく者の研究では,100 mSv 以下の被ばく集団では統計学的に有意ながんによる死亡率の増加は認められていない.国際放射線防護委員会では,線量限度の決定などに際しては安全側に立って,しきい値なしの直線モデルを採用している.放射線防護上は,単位線量当たりのがん発生確率を算定することが重要で,国際放射線防護委員会 2007 年勧告では,致死がんと非致死がんの重み付けを考慮した場合,がんのリスク係数は,全集団では 5.5×10^{-2}/Sv,成人では 4.1×10^{-2}/Sv となっている.

b) 白内障

眼および周囲組織のうち放射線感受性が高い組織は,細胞再生系に属する水晶体である.白内障は目の水晶体が混濁して視力障害となる状態である.水晶体がエックス線を急性被ばくすると,2 Gy 程度では水晶体混濁が生じるが視力障害には至らない.急性被ばくでは 5 Gy 程度,慢性被ばくでは 10 Gy 以上が白内障のしきい線量と考えられている.白内障は晩発障害で,潜伏期は被ばく線量の大小による影響を受け,線量が多いほど短い傾向を示す.平均の潜伏期は 2 年〜3 年であるが,潜伏期には数か月から数十年の幅がある.白内障の重篤度は被ばく線量に依存する.

3. 胎児への影響

妊娠中の母体に存在する胎児が放射線被ばくをすることを,**胎内被ばく**と呼んでいる.胎内被ばくの特徴は,1) 感受性が高い,2) 妊娠に気がつかない妊娠初期でも障害が起こりうる,3) 胎児の発育時期で影響が異なること,である.胎

児の発育時期は次の3期に分けられる.

① **着床前期**：受精卵が子宮壁に着床する前の時期

② **器官形成期**：生まれてくるのに必要なさまざまな種類の器官が作られている時期

③ **胎児期**：器官形成期で出来上がった各器官が，生まれてくるのに必要な大きさになるまでの時期

着床前期の被ばくでは生死が問題になり，死亡してしまうか（**胚死亡**），正常に生まれてくるかのどちらかで，奇形は生じない．器官形成期では被ばくする時期に応じて各種の**奇形**が発生する可能性がある．胎内被ばくによる奇形は胎児本人が被ばくをしているので，身体的影響である点を確認しておくこと．胎児期では**精神発達遅滞**や**発育遅延**，**新生児死亡**が問題になる．発育遅延は，胎内被ばくだけでなく幼小児期での被ばくでも発生する可能性がある．胚死亡，奇形発生，精神発達遅滞，発育遅延，新生児死亡はいずれも確定的影響で，奇形でのしきい線量は 0.15 Gy 程度である．この数値は覚えておくこと．

広島・長崎の原爆被ばくでは，小頭症（奇形）と精神発達遅滞の発生が特に問題となっている．人間の胎内被ばくで確認されている奇形は小頭症だけで，そのほかの奇形は確認されていない．

広島・長崎の原爆による胎内被ばくでは，小児期でのがんの有意な増加は報告されていないが，大人になってからの固形がんの増加が報告されており，今後の注意深い調査が必要である．

胎児生殖腺の放射線感受性は高く，胎内被ばくによる遺伝的影響の発生は，理論的には問題となりうるが，人間集団では確認されていない．

4. 遺伝的影響

遺伝的影響は，精巣や卵巣が被ばくした場合に発生する．精巣に存在する精子やその幼若細胞，卵巣に存在する卵子やその幼若細胞が被ばくをすると，DNAに傷が付いた精子や卵子が出現する場合がある．DNA の損傷は，突然変異（遺伝子突然変異や染色体異常）を誘発し，遺伝的影響へと繋がるおそれがある．遺伝子突然変異は DNA 分子レベルでの異常であり，染色体異常は顕微鏡レベルでの異常である．小児が被ばくした場合にも遺伝的影響が生じるおそれはある．

a）遺伝子突然変異

遺伝子の本体は DNA である．放射線被ばくの結果，DNA の化学構造に変化

が生じ，何回かの細胞分裂を経て，遺伝情報の誤りとして固定された状態を放射線誘発遺伝子突然変異と呼んでいる．一方，自然界ではいろいろな原因により遺伝子突然変異が生じている．これを自然突然変異と呼んでいる．自然により起きている遺伝子突然変異率の値を2倍にするのに要する放射線の量を**倍加線量**と呼んでいる．倍加線量は遺伝的影響の放射線感受性を示す一つの指標となっている．倍加線量の小さい動物は放射線感受性が高いことになる．人での倍加線量は1 Gy 程度と考えられている．

b）染色体異常

染色体は DNA とタンパク質の複合体で，細胞分裂時に顕微鏡で観察できる．特に，血液中のリンパ球を培養して検査する．放射線による染色体異常は染色体の構造異常である．構造の異常には，欠失，逆位，転座などの安定型染色体異常と，2動原体染色体や環状染色体などの不安定型染色体異常がある．安定型は，細胞分裂を経ても，長期にわたって異常が検出される．一方，不安定型は細胞分裂ができないので，被ばく後しばらくして異常が検出されなくなる．リンパ球の染色体異常から被ばく線量の推定ができる．不安定型は被ばく直後の線量推定に利用され，安定型は被ばく後かなり経過した場合でも線量推定に利用される．

c）遺伝的影響の特徴

遺伝子突然変異や染色体異常をもった精子や卵子が受精することで，親とは違った性質をもった子供が生まれ，遺伝的影響となる可能性がある．遺伝的影響は，子供を生む可能性のある人が，生殖腺に被ばくした場合にのみ問題となる．

生殖細胞に誘発された遺伝子突然変異や染色体異常は，次世代，さらにはその子孫へと伝えられ，遺伝性疾患の増加につながる可能性がある．このように遺伝的影響の特徴は，その影響が長く子孫にまで持続することにある．しかし，実際問題としては，遺伝子突然変異や染色体異常をもった生殖細胞が受精をしても，胎児が育たずに流産や死産になってしまう場合があり，生殖細胞に遺伝子突然変異や染色体異常をもった子供を残すことはまれである．遺伝的影響は確率的影響で，しきい線量はないと仮定されており，その発生確率は総線量に比例する．

生殖器官が被ばくしたときに生じる影響のすべてが遺伝的影響ではない．不妊，生殖器官のがんなどは，生殖器官が被ばくしたときに起こりうる身体的影響である．

d）人間集団での遺伝的影響

マウスやショウジョウバエの実験では，放射線の遺伝的影響が確認されている．

例えばマウスでは，眼の色や毛の色が親とは異なった子供が生まれている．しかし，人間集団についての疫学調査では，放射線による遺伝的影響は確認されていない．例えば，広島や長崎で原爆被ばくした親から生まれた子供達と，被ばくしていない親から生まれた子供達とでは，遺伝的に有意な差は確認されていない．この場合，単に遺伝子突然変異や染色体異常が子孫に引き継がれただけでは，確率的影響としての遺伝的影響とは呼ばない．確率的影響としての遺伝的影響とは，個体レベルで影響が現れることである点に注意しよう．

5. 修飾要因

人体に対する放射線の影響はいろいろな要因によって変化する．ここでは，過去のエックス線作業主任者試験で出題された事項について簡単に述べる．

a) 回　復

例えば，エックス線を受けて減少した末梢血液中のリンパ球は，受けたエックス線の量が少ない場合には，時間が経つとともに正常な数に戻る．これは，生き残っていた幹細胞が分裂して，新たにリンパ球が作られた結果である．生き残った幹細胞による回復は，造血器障害，皮膚障害，男子不妊などの細胞再生系における急性放射線障害で認められる．これとは別に分割照射や低線量率照射の場合には，被ばくした細胞自身が回復することが認められている．

b) 分割照射

一般に，同一の線量を一度に照射するよりも，数回に分割して照射した方が影響は小さい．後者の場合では照射された細胞自身で回復が起こり，影響の程度が軽減される．これを分割照射による回復と呼んでいる．

c) 線量率効果

同じ線量を受けた場合，低線量率での被ばくでは被ばくした細胞自身で回復が起こる．そこで，高線量率での被ばくより影響が低減される．線量率が異なると生体への影響が異なる場合，線量率効果が存在する，あるいは線量率依存性などという．

d) 線質効果

放射線の影響は，同じ線量が吸収されても放射線の種類によって生物学的効果が異なる．これを**線質効果**と呼んでいる．例えば，エックス線の 1 Gy とアルファ線の 1 Gy とでは，吸収線量が同じでも障害の程度は異なる．これは，エックス線とアルファ線の電離密度の分布が異なるために生じることである．線エネル

223

ギー付与（LET）は，放射線の飛跡に沿った単位長さ当たりのエネルギー付与であり，放射線の生物学的効果は，吸収線量が同じでもLETの大きさによって異なるからである．

エックス線のエネルギーによっても放射線影響は異なる．軟エックス線（0.1 keV ～ 10 keV）と硬エックス線（100 keV ～ 1 MeV）を比較すると，軟エックス線は透過力が小さく，硬エックス線は透過力が大きい．そこで例えば，10 keVと500 keVのエックス線を比較すると，同一線量を同じ線量率で被ばくした場合，皮膚障害は透過力の小さい10 keVのエックス線の方が大きく，骨髄障害は透過力の大きい500 keVのエックス線の方が大きくなる．

e）生物学的効果比

吸収線量が同じでも，放射線の線質（種類）によって，着目する生物学的効果は異なる．放射線の種類によって異なる生物学的効果の違いの程度を現す指標が，**生物学的効果比**（**RBE**：Relative Biological Effectiveness）である．これは，同じ生物学的効果をもたらすのに必要な吸収線量（Gy）の比で表される．例えば，基準となるエックス線である特定の生物学的効果を生じる場合に5 Gyを要したとする．一方，問題となるべき別の放射線（例えば中性子線）で同じ生物学的効果を得るためには2.5 Gyが必要であったとする．この問題となるべき放射線のRBEは5/2.5＝2となる．生物学的効果比は，確定的影響でも確率的影響でも求めることは可能で，例えば，細胞致死，遺伝子突然変異誘発，がんなどと目印となる生物学的効果が異なれば，値も違ってくる．また，線量，線量率，酸素濃度などの条件を変化させても，RBEの値は異なってくる．

❌ **問題1**　1 Gy のエックス線全身急性被ばくによって引き起こされる可能性のある身体的影響として，正しいものの組合せは，次のうちどれか．
　　A　白内障　　B　放射線宿酔　　C　皮膚の紅斑　　D　一時的不妊
(1) A，B　　(2) A，C　　(3) A，D　　(4) B，C　　(5) B，D

📝 **解説**　A：×　白内障は晩発障害でそのしきい線量は 5 Gy 程度．B：○　ヒトによっては 0.5 Gy 程度から放射線宿酔が現れる．C：×　皮膚紅斑のしきい線量は，初期紅斑は 2 Gy，持続性の場合は 5 Gy 程度である．D：○　しきい線量は，男性では 0.15 Gy，女性では 0.65 Gy 程度とされている．

【解答】(5)

❌ **問題2**　ある放射線業務従事者が事故により一時に全身に 3 Gy 程度のエックス線照射を受けてしまった．この場合の急性放射線障害に関する次の記述のうち，誤っているものはどれか．
(1) 全身倦怠，めまい，食欲不振，嘔吐などの放射線宿酔の症状を呈した．
(2) 3 週間後に頭髪の脱毛が生じた．
(3) リンパ球，血小板だけでなく，赤血球も減少した．
(4) 腸粘膜の脱落により，下痢，脱水，潰瘍，下血が発生した．
(5) その後種々の治療を受けて回復したが，晩発性の影響であるがんが生じる可能性が残っている．

📝 **解説**　(1) ○　3 Gy 程度の全身被ばくでは，数時間後に放射線宿酔の症状が現れる．(2) ○　脱毛のしきい線量は 3 Gy である．(3) ○　成熟した赤血球は比較的放射線感受性が低い．しかし骨髄内に存在する赤血球系の幹細胞は放射線感受性が高い．3 Gy 程度の全身被ばくでは，被ばく後しばらくして，末梢の赤血球も減少する．(4) ×　腸粘膜の脱落による下痢，脱水，潰瘍，下血などは少なくとも 5 Gy 〜 8 Gy 程度以上の被ばくで生じる．3 Gy 程度では生じない．(5) ○．

【解答】(4)

✖ **問題3**　下図は，動物の全身に大線量のエックス線を，1回照射した後の平均生存日数と線量との関係をいずれも対数目盛りで示したものである．次の記述のうち，誤っているものはどれか．

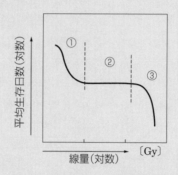

(1) ①の領域は 10 Gy 程度までで，LD_{50} に相当する線量はこの領域内にあると考えられる．10 Gy 以下の被ばくによる死亡は，主に造血臓器の障害によるもので，骨髄死と呼ばれている．

(2) 被ばく線量 10 Gy 〜 100 Gy は，②の領域である．この領域での死亡は，主に消化管の障害によるもので，腸死と呼ばれている．

(3) ②の領域における生存日数は，ほ乳類では動物種にかかわらずおよそ 30 日でほぼ一定している．

(4) ③の領域は 50 Gy 〜 100 Gy 以上の領域である．けいれんなどを起こして死亡するので中枢神経死と呼ばれ，頭部のみの照射によっても起こる．

✖ **解説**　　(1) ○　マウスの LD_{50} は 7 Gy 程度，人の LD_{50} は 4 Gy 程度である．この領域での死因は造血機能障害である．(2) ○　この領域の線量は 10 Gy 〜 100 Gy 程度である．この領域での死因は消化管障害である．腸死は骨髄死よりも，多い線量で短い潜伏期で起こる．(3) ×　例えばマウスの場合には，照射 3 日〜 5 日後にはそれまでに存在していた腸粘膜の成熟細胞は役目を果たして脱落してしまう．しかし，照射のため新しい細胞の供給がないので，食物を消化吸収する成熟細胞がなくなってしまう．その結果，下痢，脱水，潰瘍，下血，感染などが原因で，マウスでは平均生存日数 3 日〜 5 日程度で死亡する．この平均生存日数は，食物を吸収する成熟細胞の寿命が尽きるまでの日数に対応し，線量によらず動物種によってほぼ一定となっている．そこで腸死の線量域を線量不依存域と呼んでいる．ヒトでの平均生存日数は 10 日〜 20 日前後と推定されている．いずれにしても，生存日数の 30 日は正しくない．(4) ○　中枢神経の細胞は放射線抵抗性である．しかし，50 Gy 〜

100 Gy 以上の照射を受けると，中枢神経系の毛細血管透過性の障害のため，被ばく 1 ～ 5 日後に中枢神経死が起こる．中枢神経死は頭部のみの照射によっても発生する．　　　　　　　　　　　　　　　　　　　　【解答】（3）

✖**問題 4**　ヒトが一時に全身にエックス線被ばくを受けた場合の早期影響に関する次の記述のうち，正しいものはどれか．
（1）2 Gy 以下の被ばくでは，放射線宿酔の症状が現れることはない．
（2）3 Gy ～ 5 Gy 程度の被ばくによる死亡は，主に造血器官の障害によるものである．
（3）半致死線量（LD$_{50/60}$）に相当する線量の被ばくによる死亡は，主に消化器官の障害によるものである．
（4）5 Gy ～ 10 Gy 程度の被ばくによる死亡は，主に中枢神経系の障害によるものである．
（5）被ばくから死亡までの期間は，一般に，造血器官の障害による場合の方が，消化器官の障害による場合より短い．

✖**解説**　　（1）×　放射線宿酔は急性被ばくにおける前駆症状の一種で 1 Gy 以上を被ばくしたときにみられるが，ヒトによっては 0.5 Gy 程度でも現れることがある．（2）○　4 Gy 程度はヒトでの半致死線量とされており，主な死因は造血器官の障害による骨髄死である．（3）×　消化器官の障害による腸死が主な死因となるのは 10 Gy 以上被ばくした場合である．（4）×　中枢神経死の被ばく線量は 50 Gy 以上である．（5）×　造血器官の障害による骨髄死，消化器官の障害による腸死，それぞれが主な死因となる線量は腸死の方が多い．被ばく線量が多いほど死亡までの期間は短くなる．　　　　　【解答】（5）

✖**問題 5**　胎内被ばくに関する次の A から D まで記述のうち，正しいものの組合せは（1）～（5）のうちどれか．
A　胎内被ばくを受け出生した子供に見られる精神発達の遅延は，確定的影響に分類される．
B　胎内被ばくによる奇形の発生のしきい線量は，ヒトでは 0.1 Gy 程度であると推定されている．
C　胎内被ばくを受け出生した子供に見られる発育遅延は，遺伝影響である．
D　胎内被ばくにより胎児に生じる奇形は，確率的影響に分類される．
（1）A，B　　（2）A，C　　（3）B，C　　（4）B，D　　（5）C，D

✖**解説**　　A：○　精神発達の遅延は胎児期の被ばくによりみられる確定的影響であ

る．B：○　奇形は器官形成期の被ばくによりみられ，しきい線量は 0.15 Gy 程度である．C：×　胚死亡，奇形，精神発達遅延，発育遅延は胎内で被ばくして出生した子供本人に見られる身体的影響である．D：×　胎内で被ばくして出生した子供本人に見られる身体的影響はしきい線量がある確定的影響である．　　　　　　　　　　　　　　　　　　　　　　　　　　　　　　【解答】（1）

❌ **問題6**　胎内被ばくに関する次のAからDまでの記述について，正しいものの組合せは（1）～（5）のうちどれか．
A　着床前期に被ばくしても生き残った胎児には，発育不全が見られる．
B　器官形成期の被ばくは，奇形を起こしやすい．
C　人の胎内被ばくでは，眼，骨，中枢神経などで奇形が発生している．
D　胎児期の被ばくにより，精神発達の遅滞を生じることがある．
(1) A，C　　(2) A，D　　(3) B，C　　(4) B，D　　(5) C，D

✎**解説**　A：×　着床前期の被ばくは，死亡するか，正常に生まれてくるかのどちらかであるといわれている．発育不全は認められない．B：○　器官形成期では，奇形の発生が問題になる．C：×　マウスなどの動物実験では，胎内被ばくにより眼，骨，中枢神経などでの奇形が生じている．しかし人間の胎内被ばくで確認されている奇形は小頭症だけである．D：○　広島・長崎の原爆被ばくでは，この時期（受精 8 週～ 25 週）の被ばくにより，精神発達遅滞（知的障害）が生じている．　　　　　　　　　　　　　　【解答】（4）

❌ **問題7**　放射線による遺伝的影響に関する次のAからDまでの記述について，正しいものの組合せは（1）～（5）のうちどれか．
A　被ばくにより DNA が損傷を受けて生じる障害は，すべて遺伝的影響である．
B　遺伝的影響は，確率的影響の一つで，放射線防護で問題になる線量の範囲では，その線量効果関係は，直線的関係であると考えられている．
C　胎内被ばくによる胎児の奇形は，遺伝的影響である．
D　放射線照射により，突然変異率を自然における値の 2 倍にする線量を倍加線量という．
(1) A，B　　(2) A，C　　(3) A，D　　(4) B，D　　(5) C，D

✎**解説**　A：×　放射線の生物作用は DNA の損傷によるものである．この際，身体的影響と遺伝的影響の 2 種類が起こりうる．体細胞（生殖細胞以外の細胞）に生じた DNA 損傷は，身体的影響を起こす．生殖細胞の DNA が損傷を受け

た場合にのみ，遺伝的影響が発生する．DNA が損傷した場合に起きる障害は遺伝的影響だけではない．B：○　がんと遺伝的影響とは確率的影響で，線量効果関係はしきい値のない直線的関係が想定されている．C：×　胎内被ばくでは胎児本人が放射線を受けている．そこで，胎内被ばくによる奇形は遺伝的影響ではなく，身体的影響である．D：○　自然界ではいろいろな原因により突然変異が生じている．これを自然突然変異と呼んでいる．自然により起きている突然変異率の値を 2 倍にするのに要する放射線の量を倍加線量と呼んでいる．倍加線量は放射線の遺伝的影響に対する感受性を示す値となる．すなわち，倍加線量の大きい動物は放射線感受性が低いことになる．

【解答】（4）

✖ **問題 8**　放射線による遺伝的影響に関する次の記述のうち，正しいものはどれか．

A　生殖腺が被ばくしたときに生じる障害は，すべて遺伝的影響である．
B　親の体細胞に突然変異が生じると，子孫に遺伝的影響が生じる．
C　遺伝的影響は，確率的影響に分類される．
D　遺伝的影響の原因となる生殖細胞の突然変異には，遺伝子突然変異と染色体異常がある．

（1）A，B　　（2）A，C　　（3）B，C　　（4）B，D　　（5）C，D

✖**解説**　　A：×　0.65 Gy ～ 1.5 Gy で一時不妊，3 Gy 以上では永久不妊となる．これは身体的影響である．B：×　遺伝的影響が子孫に生じるのは，親の生殖細胞に突然変異が起きたときである．C：○．D：○．　　　【解答】（5）

229

✖ **問題9** エックス線の生体への影響に関する次のAからEまでの記述について，正しいものの組合せは（1）〜（5）のうちどれか．

A 放射線被ばくには，外部被ばくと内部被ばくとがあり，エックス線の場合には双方の被ばくが問題となる．

B 同じ吸収線量に被ばくした場合，軟エックス線の方が硬エックス線より皮膚に与える影響が大きい．

C 同じ線量当量に被ばくしたとき，ガンマ線より悪性腫瘍の発生する危険性が大きい．

D 同じ線量当量に被ばくしたとき，ガンマ線より遺伝的影響の生じる危険性が大きい．

E 同じ照射線量に被ばくした場合，軟エックス線の方が硬エックス線より骨髄に与える影響が小さい．

（1）A，B　　（2）A，C　　（3）A，D　　（4）B，C　　（5）B，E

✖ **解説**　A：×　**内部被ばく**は非密封放射性物質を体内に取り込んだときに問題となる．エックス線で問題になるのは**外部被ばく**である．B：○　軟エックス線は硬エックス線より透過力が小さく，皮膚でエネルギーが吸収されて，皮膚での影響が問題となる．C：×　「線量当量」は，測定された量を表すために使われる（3.2節を参照）．エックス線とガンマ線とは同じ線質係数をもち，線量当量が同じであれば，同じ生物効果をもつ．D：×　エックス線とガンマ線とは同じ線質係数をもち，線量当量が同じであれば，同じ生物効果をもつ．E：○　軟エックス線は硬エックス線より透過力が小さく，皮膚でエネルギーが吸収されて，骨髄まで到達する割合は小さい．そこで骨髄での影響は硬エックス線より小さくなる．　　　　　　　　　　　　　　　　　　　**[解答]**（5）

✖ **問題10**　放射線の生物作用に関する次の記述のうち，誤っているものはどれか．

（1）生物学的効果比（RBE）とは，放射線の種類によって異なる生物学的効果の量的な違いを表す指標である．RBEは同じ生物学的効果をもたらすのに要する線量（Gy）の比で表される．

（2）同じ細胞でも細胞分裂周期や細胞分化の過程により放射線感受性が異なる．

（3）回復現象のある障害では，同一の線量でも，分割して被ばくする方が1回被ばくに比べて影響が小さい．

（4）生体中にシステイン，システアミンなどのSH化合物が存在していると，間接作用が減弱される．

（5）平均致死線量とは，被ばくした個体の半数が死亡する線量である．

解説　（1）○　RBE についてはその定義だけでなく，①基準となる放射線は通常は普通のエックス線または ^{60}Co（コバルト 60）ガンマ線が用いられること，②したがってエックス線の RBE は通常は 1 であること，③しかし同じ線質の放射線であっても，着目する生物学的効果・線量率などの条件が異なれば RBE の値も異なってくること，④LET が低値の間は LET が大きくなると RBE も徐々に大きくなり，約 100 keV/μm 付近で RBE は最大値となり，約 200 keV/μm 以上になると RBE は逆に小さくなること，などを理解しておくこと．（2）○　放射線生物作用での修飾要因に生物学的要因（細胞分裂の頻度，細胞分裂周期，細胞分化の過程，年齢，性差など）がある．（3）○　放射線生物作用での修飾要因に物理学的要因（放射線の種類やエネルギー，線量率，分割照射，温度など）がある．（4）○　放射線生物作用での修飾要因に化学的要因（酸素濃度，放射線防護剤，放射線増感剤など）がある．（5）×　平均致死線量という用語が過去の試験で出題されている．よく理解しておくこと（4.2 節のポイント解説参照）．　　　　　　　　　　【解答】（5）

❌ 問題 11　放射線の生体への影響に関する次の記述のうち，誤っているものはどれか．
（1）線量率効果（線量率依存性）とは，照射した総線量が同じでも，線量率が高いほど生体への影響が大きくなることをいう．
（2）吸収線量が同じでも，線質が異なれば，障害の程度は同一とはいえない．
（3）半致死線量とは，被ばくした集団のうち，50 %の個体が一定期間内に死亡する線量である．
（4）OER（酸素増感比）とは，酸素が存在しない状態と存在する状態とで同じ効果を与える線量の比により，酸素効果の大きさを表したものである．
（5）RBE（生物学的効果比）とは，生物の種類による放射線の効果の違いを，ヒトを基準にして表したものである．

解説　（1）○　同一線量の被ばくでも，線量率によって生体に与える効果が異なることを，線量率依存性または線量率効果が存在するという．この場合，1 回の照射で総線量が同じでも，線量率が低いほど生体への影響は小さく，線量率が高いほど生体への影響は大きくなる．これは，低い線量率では回復が起こりやすく，高い線量率では回復が起こりにくいためである．（2）○　例えばエックス線の 1 Gy とアルファ線の 1 Gy とでは同じ 1 Gy の吸収線量ではあるが，障害の程度は異なる．これはエックス線とアルファ線の電離密度の分布が異なるために生じることである．（3）○　マウスでは被ばく後 30 日，

人では被ばく後60日の期間を設定し，その期間内で50％の個体が死亡する線量が半致死線量である．マウスでは6 Gy～7 Gy，人では3 Gy～5 Gy程度が半致死線量と考えられている．（4）○　酸素効果の程度を表す指標として OER（酸素増感比）が用いられている．放射線の種類によって酸素効果は異なり，例えば，エックス線は3程度，重粒子線では1程度である．すなわち，エックス線では酸素がある場合はない場合の3倍程度生物学的効果が大きい．一方，重粒子線では，酸素があってもなくても生物学的効果はほぼ同じである．（5）×　RBE（生物学的効果比）は，基準となる放射線と問題としている放射線が，同じ生物学的効果を与えるときの各々の吸収線量（Gy）の比で，線質の異なる放射線の生物学的効果の違いを示す場合に用いられる．例えば，培養細胞での生存率を考えてみる．基準となるエックス線では10％生存率を与える線量が6 Gy，一方，問題となるべき放射線（例えば中性子線）で10％生存率を与える線量が3 Gy であった場合，この問題となるべき放射線の RBE は 6/3 ＝ 2 となる．　　　　　　　　　　　　　【解答】（5）

❌ **問題 12**　放射線の生物学的効果に関する次の A から D までの記述について，正しいものの組合せは（1）～（5）のうちどれか．

A　LET（線エネルギー付与）とは，物質中を放射線が通過するとき，荷電粒子の飛跡に沿って単位長さ当たりに物質に与えられる平均エネルギーで，放射線の線質を表す指標である．

B　倍加線量は，放射線による遺伝的影響を推定する指標とされ，その値が大きいほど遺伝的影響は起こりにくい．

C　平均致死線量は，ある組織・臓器の個々の細胞を死滅させる最小線量を，その組織・臓器全体にわたり平均した線量で，この値が大きい組織・臓器の放射線感受性は高い．

D　全致死線量は，半致死線量の2倍に相当する線量であり，この線量を被ばくした個体は数時間～数日のうちに死亡してしまう．

（1）A，B　　　（2）A，C　　　（3）B，C　　　（4）B，D　　　（5）C，D

❌ **解説**　A：○．B：○　自然発生の突然変異率の値を2倍にするのに必要な線量が倍加線量．この数値が大きいということは線量が少ないと突然変異は起こりにくく，それによって誘発される遺伝的影響も起こりにくくなる．C：×　平均致死線量は細胞の放射線感受性の指標で，値が大きい細胞は感受性が低い．D：×　半致死線量の2倍ではなく，その線量を超えると被ばくした全個体が死亡する，とされる線量である．　　　　　　　　　　　　　　【解答】（1）

問題 13 生物学的効果比（RBE）に関する次の A から D までの記述について，正しいものの組合せは（1）〜（5）のうちどれか．

A　生物学的効果比（RBE）は，基準となる放射線と問題にしている放射線について，各々の同一線量を被ばくしたときの集団の生存率の比により，線質の異なる放射線の生物学的効果の大きさを比較したものである．

B　RBE を求めるときの基準放射線としては，通常，エックス線やガンマ線が用いられる．

C　RBE の値は，同じ線質の放射線であれば，着目する生物学的効果，線量率などの条件が変わっても変わらない．

D　RBE は放射線の線エネルギー付与（LET）の増加とともに増大し，100 keV/μm 付近で最大値を示すが，さらに LET が大きくなると RBE は減少していく．

（1）A，B　　（2）A，C　　（3）B，C　　（4）B，D　　（5）C，D

解説　A：×　生物学的効果の大きさではなく，効果を持たらすのに必要な線量の比である．B：○．C：×　どんな生物学的効果を指標にするかによって RBE の値は変わってくるし，線量率が変わっても同様である．D：○　RBE と LET の関係を理解しておくこと．　　　　　　　　　　　【解答】（4）

4.6
線量限度

■出題傾向　線量限度にかかわる出題は多くはないが，関連する用語・事項が他の項目との複合問題として出題されている．とくに組織加重係数に関する問題は頻繁に出題されるようになっている．放射線防護の観点から重要な事項でもあるので，簡単に触れることとする．

■ポイント

1. 吸収線量（Gy）が同じであっても，放射線の種類やエネルギー，さらには組織の種類などによって，放射線の影響は異なる．

2. 放射線加重係数は，放射線の種類やエネルギーにより生物効果が異なることを表した係数である．低線量・低線量率被ばくにおける確率的影響の誘発に関する生物学的効果比を代表するように選ばれた値で，等価線量（Sv）を算出する際に使用される．

3. 確率的影響に対する放射線感受性は組織により異なる．組織加重係数は，個々の組織の確率的影響に対する感受性を表した係数であり，実効線量（Sv）を算出する際に使用される．

4. 等価線量限度は，各組織の等価線量について定められた線量限度であり，実務的には，確定的影響に関する線量限度として使用されている．

5. 実効線量限度は，確率的影響に関する線量限度として使用されている．

6. 線量限度以下であっても可能な限り被ばく線量を減らす努力をすべきである．

🔍 ポイント解説

　放射線の人体に対する影響は，放射線が当たった組織にどれだけのエネルギーが吸収されたのかによって決まってくる．吸収線量がそれで，Gy で表される．1 Gy は，1 kg の組織に 1 J のエネルギーが吸収された状態である．これは物理量である．しかし被ばくによって受ける影響の程度は，たとえ吸収線量（Gy）が同じであっても，放射線の種類やエネルギー，さらには組織の種類などによって異なる．そこで放射線防護の観点から，等価線量（Sv）と実効線量（Sv）という線量が定義された．

1. 放射線加重係数と等価線量

a) 放射線加重係数

放射線防護の目的で導入された係数の一つで, 放射線の種類やエネルギーにより生物効果が異なることを表した係数である. 放射線加重係数は, 低線量・低線量率被ばくにおける確率的影響の誘発に関する生物学的効果比を代表するように選ばれた値で, 放射線の種類やエネルギーに応じて決められている. 例えばエックス線やガンマ線は 1, アルファ線では 20 となっている. 本係数は次に述べる等価線量の算出に使用され, 本来は低線量・低線量率被ばくでの確率的影響の評価に用いられる係数である.

> 参考:従来から用いられてきた線質係数も放射線の生物学的な効果の強さを表す係数であるが, LET に依存した係数で, 線量当量を求める際に使われる.

b) 等価線量

ある組織に同じ量のエネルギー (Gy) が吸収されても, 放射線の組織に対する影響は, 実際には, 放射線の種類やそのエネルギーによって変わってくる. 例えば, エックス線の 1 Gy とアルファ線の 1 Gy は同じ吸収線量であるが, アルファ線による被ばくの方が強い損傷を受ける. これは, 細胞内でのエックス線とアルファ線の電離分布が違うために起こることである. 等価線量 (Sv) は, 吸収線量 (Gy) と放射線加重係数の積で表され, 放射線の種類やそのエネルギーによる人体影響の違いを補正した線量である. 異なる種類の放射線の影響を比較する際に用いられる. 等価線量を求める際に使用した放射線加重係数は, 低線量・低線量率における確率的影響を考慮して決められた係数である. したがって等価線量は, 本来は, 低線量・低線量率被ばくによる確率的影響の評価に際して用いられる線量概念である. 等価線量は基本的には確率的影響を対象としているが, 実務上は, 確定的影響のしきい値の推定値や線量限度として用いられている.

エックス線の場合は放射線加重係数は 1 なので, 吸収線量と等価線量の数値は同じである. また, エックス線とガンマ線では放射線加重係数は同じ 1 であるため, 吸収線量が同じであれば, エックス線とガンマ線は同じ生物効果をもつ.

2. 組織加重係数と実効線量

a) 組織加重係数

　組織加重係数は，放射線防護の目的で，低線量被ばくにおける確率的影響に対する個々の組織の相対的な感受性を示した係数である．致死がん・非致死がん・相対的寿命損失・重篤な遺伝的影響に注目している．組織ごとにこれらの障害の起こる確率の合計を求め，全身での確率の総和に対する，個々の組織での確率の比を計算したものである．全身での合計の値が1になるように丸めた数値となっている．そこで，各組織に割り当てられた組織加重係数の値は，全体に対する割合を示している．例えば，甲状腺には0.04が与えられている．本係数は，等価線量から実効線量を求める際に使用される．

表 4.4 組織加重係数

組織・臓器	組織加重係数
骨髄（赤色）・肺・胃・結腸・乳房	各 0.12
生殖腺	0.08
甲状腺・食道・肝臓・膀胱	各 0.04
皮膚・脳・唾液腺・骨表面	各 0.01
残りの臓器・組織すべて	0.12
全身	1

出典：ICRP 2007 年勧告

b) 実効線量

　組織に同じ等価線量（Sv）が与えられても，組織によって放射線に対する感受性は異なる．例えば，骨髄での等価線量が1 Sv，脳での等価線量が1 Svであっても，骨髄と脳では感受性が異なるのでがんの発生確率は異なってくる．実効線量（Sv）は，各組織の等価線量（Sv）に組織加重係数をかけて組織による放射線感受性の差を補正した値を，問題となるべき全組織について加算したものである．実効線量は，個人の全身での確率的影響を評価するために，防護量として考え出された線量で，放射線の確率的影響を個人間で比較するのに便利な線量である．

　実効線量は全身に均一，あるいは部分的に被ばくしても，同じように適用できる．すなわち，全身が均等被ばくした場合でも，ある特定の組織が単一に被ばくした場合でも，実効線量が同じであれば，それらの被ばくによる確率的影響のリ

スクは同じとなる．例えば，等価線量で 10 mSv の全身被ばくをした場合の実効線量は $1 \times 10 = 10$ mSv である．一方，組織加重係数 0.04 をもつ甲状腺だけが等価線量で 250 mSv の被ばくをした場合の実効線量は，$0.04 \times 250 = 10$ mSv となる．したがって，この両者での確率的影響が発生する確率は同じと評価されることになる．

3. 等価線量限度と実効線量限度

国際放射線防護委員会は職業被ばくと公衆被ばくに分けて，それぞれに等価線量限度と実効線量限度を設けている．

a）等価線量限度

各組織の等価線量について定められた，一定期間内における線量限度である．具体的数値については「02　関係法令」を参照してほしい．実務的には，確定的影響に関わる線量限度として等価線量限度が使用されている．

b）実効線量限度

実効線量について定められた，一定期間内における線量限度である．具体的には確率的影響（がんと遺伝的影響）にかかわる線量限度である．国際放射線防護委員会は，1 年間に 10 mSv（生涯 0.5 Sv）から 50 mSv（生涯 2.4 Sv）の放射線を被ばくした場合の損害の程度（デトリメント）を，死亡確率・寿命損失など複数の指標を使って推定した．また，65 歳までの年間死亡率が 10^{-3} を超えない被ばくは年間 20 mSv 以下であるとした．これらの結果から，生涯線量を 1 Sv と定め，管理できる期間を 5 年として，職業被ばくに対して実効線量限度を定めている．その具体的数値については「02　関係法令」を参照してほしい．

線量限度は，等価線量限度にしろ実効線量限度にしろ，その値を超えて被ばくしたからといって，必ず何らかの症状が発生するものではない．一方，線量限度以下でも，確率的影響ではその線量に応じて影響が発生する確率が存在する．しかし，きちんと管理された状況で受ける職業被ばくや，病気の診断のために受ける医療被ばくについては，一人ひとりの人間がその被ばくの影響について心配する必要はないものと考えられている．それであっても，線量限度以下の被ばくでも，可能な限り被ばく線量を減らす努力をすべきである．

❎ **問題1** 線量限度に関する次の記述のうち，正しいものの組合せは (1)～(5) のうちどれか.

A 線量限度を超えて被ばくすると，必ず何らかの放射線障害が生じる.

B 線量限度以下の被ばくは安全であるので，限度以下を超えて被ばくを減らす必要はない.

C 確率的影響に関しては，実効線量限度が設けられている.

D 確定的影響に関する線量限度として使用されるのが等価線量限度である.

(1) A, B (2) A, C (3) B, C (4) B, D (5) C, D

🖊 **解説** A：× 線量限度は安全側に設定されているので，限度を少し超えて被ばくしても必ず症状が生じるわけではない．B：× 実効線量限度は，しきい線量がないとされている確率的影響の発生を制限するために設けられたもので，限度以下の被ばくでも確率的影響が発生する確率はゼロではない．したがって，限度以下の被ばくでもできる限り被ばくを減らす努力は必要である．C：○ 実効線量限度は確率的影響に関わる線量限度である．D：○ 確率的影響と確定的影響，それぞれについて設けられている線量限度を理解しておくこと． **[解答]** (5)

❎ **問題2** 組織加重係数に関する次の記述のうち，誤っているすべての組合せは (1)～(5) のうちどれか.

A 組織加重係数は，各臓器・組織の確率的影響に対する相対的な放射線感受性を示す係数である.

B 等価線量に組織加重係数を乗じて得られるのが実効線量で，確定的影響の評価に使用することができる.

C 組織加重係数が最も大きい組織・臓器は，生殖腺である.

D 組織加重係数は，どの組織・臓器においても 1 より小さい.

(1) A, B (2) A, C (3) A, D (4) B, C (5) C, D

🖊 **解説** A：○ 組織加重係数は確率的影響の評価に用いられるもので，確定的影響の評価には用いられない．B：× 組織加重係数は確率的影響に関する係数で，影響の評価には防護量として考え出された実効線量が用いられる．C：× 2007 年の ICRP 勧告では，骨髄，結腸，肺，胃，乳房，その他の臓器が各 0.12 (計 0.72)，生殖腺は 0.08，膀胱，食道，肝臓，甲状腺が各 0.04 (計 0.16)，骨表面，脳，唾液腺，皮膚が各 0.01 (計 0.04) となっている．それ以前の勧告では生殖腺が 0.20 で最も大きかったが，2007 年勧告で数値が変

わったので間違わないように注意すること（表4.4参照）．D：○　各組織・
臓器の組織加重係数をすべて足すと1になる（Cの解説）．　　**【解答】**（4）

05

operation chief of work with X-rays

模擬試験問題と
解説・解答

模擬試験問題

● 1. エックス線の管理

1 エックス線に関する次の記述のうち，正しいものはどれか．

(1) 特性エックス線は，線スペクトルを示す．

(2) エックス線の管電圧を高くすると，特性エックス線の波長は，短くなる．

(3) 連続エックス線は，原子のエネルギー準位の遷移に伴って発生する．

(4) 制動エックス線を発生させるのに必要な管電圧の限界値を励起電圧という．

(5) エックス線は，負の電荷をもつ．

2 エックス線と物質との相互作用に関する記述のうち，誤っているものはどれか．

(1) 光電効果とは，エックス線の光子が軌道電子に全エネルギーを与え，電子が原子の外に飛び出し，光子は消滅する現象である．

(2) コンプトン効果によって散乱するエックス線の波長は，入射エックス線の波長より長い．

(3) コンプトン効果によって，原子から飛び出した電子を反跳電子という．

(4) 入射エックス線のエネルギーが，電子1個の質量に相当する 0.51 MeV になると，電子対生成が生じる．

(5) 光電効果の生じる確率は，エックス線のエネルギーが増すと小さくなる．

3 エックス線管の焦点から 2 m 離れた点での 1 cm 線量当量率が 120 mSv/h であるエックス線装置を用い，細い線束として厚さ 10 mm の鋼板に照射したところ，これを透過したエックス線の 1 cm 線量当量率がエックス線管の焦点から 2 m 離れた点で 1.2 mSv/h であった．

同じ照射条件で，厚さ 20 mm の鋼板に照射すると，エックス線管の焦点から 2 m 離れた点における透過後の 1 cm 線量当量率は何 μSv/h になるか．

ただし，鋼板を透過した後のエックス線の実効エネルギーは，透過前と変わらないものとし，散乱線による影響はないものとする．

(1) 2.4　　(2) 24　　(3) 12　　(4) 1.2　　(5) 120

4 連続エックス線が物体を通過する場合の減弱などに関する記述のうち，誤っているものはどれか．

(1) 連続エックス線が物体を通過する場合，低エネルギー成分のエックス線は，高エネルギー成分よりも減弱係数が大きい．

(2) 連続エックス線が物体を通過する場合，平均減弱係数は，物体の厚さの増加に伴い大きくなる．

(3) 半価層の厚さは，同じ物体であっても，照射するエックス線の実効エネルギーによって異なる．

(4) 管電圧が高くなるに従って，発生する連続エックス線の平均減弱係数は小さくなる．

(5) 連続エックス線が物体を通過する場合，物体の厚さを増加させると，エックス線の実効エネルギーは増加するが，物体の厚さが十分厚くなるとほぼ一定になる．

5 　下図のように，エックス線装置を用いて鋼板の透過写真撮影を行ったところ，写真撮影中に鋼板を透過したエックス線の 1 cm 線量当量率が，エックス線管の焦点 F から 1 m の距離にある点 P において 1.8 mSv/h であった．

　透過写真撮影を行う露出時間が，写真 1 枚につき 3 分間の場合，また，エックス線管の焦点 F から管理区域の境界までの距離が 9 m のとき，1 週間当たりに撮影できる最大の枚数は何枚か．ただし，3 月は 13 週であるものとする．

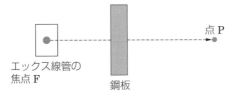

点 P

エックス線管の
焦点 F

鋼板

(1) 30 枚　　(2) 60 枚　　(3) 90 枚　　(4) 180 枚　　(5) 270 枚

6 　エックス線管に関する次の A から D までの記述について，正しいものの組合せは (1) ～ (5) のうちどれか．

　A　エックス線管の内部には，不活性ガスが封入されている．

　B　ターゲット上のエックス線が発生する部分を実焦点といい，これをエックス線束の利用方向から見たものを実効焦点という．

　C　陽極のターゲットには，原子番号が大きく融点の高いタングステンのほか，銅，モリブデンなどが用いられている．

　D　実効焦点の大きさは，管電流および管電圧を変えても変化しない．

(1) A，B　　(2) A，C　　(3) B，C　　(4) B，D　　(5) C，D

7 　エックス線装置から発生する連続エックス線に関する次の記述のうち，正しいものはどれか．

(1) 管電圧を一定にして管電流を増加させると，発生するエックス線の最短波長は短くなる．

(2) 管電流 i，管電圧 V およびターゲットの原子番号 Z とすると，発生するエックス線の全強度 I は，$I = k \cdot Z \cdot i \cdot V$（$k$：比例定数）で表すことができる．

(3) 管電圧と管電流が一定の場合，ターゲットの元素の原子番号が大きいほど，発生するエックス線の最高強度を示す波長は短い方へ移る．

(4) 陽極に衝突した電子のエネルギーの一部がエックス線として放射されるが，その変換効率は 20 %～30 % である．

(5) 管電圧と管電流が一定の場合，ターゲットの元素の原子番号が大きいほど，発生するエックス線の全強度は大きくなる．

8 管電圧 260 kV，管電流 5 mA の条件でエックス線装置を用い，エックス線のビームを厚さ 20 mm の鋼板に垂直に照射した．

このとき，鋼板の照射野の中心から 2 m の位置において，散乱角と散乱線の空気カーマ率との関係を求めたところ，散乱角 45° 方向では A〔mGy/h〕，60° 方向では B〔mGy/h〕，120° 方向では C〔mGy/h〕，135° 方向では D〔mGy/h〕であったものとする．

A と B，C と D の大きさを比較した結果として，最も適当なものは次のうちどれか．

(1) $A > B$，$C > D$　　(2) $A > B$，$C < D$　　(3) $A = B$，$C < D$

(4) $A < B$，$C > D$　　(5) $A < B$，$C = D$

9 次のエックス線装置とその原理との組合せのうち，正しいものはどれか．

(1) エックス線応力測定装置……………………透過

(2) エックス線マイクロアナライザー……散乱

(3) エックス線厚さ計…………………………分光

(4) 蛍光エックス線分析装置………………分光

(5) エックス線透過試験装置……………回折

10 エックス線装置を用いる作業などを行ううえで次の記述のうち，正しいものはどれか．

(1) 測定する試料対象物が，毎回類似した試料であり，放射線線量率が推測できる場合には，常時測定器を携行しなくてもよい．

(2) 壁などの構造物によって区切られた境界の近辺については，測定を省略してよい．

(3) 屋外でエックス線装置を用いて臨時作業を行う場合には，法定の立入禁止区域を設ければ，管理区域を設定する必要がない．

(4) フィルムバッジなどの積算型放射線測定器を用いて測定してもよい．

(5) 放射線防護の三原則は，放射線を扱わない，エックス線発生箇所から遠くに離れる，遮へい物を使用する，の三つをいう．

2. 関 係 法 令

1 エックス線装置を用いて放射線業務を行う場合の管理区域に関する次の記述のうち，労働安全衛生関係法令上，違反していないものはどれか．

(1) 管理区域は，外部放射線による実効線量が 3 か月間につき 3 mSv を超えるおそれのある区域である．

(2) 管理区域には，放射線業務従事者以外の者が立ち入ることを禁止し，その旨を明示しなければならない．

(3) 放射線装置室内で放射線業務を行う場合，その室の入口に放射線装置室である旨の標識を掲げたときは，管理区域を標識により明示する必要はない．

(4) 管理区域内の労働者の見やすい場所に，放射線業務従事者が受けた外部被ばくによる線量の測定結果の一定期間ごとの記録を掲示しなければならない．

(5) 管理区域に一時的に立ち入る労働者についても，管理区域内において受ける外部被ばくによる線量を測定しなければならない．

2 放射線業務従事者の被ばく限度として，労働安全衛生関係法令上，誤っているものは次のうちどれか．ただし，いずれの場合においても，放射線業務従事者は，緊急作業に従事しないものとする．

(1) 男性の放射線業務従事者が受ける実効線量の限度
　　　　　……………5 年間に 100 mSv，かつ，1 年間に 50 mSv

(2) 男性の放射線業務従事者が眼の水晶体に受ける等価線量の限度
　　　　　……………5 年間に 150 mSv，かつ，1 年間に 50 mSv

(3) 男性の放射線業務従事者が皮膚に受ける等価線量の限度
　　　　　……………1 年間に 500 mSv

(4) 女性の放射線業務従事者（妊娠する可能性がないと診断されたもの及び妊娠と診断されたものを除く．）が受ける実効線量の限度
　　　　　……………3 か月間に 5 mSv

(5) 妊娠と診断された女性の放射線業務従事者が腹部表面に受ける等価線量の限度
　　　　　……………妊娠中に 2 mSv

3 エックス線装置を取り扱う次のAからDの放射線業務従事者のうち，管理区域内で受ける外部被ばくによる線量を測定するとき，労働安全衛生関係法令に基づく放射線測定器の装着部位を，胸部及び腹・大腿部の計2箇所としなければならないものの組合せは（1）～（5）のうちどれか．

A　最も多く放射線にさらされるおそれのある部位が胸・上腕部であり，次に多い部位が腹・大腿部である男性

B　最も多く放射線にさらされるおそれのある部位が腹・大腿部であり，次に多い部位が頭・頸部である男性

C　最も多く放射線にさらされるおそれのある部位が腹・大腿部であり，次に多い部位が手指である男性

D　最も多く放射線にさらされるおそれのある部位が腹・大腿部であり，次に多い部位が胸・上腕部である女性（妊娠する可能性がないと診断されたものを除く）．

（1）A，B　　（2）A，C　　（3）B，C　　（4）B，D　　（5）C，D

4 次のAからEの事項について，電離放射線障害防止規則において，エックス線作業主任者の職務として規定されているもののすべての組合せは（1）～（5）のうちどれか．

A　管理区域における外部放射線による線量当量について，作業環境測定を行うこと．

B　外部放射線を測定するための放射線測定器について，1年以内ごとに校正すること．

C　照射開始前および照射中に，労働者が立入禁止区域に立ち入っていないことを確認すること．

D　作業環境測定の結果を，見やすい場所に掲示する等の方法によって，管理区域に立ち入る労働者に周知させること．

E　管理区域の標識が法令の規定に適合して設けられるように措置すること．

（1）A，B　　（2）A，D　　（3）B，C，E　　（4）C，D，E　　（5）C，E

5 エックス線にかかる放射線業務を行う作業場の作業環境測定に関する次の記述のうち，誤っているものはどれか．

（1）測定を行わなければならない作業場は，エックス線装置を使用する業務を行なう作業場のうち，管理区域に該当する部分である．

（2）測定を行なったときは，その結果を6か月以内に所轄労働基準監督署長に報告しなければならない．

(3) 測定を行なったときは，測定結果のほか，測定条件，測定方法も記録しなければならない．

(4) 測定を行なったときは，測定結果のほか，測定器の種類，型式，性能も記録しなければならない．

(5) 測定の結果については，一定の事項を記録し，5 年間保存しなければならない．

6 次の A から D の場合について，労働安全衛生関係法令上，所轄労働基準監督署長にその旨またはその結果を報告しなければならないものに該当しないもののすべての組合せは，(1)〜(5) のうちどれか．

 A 放射線装置室を設置し，またはその使用を廃止した場合

 B 管理区域に係る作業環境測定の測定結果に基づいて記録を作成した場合

 C 放射線装置室内の遮へい物がエックス線の照射中に破損し，かつ，その照射を直ちに停止することが困難な事故が発生した場合

 D エックス線による非破壊検査業務に従事する労働者 5 人を含めて 40 人の労働者を常時使用する事業場において，法令に基づく定期の電離放射線健康診断を行った場合

(1) A，B (2) A，B，C (3) A，C，D (4) B，D (5) C，D

7 エックス線装置に電力が供給されている場合，労働安全衛生関係法令上，自動警報装置を用いて警報しなければならないものは次のうちどれか．

(1) 管電圧 150 kV の工業用のエックス線装置を放射線装置室以外の屋内で使用する場合

(2) 管電圧 150 kV の医療用のエックス線装置を放射線装置室に設置して使用する場合

(3) 管電圧 250 kV の医療用のエックス線装置を放射線装置室以外の屋内で使用する場合

(4) 管電圧 160 kV の工業用のエックス線装置を放射線装置室に設置して使用する場合

(5) 管電圧 250 kV の工業用のエックス線装置を屋外で使用する場合

8 エックス線装置構造規格において，工業用等のエックス線装置に取り付ける照射筒またはしぼりについて，次の文中の ⬚ 内に入れる A から C の語句または数値の組合せとして，正しいものは (1)〜(5) のうちどれか．

 工業用等のエックス線装置に取り付ける照射筒またはしぼりは，照射筒壁またはしぼりを透過したエックス線の空気カーマ率が，エックス線管の焦点から ⬚A⬚ の距離において，波高値による定格管電圧が 200 kV 未満のエックス線装置では，⬚B⬚ mGy/h 以下，波高値による定格管電圧が 200 kV 以上のエックス線装置では，⬚C⬚ mGy/h 以下になるものでなければならない．

	A	B	C
(1)	5 cm	77	115
(2)	5 cm	155	232
(3)	1 m	1.3	2.1
(4)	1 m	2.6	4.3
(5)	1 m	6.5	10

9 エックス線装置を用いて放射線業務を行う場合の外部放射線の防護に関する次の措置のうち，電離放射線障害防止規則に違反していないものはどれか.

(1) エックス線装置は，その外側における外部放射線による 1 cm 線量当量率が 30 μSv/h を超えないように遮へいされた構造のものを除き，放射線装置室に設置している.

(2) 工業用のエックス線装置を設置した放射線装置室内で，磁気探傷法や超音波探傷法による非破壊検査も行っている.

(3) 放射線装置室には，放射線業務従事者以外の者が立ち入ることを禁止し，その旨を明示している.

(4) エックス線装置を放射線装置室に設置して使用するとき，エックス線装置に電力が供給されている旨を関係者に周知させる方法として，管電圧が 150 kV 以下である場合を除き，自動警報装置によるものとしている.

(5) 照射中に労働者の身体の一部がその内部に入るおそれのある工業用の特定エックス線装置を用いて透視を行うときは，エックス線管に流れる電流が定格管電流の 2.5 倍に達したときに，直ちに，エックス線回路を開放位にする自動装置を設けている.

10 常時 600 人の労働者を使用する製造業の事業場における衛生管理体制に関する (1)～(5) の記述のうち，労働安全衛生関係法令上，誤っているものはどれか.

ただし，600 人中には，屋内作業場の製造工程において次の業務に常時従事する者が含まれているが，その他の有害業務はなく，衛生管理者および産業医の選任の特例はないものとする.

　　深夜業を含む業務……………………………………………………… 500 人
　　エックス線照射装置を用いて行う透過写真撮影の業務……… 40 人

(1) 衛生管理者は，3 人以上選任しなければならない.

(2) 衛生管理者のうち少なくとも 1 人を専任の衛生管理者として選任しなければならない.

(3) 衛生管理者のうち 1 人を衛生工学衛生管理者免許を受けた者のうちから選任

しなければならない.

(4) 産業医は,この事業場に専属でない者を選任することができる.

(5) 総括安全衛生管理者を選任しなければならない.

3. エックス線の測定

1 放射線の量とその単位に関する次の記述のうち,誤っているものはどれか.

(1) 吸収線量は,電離放射線の照射により単位質量の物質に付与されたエネルギーであり,単位として Gy が用いられる.

(2) カーマは,電離放射線の照射により,単位質量の物質中に生成された荷電粒子の電荷の総和であり,単位として Gy が用いられる.

(3) 等価線量は,人体の特定の組織・臓器当たりの吸収線量に,放射線の種類とエネルギーに応じて定められた放射線加重係数を乗じたもので,単位は J/kg で,その特別な名称として Sv が用いられる.

(4) 実効線量は,人体の各組織・臓器が受けた等価線量に,各組織・臓器の相対的な放射線感受性を示す組織加重係数を乗じ,これらを合計したもので,単位として Sv が用いられる.

(5) 等価線量と実効線量は放射線管理上の防護量であるが,直接測定することが困難であるため,それらの評価には,実用量である 1 cm 線量当量や 70 μm 線量当量が用いられる.

2 放射線防護のための被ばく線量の算定に関する次の A から D の記述について,正しいもののすべての組合せは (1)~(5) のうちどれか.

A 外部被ばくによる実効線量は,放射線測定器を装着した各部位の 1 cm 線量当量および 70 μm 線量当量を用いて算定する.

B 皮膚の等価線量は,エックス線については 70 μm 線量当量により算定する.

C 眼の水晶体の等価線量は,エックス線については 1 mm 線量当量または 70 μm 線量当量のうちいずれか適切なものにより算定する.

D 妊娠中の女性の腹部表面の等価線量は,腹・大腿部における 1 cm 線量当量により算定する.

(1) A, B, D   (2) A, C   (3) A, C, D   (4) B, C   (5) B, D

3 放射線検出器とそれに関係の深い事項との組合せとして,正しいものは次のうちどれか.

(1) 電離箱 ……………………… ガス増幅

    （2）比例計数管 ……………………… 窒息現象
    （3）GM 計数管 ……………………… 電子なだれ
    （4）シンチレーション検出器 …… 緑色レーザー光
    （5）フリッケ線量計 ……………… グロー曲線

4 エックス線の測定に用いる NaI(Tl) シンチレーション検出器に関する次の記述のうち，誤っているものはどれか．
    （1）シンチレータとして用いられるヨウ化ナトリウム結晶は，微量のタリウムを含有させて活性化されている．
    （2）シンチレータにエックス線が入射すると，可視領域の減衰時間の短い光が放射される．
    （3）シンチレータから放射された光は，光電子増倍管の光電面で光電子に変換され，増倍された後，電流パルスとして出力される．
    （4）光電子増倍管から得られる出力パルス波高は，入射エックス線の線量率に比例する．
    （5）光電子増倍管の増倍率は，印加電圧に依存するので，光電子増倍管に印加する高圧電源は安定化する必要がある．

5 エックス線の測定に用いるサーベイメータに関する次の記述のうち，正しいものはどれか．
    （1）電離箱式サーベイメータは，取扱いが容易で，測定可能な線量の範囲が広いが，方向依存性が大きく，また，バックグラウンド値が大きい．
    （2）NaI(Tl) シンチレーション式サーベイメータは，感度が良く，自然放射線レベルの低線量率の放射線も検出することができるので，施設周辺の微弱な漏えい線の有無を調べるのに適している．
    （3）GM 計数管サーベイメータは，方向依存性が小さく，線量率は 500 mSv/h 程度まで効率よく測定できる．
    （4）GM 計数管式サーベイメータは，エネルギー依存性は小さいが，湿度の影響を受けやすく，機械的な安定性が十分でない．
    （5）半導体式サーベイメータは，エネルギー依存性が小さく，10 keV 以下の低エネルギーのエックス線の測定に適している．

6 被ばく線量測定のための放射線測定器に関する次の記述のうち，誤っているものはどれか．
    （1）PD 型ポケット線量計は，充電により先端が Y 字状に開いた石英繊維が放射線

の入射により閉じてくることを利用した線量計である.

(2) フィルムバッジは，写真乳剤を塗布したフィルムの黒化度により被ばく線量を評価する線量計で，バックグラウンドの影響を除去するために，銅や錫（すず）などのフィルターが用いられている.

(3) 光刺激ルミネセンス（OSL）線量計は，輝尽性蛍光を利用した線量計で，素子には炭素添加酸化アルミニウムなどが用いられている.

(4) 半導体式ポケット線量計は，放射線の固体内での電離作用を利用した線量計で，検出器として PN 接合型シリコン半導体が用いられている.

(5) 電荷蓄積式（DIS）線量計は，電荷を蓄積する不揮発性メモリ素子（MOSFET トランジスタ）を電離箱の構成要素の一部とした線量計で，線量の読取りは専用のリーダーを用いて行う.

7 熱ルミネセンス線量計（TLD）と蛍光ガラス線量計（RPLD）に関する次の A から D までの記述について，正しいものの組合せは（1）〜（5）のうちどれか.

A 素子として，TLD ではフッ化リチウム，硫酸カルシウムなどが，RPLD では炭素添加酸化アルミニウムなどが用いられる.

B 線量読取りのための発光は，TLD では加熱により，RPLD では緑色レーザー光の照射により行われる.

C 線量の読取りは，RPLD では繰り返し行うことができるが，TLD では線量を読み取ることによって素子から情報が消失してしまうため，1 回しか行うことができない.

D 素子の再利用は，RPLD，TLD の双方とも，アニーリング処理を行うことにより可能となる.

（1）A, B　　（2）A, C　　（3）B, C　　（4）B, D　　（5）C, D

8 放射線の測定の用語に関する次の記述のうち，正しいものはどれか.

(1) 半導体検出器において，放射線が半導体中で 1 個の電子・正孔対を作るのに必要な平均エネルギーを ε 値といい，シリコン結晶の場合は，約 3.6 eV である.

(2) GM 計数管の動作特性曲線において，印加電圧を上げても計数率がほとんど変わらない範囲をプラトーといい，プラトー領域の印加電圧では，入射エックス線による一次電離量に比例した大きさの出力パルスが得られる.

(3) 気体に放射線を照射したとき，1 個のイオン対を作るのに必要な平均エネルギーを W 値といい，気体の種類にあまり依存せず，放射のエネルギーに応じてほぼ一定の値をとる.

(4) 線量率計の積分回路の時定数は，線量率計の指示の即応性に関係した定数で，

時定数の値を小さくすると，指示値の相対標準偏差は小さくなるが，応答速度は遅くなる．

(5) 測定器の指針が安定せず，揺らぐ現象をフェーディングという．

9 GM計数管式サーベイメータにより放射線を測定し，1 400 cps の計数率を得た．GM計数管の分解時間が 100 μs であるとき，真の計数率〔cps〕に最も近い値は次のうちどれか．

(1) 1 200　　(2) 1 230　　(3) 1 400　　(4) 1 600　　(5) 1 630

10 男性の放射線業務従事者が，エックス線装置を用い，肩から大腿部まで覆う防護衣を着用して放射線業務を行った．

労働安全衛生関係法令に基づき，胸部（防護衣の下），頭・頸部および手指の計3箇所に，放射線測定器を装着して，被ばく線量を測定した結果は，次の表のとおりであった．

装着部位	測定値	
	1 cm 線量当量	70 μm 線量当量
胸部	0.2 mSv	1.5 mSv
頭・頸部	1.1 mSv	6.0 mSv
手指	−	6.0 mSv

この業務に従事した間に受けた外部被ばくによる実効線量の算定値に最も近いものは，(1)～(5) のうちどれか．

ただし，防護衣の中は均等被ばくとみなし，外部被ばくによる実効線量（H_{EE}）はその評価に用いる線量当量についての測定値から次の式により算出するものとする．

$$H_{EE} = 0.08\,H_a + 0.44\,H_b + 0.45\,H_c + 0.03\,H_m$$

H_a：頭・頸部における線量当量

H_b：胸・上腕部における線量当量

H_c：腹・大腿部における線量当量

H_m：「頭・頸部」，「胸・上腕部」および「腹・大腿部」のうち被ばくが最大となる部位における線量当量

(1) 0.1 mSv　　(2) 0.2 mSv　　(3) 0.3 mSv　　(4) 0.4 mSv　　(5) 0.5 mSv

4. エックス線の生体に与える影響

1 放射線による生物学的効果に関する次のAからDまでの現象のうち，放射線の間接作用によって説明することができないものの組合せは (1)～(5) のうちどれか．

A　生体中に存在する酸素の分圧が高くなると放射線の生物学的効果は増大する．
B　温度が低下すると放射線の生物学的効果は減少する．
C　溶液中の酵素の濃度を変えて一定線量の放射線を照射するとき，不活性化される酵素の分子数は酵素の濃度に比例する．
D　溶液中の酵素の濃度を変えて一定線量の放射線を照射するとき，酵素の濃度が減少するに従って，酵素の全分子数のうち，不活性化される分子の占める割合は減少する．
(1) A，B　　(2) A，C　　(3) A，D　　(4) B，C　　(5) C，D

2　放射線の DNA に対する作用に関する次の記述のうち，誤っているものはどれか．
(1) 放射線による DNA の損傷は，直接作用と間接作用の両作用によって生じる．
(2) DNA 鎖切断は，放射線による DNA 損傷の一例である．
(3) 放射線による DNA の損傷は，細胞死により組織の機能障害を引き起こすことがある．
(4) 放射線による DNA の損傷は，突然変異によりがんや遺伝的影響を引き起こす可能性がある．
(5) DNA に生じた損傷は修復されることはない．

3　次の A から D までの人体の組織について，放射線に対する感受性の高いものから低いものへと順に並べたものは (1) ～ (5) のうちどれか．
A　毛のう　　B　腸粘膜　　C　甲状腺　　D　結合組織
(1) A，B，C，D　　(2) A，C，D，B　　(3) A，D，B，C
(4) B，A，C，D　　(5) B，D，C，A

4　放射線の生体に与える影響と線量との関係に関する次の記述のうち，正しいものはどれか．
(1) 確定的影響では，被ばくした集団中の影響の発生率と被ばく線量とは比例関係にある．
(2) 確率的影響では，被ばく線量が増加するに従って，障害の重症度が大きくなる．
(3) 確率的影響にはしきい線量が存在するが，確定的影響にはしきい線量は存在しない．
(4) 全身に対する確率的影響の程度は，実効線量により評価される．
(5) 組織加重係数は，組織の被ばくによる確定的影響のリスクに基づいて定められている．

253

5 急性被ばくに関する次の記述のうち，正しいものの組合せはどれか．

A 数 Gy の全身被ばくの後，末梢の血液細胞数は，リンパ球，赤血球，顆粒球，血小板の順で減少する．

B 末梢血液中のリンパ球減少のしきい線量は，全身被ばくで 0.25 Gy 〜 0.5 Gy 程度である．

C 一時的な不妊になるしきい線量は男性より女性の方が小さい．

D 放射線事故のため頭髪に脱毛が生じた．この人は少なくとも 3 Gy の線量を受けたと考えられる．

E 皮膚がエックス線により 6 Gy 程度の照射を受けた．照射 2 週間後に紅斑が最高潮に達した．

(1) A，B，C　　(2) A，B，D　　(3) A，D，E

(4) B，D，E　　(5) C，D，E

6 放射線の線量とその生体に与える効果との関係を示した下図に関する次の記述のうち，正しいものの組合せはどれか．

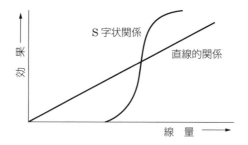

A しきい値（閾値）は S 字状関係には存在するが，直線的関係には存在しないと考えられている．

B 白内障の発生については，直線的関係にあるものと考えられる．

C 確率的影響では，被ばく線量と発生率の関係が直線的関係で示される．

D S 字状関係では，障害の重症度は，被ばく線量に比例する．

E 直線的関係では，障害の重症度は，被ばく線量に依存する．

(1) A，B，C　　(2) A，C，D　　(3) A，D，E

(4) B，D，E　　(5) C，D，E

7 皮膚にエックス線 6 Gy 程度を短時間で 1 回被ばくしたとき，放射線障害として発生するとされているものの組合せは (1)〜(5) のうちどれか．

A 脱毛　　B 紅斑　　C 水疱　　D 潰瘍

(1) A，B　　(2) A，C　　(3) B，C　　(4) B，D　　(5) C，D

8　放射線影響に関する次の記述のうち，正しいものの組合せはどれか．

A　放射線により発生するがんでは，その悪性度は線量と関係しない．

B　放射線で発生するがんは，被ばくしてから年単位の潜伏期間を経て発現する．

C　放射線により，人に甲状腺がん，白内障，皮膚がん，乳がんなどのがんが発生している．

D　男性が胸部に個人線量計をつけるのは，肺がんリスクが高いからである．

E　女性が腹部に個人線量計をつけるのは，子宮がんリスクが高いからである．

(1) A，B　　(2) A，D　　(3) B，C　　(4) C，E　　(5) D，E

9　胎内被ばくに関する次の記述のうち，正しいものはどれか．

(1) 着床前期の被ばくでは胚の死亡が起こりやすく，被ばく後も生き残って発育した胎児には奇形が発生する．

(2) 器官形成期に被ばくした胎児には奇形が発生することはないが，出生後，身体的な発育不全が生じるおそれがある．

(3) 胎児期の被ばくでは，出生後，身体的な発育不全が生じることはないが，精神発達遅滞が生じるおそれがある．

(4) 胎内被ばくにより胎児に生じる奇形は，確率的影響によるものである．

(5) 胎内被ばくを受けて出生した子供にみられる精神発達遅滞は，確定的影響に分類される．

10　放射線による遺伝的影響に関する次の記述のうち，誤っているものはどれか．

(1) 生殖腺が被ばくしたときに生じるおそれのある障害には，遺伝的影響だけでなく身体的影響に分類されるものもある．

(2) 遺伝の影響の原因である生殖細胞の突然変異は，遺伝子突然変異と染色体異常に大別される．

(3) 小児が被ばくした場合でも，その子孫に遺伝的影響が生じるおそれがある．

(4) 放射線による遺伝的影響を推定する指標である倍加線量は，値が大きいほど遺伝的影響は起こりやすい．

(5) 遺伝的影響は，確率的影響に分類される．

模擬試験問題の解説・解答

1. エックス線の管理

1 (2)は制動エックスの発生で，管電圧を高くすると最高強度を示す波長が短波長（高エネルギー）側に移動する．(3)は特性エックス線の発生である．(4)は制動エックス線ではなく特性エックス線の説明である．特性エックス線を取り出すためには一定以上の管電圧が必要となり，この電圧の限界値を励起電圧と呼ぶ．(5)はベータ線の説明で，エックス線は電磁波である． **[解答]**(1)

2 (4)以外は正しい．(4)の電子対生成は，電子2個のエネルギーに相当する $2 \times 0.51\,\text{MeV}$ 以上のエックス線が原子核の近傍を通過するとき陰電子と陽電子を放出する．(2)と(3)のコンプトン効果では，光子と電子の弾性散乱として考えることができ，衝突前後でのエネルギー保存則と運動量保存則が成り立つ．そのため，反跳電子とコンプトン散乱線が衝突後に生ずる．コンプトン散乱線の波長は，入射エックス線の波長より長い（エネルギーは小さい）．(1)と(5)の光電効果は，エックス線のエネルギーが低いときに起こりやすい．エネルギーが高くなるとコンプトン効果の割合が増える．また，原子の外に放出される電子を光電子といい，光電子は，入射光子のエネルギーから束縛された軌道電子の束縛エネルギーを差し引いた値の運動エネルギーをもつ．

[解答](4)

3 I_0 を入射線量率，I を物質中の距離 x〔cm〕透過した後の線量率および μ を物質固有の線減弱係数とすると，$I = I_0 \exp(-\mu \cdot x)$ の関係がある．エックス線管の焦点から2m離れた点での1cm線量当量率が $120\,\text{mSv/h}$ であるということは，この値が入射線量率 I_0 となる．厚さ10mmの鋼板を透過したエックス線の線量率は

$$1.2 = 120 \times \exp(-\mu \times 10) \qquad \cdots ①$$

となる．一方，厚さ20mmの鋼板の透過したエックス線の線量率は

$$I = 120 \times \exp(-\mu \times 20)$$
$$I = 120 \times \{\exp(-\mu \times 10)\}^2 \qquad \cdots ②$$

となる．

式①から $\exp(-\mu \times 10) = 10^{-2}$ を算出し，この値を②式に代入する．すなわち

$$I = 120 \times \{\exp(-\mu \times 10)\}^2$$
$$I = 120 \times (10^{-2})^2$$
$$I = 0.012\,\text{mSv/h} = 12\,\mu\text{Sv/h} \qquad \textbf{[解答]}(3)$$

4 (2)以外は正解である．連続エックス線が物体を通過するときには，エックス線の平均減弱係数は減少する．(1)と(3)は単一エックス線でも成立する．(4)の管電圧を上げると発生する連続エックス線の強度は増し，最高強度の値が高エネルギー側にシフトするので，平均減弱係数は小さくなる．(5)の連続エックス線が物体を通過する場合，物体の厚さを増加させると，エックス線の実効エネルギーと半価層は増加するが，物体の厚さが十分厚くなるとほぼ一定になる．しかし，平均の減弱係数は逆に小さくなり，物体の厚さが十分厚くなるとほぼ一定になる．　　　　　　　　　　　　　　**【解答】**(2)

5 管理区域境界での実効線量の限界値は，1.3 mSv/3 か月であり，3 か月が 13 週であることから，1 週間当たりの管理区域境界での実効線量の限界値は，1.3 mSv/13 週 ＝ 0.1 mSv/ 週となる．エックス線管の焦点 F から 9 m 離れた管理区域境界で 0.1 mSv であることは，F から 1 m 離れた地点 P では，エックス線線量が距離の 2 乗で減弱することを考えると，$9^2 \times 0.1 = 8.1$ mSv まで許容することができる．題意より，エックス線管の焦点 F から 1 m の距離にある点 P における 1 cm 線量当量率が 1.8 mSv/h であることから，撮影時間は，$8.1/1.8 = 4.5$ h ＝ 270 min まで行うことができる．1 枚当たりの撮影時間が 3 min であるから，$270/3 = 90$ 枚が週当たりに撮影できる最大の枚数である．　　　　　　　　　　　　　　　　　　　　　**【解答】**(3)

6 A：エックス線管は，真空になっている．D：実効焦点の大きさは，エックス線管電圧を大きくすると大きくなる．また，定格電圧の高いエックス線管ほど大きくなり，通常 2 mm ～ 10 mm 程度である．　　　　　　　　　　　　　**【解答】**(3)

7 (1)管電圧が一定で管電流を増加させても発生するエックス線の最短波長は変わらず，エックス線の強度が増加する．(2)発生するエックス線エネルギーの強さ I は，$I = k \cdot Z \cdot i \cdot V^2$ である．(3)ターゲットの原子番号が大きくなると，最短波長は変わらず，強度は増す．(4)エックス線の発生効率 η は，発生したエネルギーの強さ $I = k \cdot Z \cdot i \cdot V^2$ を供給した電気エネルギー $(i \cdot V)$ で除した値であることから，$\eta = k \cdot Z \cdot V$ となり，η は約 0.8 ％程度である．　　　　　　　　　　　　　　　　　　**【解答】**(5)

8 エックス線装置のエックス線管の管電圧と管電流を一定にしたとき，前方散乱線（0°～90°）は，散乱角が小さいほど空気カーマ率は高く，散乱角が大きくなるほど空気カーマ率は小さくなる．後方散乱線（90°～180°）は，管電圧の値にも依存するが，一定管電圧では散乱角が大きくなるに従い空気カーマ率は大きくなる．なお，管電圧が高くなると空気カーマ率は管電圧が低いときより高い．

　以上のことより，$A > B$，$C < D$ となる．　　　　　　　　　　　**【解答】**(2)

9 (1)は回折，(2)は分光，(3)は透過（散乱），(5)は透過（散乱）の原理に基づいている． 　　　　　　　　　　　　　　　　　　　　　　　【解答】(4)

10 (1) 測定中は常時測定器を携行してなければならない．(2) 管理区域の測定箇所は，壁等の構造物によって区切られる境界の近辺の箇所と規定されている．(3)管理区域内でも 1 mSv/ 週を超えるおそれのあるところは立入禁止区域にしなければならず，エックス線装置を扱う限り，屋内・屋外を問わず管理区域を設けなければならない．(4)測定方法は，サーベイメータまたはフィルムバッジなどを用いると規定されている．(5) 放射線防護の三原則は，エックス線発生箇所から距離をとる，できるだけ短時間で作業する，エックス線発生箇所と作業場所との間に遮へい物を置く． 　【解答】(4)

2. 関 係 法 令

1 (1) は誤り．1.3 mSv である（第 3 条第 1 項）．(2) は誤り．放射線業務従事者以外でも必要のある者は立ち入れる（第 3 条第 4 項）．(3) は誤り．管理区域は標識で明示しなければならない（第 3 条第 1 項）．(4) は誤り．被ばく線量の掲示でなく，作業環境測定の結果を掲示等で周知する（第 3 条第 5 項，第 54 条第 4 項）．(5) は正しい（第 8 条第 1 項）． 　　　　　　　　　　　　　　　　　【解答】(5)

2 (1) は正しい（第 4 条第 1 項）．(2) は誤り．5 年間に 100 mSv，かつ，1 年間に 50 mSv（第 5 条）．(3) は正しい（第 5 条）．(4) は正しい（第 4 条第 2 項）．(5) は正しい（第 6 条）． 　　　　　　　　　　　　　　　　　　　　【解答】(2)

3 第 8 条第 3 項に規定されている．不均等被ばくの場合は基本部位である男性では胸部（妊娠可能女性では腹部）と最も被ばくする部位の 2 箇所に装着する．胸部および腹部の計 2 箇所に装着しなければならないのは，男性では腹部が最も被ばくする場合であり，女性では胸部が最も被ばくする場合である．B と C が正しい． 　　　　　　　　　　　　　　　　　　　　　　　【解答】(3)

4 A は誤り．主任者には，作業環境測定を行うことは義務付けれていない（第 47 条）．B は誤り．規定されていない．C は正しい（第 47 条）．D は誤り．主任者ではなく事業者の職務（第 54 条第 4 項）．E は正しい（第 47 条）． 　【解答】(5)

5 第 54 条の作業環境測定に関する問題．(1) は正しい．(2) は誤り．測定結果を

所轄労働基準監督署長に報告の義務はない．(3) は正しい．(4) は正しい．(5) は正しい．

【解答】(2)

6 Aは該当しない．放射線装置室の設置は届け出事項（安衛法第88条）．Bは該当しない．報告義務はない（第54条）．Cは正しい（第42条，第43条）．Dは正しい．電離放射線健康診断結果報告書を提出する（第58条）．

【解答】(1)

7 放射線装置室で管電圧150 kVを超えるエックス線装置を使用する場合に自動警報装置が必要（第17条）．(1)，(3)，(5) は放射線装置室以外で使用のため不要．(2) は150 kV以下なので不要．

【解答】(4)

8 エックス線装置構造規格で定められている．利用線錐以外の部分のエックス線の空気カーマ率が，エックス線管の焦点から1 mの距離において，波高値による定格管電圧が200 kV未満のエックス線装置では2.6 mGy/h以下に，定格管電圧が200 kV以上のエックス線装置では4.3 mGy/h以下になるものでなければならない．

【解答】(4)

9 (1) は誤り．30 μSv/hではなく，20 μSv/hである（第15条）．(2) は誤り．専用の室でなければならない（第15条）．(3) は誤り．必要のある者は立ち入れる．（第15条第3項，第3条第4項）．(4) は正しい（第17条）．(5) は誤り．2.5倍ではなく，2倍である（第13条）．

【解答】(4)

10 (1) は正しい．500人を超え，1 000人以下は3人．(2)，(3) は正しい．常時労働者500人を超える事業場で，エックス線などの有害業務従事者30人以上の場合は衛生管理者のうち少なくとも1人を専任とする他，1人は衛生工学衛生管理者の免状を有する者から選任する．(4) は誤り．常時労働者1 000人を超える事業場または，エックス線などの有害業務従事者500人以上の場合は専属の産業医を選任する．深夜業は有害業務である．(5) は正しい．製造業では常時労働者300人以上の事業場で総括安全衛生管理者を選任しなければならない．

【解答】(4)

🔍 3. エックス線の測定

1 (2) が誤り．エックス線や中性子線は，いったん物質との相互作用により荷電粒子を発生させ，これらの二次的に発生した荷電粒子線が物質に電離作用を及ぼす間接電離放射線である．カーマとは，この間接電離放射線の照射により，単位質量の物質中に

生じた二次荷電粒子の初期運動エネルギーの合計であり，単位として J/kg または Gy が用いられる．　　　　　　　　　　　　　　　　　　　　　　　　　【解答】(2)

2　A は誤り．外部被ばくによる実効線量は 1 cm 線量当量のみで算定する．B は正しい．C は誤り．眼の水晶体の等価線量の算定方法について，令和 2 年 4 月 1 日付で下記のように法改正があり，翌令和 3 年 4 月 1 日に施行されている．

【改正前】1 cm 線量当量または 70 µm 線量当量のうちいずれか適切なものにより算定

【改正後】1 cm 線量当量，3 mm 線量当量または 70 µm 線量当量のいずれか適切なものにより算定

法改正後では，3 mm 線量当量が加えられている．D は正しい．　　　【解答】(5)

3　(1) 誤り．電離箱ではガス増幅は起こらない．ガス増幅は比例計数管や GM 計数管で起こっている．(2) 誤り．窒息現象は GM 計数管と関係の深い事項である．(3) 正しい．(4)誤り．緑色レーザー光は光刺激ルミネセンス(OSL)線量計で使用する．(5) 誤り．グロー曲線は熱ルミネセンス線量計と関係の深い事項である．　　　【解答】(3)

4　(4) が誤り．光電子増倍管からは，エックス線を検出するごとに，1 個の電気パルスが出力されるが，パルスの波高値はエックス線のエネルギーに比例している．なお，ここでいう線量率とは，サーベイメータで計測表示される Sv/h 単位の空間線量率と考えられ，これを逐次表示するためには，個々のパルス出力を逐次積分するための電子回路が必要である．　　　　　　　　　　　　　　　　　　　　　　　　【解答】(4)

5　(1) 誤り．電離箱式サーベイメータは，構造が簡単ではあるが，機械的な衝撃には影響を受けやすいので取扱いには注意が必要である．また，測定可能な線量の範囲が広く，方向依存性が小さく，バックグラウンド値も小さいという特長を有している．(2) 正しい．(3) 誤り．GM 計数管式サーベイメータは，方向依存性が小さいとはいえない．また，使用できる線量率範囲は 300 µSv/h 程度であるので，線量率 500 mSv/h 程度の場では窒息現象が起こり測定できない．(4) 誤り．GM 計数管式サーベイメータは，エネルギー依存性が小さいとは言えないが，湿度の影響は受けにくく，機械的にも安定度は高い．(5) 誤り．半導体式サーベイメータは，10 keV 以下のような低エネルギーのエックス線の測定に適していない．　　　　　　　　　　　　【解答】(2)

6　フィルムバッジで，銅やスズなどのフィルターは，対象となるエックス線の実効エネルギーを推定し，線量を補正して算出するためのものである．　　　【解答】(2)

7 A は誤り．RPLD（Radio-photo-luminescence Glass Dosimeter）は素子として銀活性化リン酸塩ガラスが用いられる．炭素添加酸化アルミニウムが用いられるのは OSLD（Optically Stimulated Luminescent-Dosimeter）である．B は誤り．RPLD は紫外線を照射して発光する蛍光を測定する．　　　　　　　　　　**[解答]** (5)

8 (1) が正しい．(2) 誤り．GM 計数管は，簡便な回路で放射線の数を数えることを主目的にした測定器であり，入射エックス線のエネルギーに，すなわち一次電離量に無関係に一定の大きさのパルスが得られるプラトー領域で使用される．(3) 誤り．W 値は，放射線の線種には依存ぜずほぼ一定であり，気体の種類には依存する．例えば，一定ではないエネルギーの高速電子（β 線），陽子線，α 線に対して，空気は 34 〜 35 eV，アルゴンは 26 eV 〜 27 eV，メタンは 27 eV 〜 30 eV の範囲でほぼ一定である．(4) 誤り．逆である．時定数の値を小さくすると応答速度は速くなり，激しく変動し，従って指示値の相対標準偏差は大きくなる．(5) 誤り．指針の揺らぎは，強いて言うとフラクチュエーションである．フェーディングとは，放射線の照射により素子内に生じた線量に関する情報が時間の経過や温度変化などにより失われていく現象のことである．　　　　　　　　　　　　　　　　　　　　　　　　　**[解答]** (1)

9 真の計数率は次式で算出される．

$$\frac{1\,400\,(s^{-1})}{1-1\,400\,(s^{-1})\times100\times10^{-6}\,(s)} = \frac{1\,400}{1-0.14} = \frac{1\,400}{0.86} \fallingdotseq 1\,628\ \text{cps}$$

[解答] (5)

10 全身に均等被ばくした場合と不均等被ばくでは，実効線量の算定方法が異なる．均等被ばくの場合は，男性は胸部，女性は腹部に着装した個人被ばく線量計により測定した 1 cm 線量当量を外部ひばくによる実効線量とする．一方，不均等被ばくの場合には，問題中の式にある「頭・頸部」，「胸・上腕部」および「腹・大腿部」での線量当量から外部被ばくの実効線量を算定する．題意より，頭・頸部における線量当量 H_a は 1 cm 線量当量である 1.1 mSv を，胸・上腕部における線量当量 H_b は，作業者が防護衣を着装してたので，その中は均等被ばくとみなして胸部の 1 cm 線量当量を採用して 0.2 mSv とし，腹・大腿部における線量当量 H_c は，前述の理由で胸部の 1 cm 線量当量を採用して 0.2 mSv とし，最後の H_m では，これら 3 つの内最大となる部位での線量当量である 1.1 mSv を採用する．これらの値を式に代入し

$$H_{EE} = 0.08\times1.1 + 0.44\times0.2 + 0.45\times0.2 + 0.03\times1.1 = 0.299 \fallingdotseq 0.3\ \text{mSv}$$

が得られる．　　　　　　　　　　　　　　　　　　　　　　　　**[解答]** (3)

🔍 4. エックス線の生体に与える影響

1 A：○，B：○，C：× 間接作用では，不活性化される酵素の分子数は酵素濃度にかかわりなく一定である．D：× 酵素濃度が増すとラジカルの攻撃により不活性化される酵素の割合は減少する，というのが希釈効果で，間接作用が働いている証拠になる．不活性化される分子の数で見た場合と不活性化される割合で見た場合で酵素濃度との関係が直接作用と間接作用では異なることを理解しておく（p.183 の図 4.1 参照）
〔解答〕（5）

2 (1) ○ DNA 損傷は，直接作用によっても間接作用によっても生じる．(2) ○ DNA 損傷には鎖の切断の他に，糖の損傷，塩基の損傷，架橋形成などもある．このうち鎖の切断が特に重要である．(3) ○ 放射線による細胞死には，放射線が当たった細胞自体が実際に死亡してしまう間期死と，細胞自体は死なないで分裂する能力が失われる分裂死の 2 種類がある．本書ではこの両方を合わせて細胞死と表現している．放射線の線量が比較的多いとこれらの細胞死が起き，細胞数の減少から組織の機能障害へと進展する．(4) ○ 突然変異には，分子レベルの異常としての遺伝子突然変異と，顕微鏡レベルでの異常としての染色体異常がある．生殖細胞での突然変異は遺伝的影響の，体細胞・生殖細胞での突然変異はがんの原因となりうる．(5) × 生体には放射線に対する防御機構が存在している．細胞がもっている酵素を使って DNA 損傷を修復する機構もその一つである．DNA に生じた傷は修復されうる． **〔解答〕**（5）

3 組織の放射線感受性の順番に関する問題はよく出題される．主要組織での感受性の順番は暗記しておくこと． **〔解答〕**（4）

4 (1) × 確率的影響の説明である．確定的影響では発生率と被ばく線量の関係がシグモイド曲線となる．(2) × 確定的影響の説明である．確率的影響では被ばく線量が増加しても障害の程度は変わらない．(3) × しきい線量が存在するのは確定的影響である．(4) ○．(5) × 組織加重係数は，確率的影響に対する各組織の感受性を相対的に示した係数である． **〔解答〕**（4）

5 A：× リンパ球，顆粒球，血小板，赤血球の順に減少する．B：○ リンパ球系の細胞では，幹細胞・幼若細胞だけでなく，末梢血液中の成熟リンパ球でも照射によって細胞死が起こる．C：× 男性でのしきい線量は 0.15 Gy，女性でのしきい線量は 0.65 Gy 〜 1.5 Gy とされている．D：○ 潜伏期間は 3 週間程度で，一時的脱毛は 3 Gy 以上，永久脱毛は 7 Gy 以上で生じる．E：○ 紅斑には 2 Gy 程度から認められ

る一過性の初期紅斑と，5 Gy 以上で認められる持続性の主紅斑がある．　**【解答】**（4）

6　A：○　しきい線量は確定的影響であるS字状関係に認められる．直線的関係が仮定されている確率的影響ではしきい線量は存在しないと考えられている．B：×　白内障は確定的影響で線量効果関係はS字状関係にある．そのしきい線量は 5 Gy 程度である．この数字は覚えること．C：○　確率的影響では，被ばく線量と発生率の関係は直線で示される．D：○　確定的影響では，障害の重症度は被ばく線量に依存する．E：×　直線的関係は確率的影響で認められる．この際に被ばく線量に依存するのは，障害の重症度ではなく，障害の発生確率である．　**【解答】**（2）

7　水疱や潰瘍を生じるのは 10 Gy 以上被ばくしたときである．　**【解答】**（1）

8　A：○　線量に依存するのは発生率で，悪性度ではない．B：○　潜伏期の一番短い白血病でも，最短の潜伏期間は 2 年〜3 年である．C：×　白内障はがんではない．人では，白血病，甲状腺がん，乳がん，肺がん，胃がん，結腸がん，卵巣がん，多発性骨髄腫などのがんが発生している．D：×　測定すべき線量は全身での実効線量（1 cm 線量当量）である．そこで体幹部を代表する部位として，胸部に装着している．E：×　女性では，胎児の防護のために腹部の表面線量を合わせて測定している．
【解答】（1）

9　（1）×　着床前期に被ばくして生き残った細胞に奇形は発生しない．（2）×　器官形成期に被ばくした場合は奇形が発生する．身体的な発育不全が生じるのは胎児期に被ばくした場合である．（3）×　胎児期に被ばくした場合は，身体的な発育不全，精神発達遅滞ともに発生するおそれがある．（4）×　器官形成期の胎内被ばくにより生じる奇形は，確定的影響に分類される．（5）○．　**【解答】**（5）

10　（1）○　生殖腺の被ばくによる身体的影響として不妊がある．（2）○　遺伝子突然変異は点突然変異とも呼ばれ，DNA の化学構造に異常を生じ，何回かの細胞分裂を経たのち，誤った遺伝情報として固定された状態である．染色体異常は切断によって構造が大きく変化したもので，安定型（欠失，逆位，転座など）と不安定型（環状染色体，2 動原体染色体）がある．（3）○　年令に関係なく，その子孫には遺伝的影響が発生するおそれがある．（4）×　倍加線量が大きいほど遺伝的影響は起こりにくい．（5）○　遺伝的影響はがんとともに確率的影響に分類される．　**【解答】**（4）

X 索 引

● 著者紹介 ●

平井　昭司（ひらい　しょうじ）

　　1974 年　東京工業大学大学院理工学研究科博士課程原子核工学専攻修了

　　　　　　工学博士

　　現　在　東京都市大学名誉教授

佐藤　　宏（さとう　ひろし）

　　1980 年　東北大学大学院薬学研究科博士課程製薬化学専攻修了

　　　　　　薬学博士

　　　　　　科学技術庁（現文部科学省）放射線医学総合研究所

　　2006 年～ 2022 年

　　　　　　量子科学技術研究開発機構量子生命・医学部門人材育成センター

鈴木　章悟（すずき　しょうご）

　　1975 年　武蔵工業大学大学院工学研究科修士課程電気工学専攻修了

　　1988 年　工学博士

　　2008 年～ 2015 年

　　　　　　東京都市大学工学部原子力安全工学科

持木　幸一（もちき　こういち）

　　1976 年　東北大学大学院工学研究科修士課程原子核工学専攻修了

　　1984 年　工学博士

　　現　在　東京都市大学名誉教授

エックス線作業主任者試験　徹底研究（改訂3版）

2006 年 11 月 15 日	第 1 版第 1 刷発行
2014 年 9 月 16 日	改訂 2 版第 1 刷発行
2023 年 2 月 6 日	改訂 3 版第 1 刷発行

著　者	平井昭司
	佐藤　宏
	鈴木章悟
	持木幸一
発行者	村上和夫
発行所	株式会社　オーム社
	郵便番号　101-8460
	東京都千代田区神田錦町 3-1
	電話　03(3233)0641(代表)
	URL　https://www.ohmsha.co.jp/

© 平井昭司・佐藤　宏・鈴木章悟・持木幸一 2023

組版　徳保企画　　印刷・製本　壮光舎印刷
ISBN978-4-274-22993-0　Printed in Japan

本書の感想募集　https://www.ohmsha.co.jp/kansou/
本書をお読みになった感想を上記サイトまでお寄せください．
お寄せいただいた方には，抽選でプレゼントを差し上げます．